Siegfried Breyer · Großkampfschiffe 1905–1970

Wehrtechnik im Bild

Herausgegeben von der Bibliothek für Zeitgeschichte, Stuttgart

Siegfried Breyer

Großkampfschiffe 1905–1970

Eine Bilddokumentation
über die Schlachtschiffe und Schlachtkreuzer
aller Seemächte der Welt

Bernard & Graefe Verlag

Das Bild auf dem Schutzumschlag zeigt das
deutsche Schlachtschiff *Bismarck,* aufgenommen
von Ferdinand Urbahns im Spätsommer 1940 in Kiel.

2., durchgesehene und veränderte Auflage/Sonderaus-
gabe in einem Band

© Bernard & Graefe Verlag, Koblenz 1990
Alle Rechte vorbehalten. Nachdruck und fotomechanische
Wiedergabe, auch auszugsweise, nur mit Genehmigung
des Verlages.
Herstellung und Layout: Walter Amann, München
Lithos: Repro GmbH, Ergolding/Landshut
Gesamtherstellung: Kösel, Kempten
Printed in Germany

ISBN 3-7637-5877-1

Inhalt

Vorwort

Nirgendwann hat ein Kriegsschifftyp soviel Beachtung gefunden und faszinierendes Interesse ausgelöst wie die Schlachtschiffe und Schlachtkreuzer unseres Jahrhunderts; selbst die gigantischen Flugzeugträger der Gegenwart haben es (noch) nicht zu jenem unvergleichlichen Nimbus gebracht, der den Großkampfschiffen eigen war und als Nimbus für die Macht auf den Meeren stand. Von diesen Schiffen berichtet diese zusammengefaßte Bilddokumentation als kostengünstige Sonderausgabe von drei in den 70er Jahren erschienenen Teilbänden, die wiederum auf die Wünsche eines Großteiles von Lesern des 1970 erschienenen Standardwerkes „Schlachtschiffe und Schlachtkreuzer 1905–1970" zurückzuführen waren.

Gegenüber den drei erwähnten Teilbänden wurde bei dieser Sonderausgabe auf zwei der insgesamt drei Anhänge verzichtet. Was zu den jetzt weggefallenen Themenbereichen seinerzeit dargelegt worden war, hat auf Grund der neueren historischen Forschungsergebnisse teils nur noch eingeschränkten Aussagewert und muß im Licht von neu erschlossenem Quellenmaterial gründlich überarbeitet werden, um in wesentlich erweiterter und fundierter Form einer interessierten Leserschaft offeriert werden zu können. Diese Maß-nahme tut dem jetzt vorliegenden Sammelband sicher keinen Abbruch; es kann zudem zu einem sehr günstigen Preis angeboten werden, der auch jenem Interessentenkreis Rechnung trägt, dem es bis vor kurzer Zeit versagt war, derartige Fachbücher überhaupt zu erwerben.

Diese Bilddokumentation wäre ohne die Inanspruchnahme der in der Bibliothek für Zeitgeschichte gelagerten Bestände nur schwerlich zustandezubringen gewesen; ihrem ehemaligen Direktor, Herrn Professor Dr. Jürgen Rohwer, bin ich zu besonderem Dank verpflichtet, weil er mir bei der oft stundenlangen Sichtung und Auswahl des sehr umfangreichen Materials freie Hand ließ und mich darüber hinaus durch seinen wohlgeschätzten Ratschlag unterstützte. Dank gebührt aber auch Frau Ilse Kasper für die wiederholte Übersetzung russischer Texte und den Herren Barilli (†), Huan, Dr. Kowark, Stockinger, Todorov, Franke und Lohberger für diverses Bildmaterial. Last but not least habe ich der Verlagsleitung für die Aufgeschlossenheit diesem Thema gegenüber und allen ihren Mitarbeitern und Mitarbeiterinnen für das Engagement bei der grafischen Gestaltung ein herzliches „Dankeschön" zu sagen.

Siegfried Breyer

Siegfried Breyer

Großkampfschiffe 1905–1970

Eine Bilddokumentation
für die Schlachtschiffe und Schlachtkreuzer
aller Seemächte der Welt

Band 1: Großbritannien und Deutschland

*In zwei Kriegen starben auf britischen und
deutschen Großkampfschiffen mehr als 14 000
Männer. An sie zu denken, ruft dieses Buch auf.*

Inhalt

10

Einführung

Großkampfschiffe in Großbritannien und Deutschland

Als das neue Jahrhundert anbrach, verfügte die Royal Navy über die stärkste Linienschiffsflotte der Welt: 37 Einheiten standen im Dienst, alle nicht älter als höchstens 25 Jahre seit ihrem Stapellauf, und bis 1905 wuchs ihre Zahl gar auf 56 an. Deutschland besaß zu diesem Zeitpunkt weniger als ein Drittel davon – im Jahr 1900 waren es zehn vergleichbare Einheiten, 1905 erst siebzehn. Damit schien die britische Überlegenheit auf absehbare Zeit gesichert zu sein, denn diesen Vorsprung hätte die deutsche Marine wohl nur schwerlich einholen können. Um jene Zeit trieb die Entwicklung schon deutlich auf das „all big gun battleship" zu, und über kurz oder lang mußte es zu seiner Verwirklichung kommen; der Krieg in Ostasien und die dort gemachten Seekriegserfahrungen wirkten ohnehin beschleunigend darauf. Einer der prominentesten Verfechter dieses „all big gun battleship" war Admiral Sir John Fisher. Schon als Befehlshaber der britischen Mittelmeerflotte hatte er sich intensiv genug mit den Fragen der Weiterentwicklung der Linienschiffe befaßt. Als er 1904 Erster Seelord geworden war, hatte er die Basis erreicht, um seine Absichten zu verwirklichen. Seiner Initiative war es zuzuschreiben, daß die Pläne für ein solches „all big gun battleship" ausgearbeitet wurden, und bald darauf kam es – noch weiterhin angespornt durch Nachrichten aus den Vereinigten Staaten, wonach dort ähnliche Pläne in Arbeit sind – zu seiner Verwirklichung: Die *Dreadnought* wurde gebaut, und mit ihr brach die Ära der Großkampfschiffe an, die „Dreadnought"-Epoche. Mit diesem Schritt glaubten die Engländer, alle anderen Seemächte übertrumpft und sich einen Vorsprung gesichert zu haben, den keiner von jenen einzuholen imstande war. Dabei war hauptsächlich an die deutsche Marine gedacht, deren Aufbau auf Grund der Flottengesetze von 1898/1900 stark forciert wurde.

Parallel dazu gab man in England aber noch die *Invincible* und ihre beiden Schwesterschiffe in Bau, die ersten Schlachtkreuzer. Vergleichsweise zu *Dreadnought* – deren Bau nur einen Schritt in der Linienschiffsentwicklung bedeutete – war es bei der *Invincible* ein beachtlicher Sprung nach vorn, denn der Panzerkreuzer, die Vorstufe des Schlachtkreuzers, war bedeutend jüngeren Alters – seine Urform, die Panzerkorvette, reichte nur bis in die 80er Jahre des vergangenen Jahrhunderts zurück.

11

Von diesem britischen Vorgehen war die deutsche Marine am stärksten betroffen. In England hatte man beim Bau dieser ersten Großkampfschiffe gehofft, daß Deutschland zu sehr überrascht sein würde, um ebenfalls sogleich den Bau von Großkampfschiffen aufnehmen zu können. Darin irrten sich die Engländer; in Wirklichkeit waren in Deutschland bereits umfangreiche Vorarbeiten geleistet worden, auf die man sich nunmehr stützen konnte, nachdem Klarheit über die weitere Entwicklung gewonnen war.

Zwar war man deutscherseits bestrebt, die Größe der Linienschiffe in jenen Grenzen zu halten, die es ihnen weiterhin gestatten würden, die vorhandenen Häfen und den Kaiser-Wilhelm-Kanal zu benutzen; die obere Grenze dafür lag bei etwa 15 000 ts. Es wurde jedoch bald erkannt, daß man damit nicht auskommen wird, wenn man nicht von vornherein konstruktive Schwächen in Kauf nehmen will. Daher faßte man den Entschluß, auf 19 000 ts hinaufzugehen, und dies war gleichbedeutend mit einem äußerst kostspieligen Ausbau von Häfen und Werften, vor allem aber des Kaiser-Wilhelm-Kanals. Schon im Frühjahr 1906 – drei Monate nach dem Stapellauf der *Dreadnought* – bewilligte der Reichstag die erforderlichen Gelder, und fünf Tage danach folgte bereits die Inbaugabe des ersten deutschen Großkampfschiffes, der *Nassau.*

Auch im Schlachtkreuzerbau zog Deutschland mit – 1908 wurde das erste derartige Schiff, *Von der Tann,* auf Stapel gelegt.

Damit hatten sich die Erwartungen Großbritanniens nicht erfüllt, und man mußte dort nunmehr auch feststellen, daß man mit dem eigenen Vorgehen die starke Flotte von Vor-*Dreadnought*-Linienschiffen fast ganz entwertet hatte. Damit wurden die Engländer geradezu gezwungen, immer größere und stärkere Linienschiffe und Schlachtkreuzer in Auftrag zu geben, was ihnen erhebliche finanzielle Lasten auferlegte.

Ab 1907 wurde der Großkampfschiffbau von allen größeren Seemächten aufgenommen, und dabei erhielten auch jene Staaten eine Möglichkeit zu neuem Start, die bisher in aussichtsloser Position gestanden hatten. Es setzte nunmehr ein allgemeines Wettrüsten ein: Um seinen Vorsprung zu sichern, gab Großbritannien in den Etatsjahren 1906 bis 1908 kurz nacheinander sieben Schlachtschiffe und zwei Schlachtkreuzer in Bau, Deutschland antwortete mit acht Linienschiffen (*Nassau-* und *Helgoland*-Klasse) und einem Schlachtkreuzer (in Deutschland weiterhin als „Großer Kreuzer" bezeichnet). Am 31. Dezember 1910 verfügte die Royal Navy über sieben Schlachtschiffe und drei Schlachtkreuzer, bei der Kaiserlichen Marine Deutschlands waren zu diesem Zeitpunkt vier Linienschiffe und ein Schlachtkreuzer im Dienst.

Vom Etatjahr 1909 nahm die Hektik im Großkampfschiffbau weiter zu. England gab in diesem Jahr sechs Schlachtschiffe in Bau, in den folgenden beiden Jahren nochmals je vier, und dazu noch fünf Schlachtkreuzer. In diesem Jahr erfolgte auf britischer Seite eine erste Kalibersteigerung. Mit Ausnahme zweier Schlachtschiffe und eines Schlachtkreuzers erhielten alle Neubauten 34,3-cm-Geschütze.

Die deutsche Marine hatte bisher aus vielerlei Gründen am 28-cm-Kaliber festgehalten, auch im Großkampfschiffbau. Erst von 1908 ab war sie auf 30,5 cm hinaufgegangen; sie zeigte sich von der britischen Kalibersteigerung nicht sonderlich beeindruckt und blieb zunächst bei ihrem 30,5-cm-Geschütz, denn Versuche hatten gezeigt, daß dessen Geschosse eine wesentlich größere Durchschlagskraft hatten als die britischen gleichen Kalibers.

Inzwischen waren die Vereinigten Staaten und Japan zu einem noch stärkeren Kaliber übergegangen, auf 35,6 cm, und darüber hinaus lagen in England Nachrichten vor, wonach auch die deutsche Marine bald einen solchen Schritt vollziehen werde. Daher entschied man sich in England, auf 38,1 cm hinaufzugehen. Die vier im Jahre 1912 bewilligten Schlachtschiffe der *Queen Elizabeth*-Klasse (zu denen die Malayischen Staaten ein fünftes als Geschenk beisteuerten) waren die ersten, die mit diesen neuen Geschützen ausgerüstet wurden. Im gleichen Jahr sind in Deutschland die beiden ersten Schiffe mit 38-cm-Geschützen *(Bayern* und *Baden)* in Bau gegeben worden. England antwortete darauf 1913 mit nochmals fünf Schlachtschiffen mit 38,1-cm-Geschützen *(Revenge*-Klasse).

Als im August 1914 das große Völkerringen begann, verfügte die Royal Navy über 28 Großkampfschiffe – 19 Schlachtschiffe und neun Schlachtkreuzer. Ihnen standen auf deutscher Seite 18 Einheiten gegenüber. – 14 Linienschiffe und vier Schlachtkreuzer. Im Krieg erhielten die Engländer einmal Zuwachs durch die in den Friedensjahren in Auftrag gegebenen Einheiten – es waren dreizehn Schlachtschiffe und ein Schlachtkreuzer – und hinzu kamen noch drei für das Ausland gebaute Schlachtschiffe, die beim Ausbruch des Krieges kurzerhand beschlagnahmt und in die Flotte eingereiht worden waren. Zusätzlich wurden in der Kriegszeit noch zwei Schlachtkreuzer und drei Leichte Kreuzer mit Schlachtschiff-Bewaffnung gebaut.

Die Kriegsverluste waren für die Engländer wesentlich schwerer als für die Deutschen. Sie verloren fünf Einheiten (zwei Schlachtschiffe und drei Schlachtkreuzer), die Deutschen büßten nur ein einziges Großkampfschiff ein, die *Lützow.* Als der Krieg dann zu Ende ging, verfügte Großbritannien über 45 schwere Einheiten – 33 Schlachtschiffe, neun Schlachtkreuzer und drei Kreuzer mit schwerer Artillerie. Wenige Wochen zuvor war noch der Schlachtkreuzer *Hood* auf Kiel gelegt worden, damals das non plus ultra im britischen Schlachtkreuzerbau.

Die deutsche Marine umfaßte 24 große Einheiten – nämlich neunzehn Linienschiffe und fünf Große Kreuzer (nicht mitgerechnet die *Goeben,* die der Türkei endgültig überlassen worden war). In unterschiedlichen Baustadien befanden sich zwei Linienschiffe und sieben Große Kreuzer, von denen die vier ersten 35-cm- und die drei übrigen 38-cm-Geschütze erhalten sollten.

Auf Grund des Waffenstillstandsvertrages mußte die deutsche Hochseeflotte nach Scapa Flow in die Internierung überführt werden; dort ist sie im darauffolgenden Jahr von ihren eigenen Besatzungen selbst versenkt worden. Damit verfügte die deutsche Marine über kein einziges Großkampfschiff mehr. Was nicht in Scapa Flow versunken war, mußte an die Siegermächte abgeliefert werden. Die Royal Navy hatte jetzt keinen Gegner mehr – aber dieser Schein trog, denn eine neue Rivalität warf ihre Schatten voraus und führte an die Grenze eines neuen Wettrüstens: Während die Völker Europas schwer miteinander rangen, war Japan – vom Kriege kaum berührt – im Schlachtschiffbau auf 40,6-cm-Geschütze hinaufgegangen; zudem war dort ein Flottenbauprogramm verabschiedet worden, das auf eine erhebliche künftige Überlegenheit im ostasiatischen, ja im ganzen pazifischen Raum abzielte. Dieses japanische Vorgehen mußte daher zu einer akuten Gefahr für die Vereinigten Staaten werden, die um ihre Einflußsphären in Ostasien fürchteten. Die amerikanische Antwort blieb nicht aus: Es war ein gewaltiges Flottenbauprogramm, das den Bau von nicht weniger als zehn Schlachtschiffen und sechs Schlachtkreuzern vorsah und damit eine Flotte „second to none".

Dieser Situation konnte Großbritannien keineswegs gleichgültig entgegensehen. Einerseits war die japanische Vormachtstellung in Ostasien für Großbritannien genau so unbequem wie für die Vereinigten Staaten, und andererseits drohte die US-Navy in nächster Zeit so stark zu werden, daß sie die bisher führende Rolle der britischen Marine als stärkste Seemacht der Welt selbst übernehmen und damit dem britischen Prestige einen schweren Schlag versetzen könnte. Deshalb bewilligte das britische Parlament im Sommer 1922 die Mittel für vier große Schlachtkreuzer mit 40,6-cm-Geschütze, und diesen sollten zwei Gruppen zu je vier weiteren Schlachtschiffen folgen, aber mit 45,7-cm-Geschützen. Gleichwohl versuchte Großbritannien – das nach dem Krieg finanziell erschöpft war und dringend der Sanierung bedurfte – die aufgetretenen Spannungen friedlich beizulegen. Aber auch in den Vereinigten Staaten hatte man inzwischen erkannt, daß das ursprünglich gesteckte Ziel kaum zu erreichen ist, ohne eine britisch-amerikanische Flottenrivalität heraufzubeschwören. Andererseits war aber auch abzusehen, daß die japanische Vormachtstellung in Ostasien durch ein Wettrüsten zur See kaum mehr gebrochen werden kann, denn Japan schien zu jedem Opfer bereit, um seine Flottenbaupläne zu verwirklichen. Der Gedanke, die japanische Seerüstung durch entsprechende Verträge einzudämmen, schien daher immer mehr verlockend. Das plötzliche Ende einer steil angestiegenen Kriegskonjunktur hatte für Japan ernste Folgen – starke Arbeitslosigkeit, eine schwer zu bewältigende Wirtschaftskrise und enorme innere Spannungen waren auch für den Außenstehenden unverkennbar. Wie meist nach längeren Kriegen, wurden solche Überlegungen durch allgemeine pazifistische Strömungen begünstigt. Alle in Betracht kommenden Seemächte begrüßten es daher – zumindest insgeheim – als die Vereinigten Staaten ihre Fühler ausstreckten und die Bereitschaft zur Aufnahme von Abrüstungsgesprächen erkundeten. So kam es Ende 1921 zu der Konferenz von Washington und zu dem danach benannten Flottenabkommen. Für die Signatarmächte brachte dieses Abkommen tiefe Einschnitte, qualitativ wie quantitativ. Zum einen wurde die höchstzulässige Standardverdrängung künftig zu bauender Schlachtschiffe auf 35 000 ts begrenzt, das Kaliber durfte 40,6 cm nicht überschreiten, und zum anderen sind die Stärkeverhältnisse der Seemächte untereinander durch Verhältniszahlen festgelegt worden. Das bedeutete für alle Staaten die Aufgabe aller laufenden Bauprogramme und die Abrüstung all jener Einheiten, die den Sollbestand überschritten. Zugleich war eine zehnjährige Baupause für Schlachtschiffe vereinbart worden.

Demzufolge hatte Großbritannien fünfzehn Großkampfschiffe auszurangieren. Ihm war allerdings als Ausnahmeregelung das Recht zugestanden worden, vor Ablauf der Baupause zwei Schlachtschiffe innerhalb der jetzt geltenden Grenzwerte zu bauen. Davon machte Großbritannien schon 1922 Gebrauch, als die beiden Einheiten der *Nelson*-Klasse begonnen wurden. Ende der 20er Jahre verfügte die Royal Navy nur noch über sechzehn Schlachtschiffe (darunter die Neubauten *Nelson* und *Rodney*) und vier Schlachtkreuzer.

Das Flottenabkommen von London im Jahr 1930 legte die Bestände an Schlachtschiffen neu fest. Großbritannien erhielt fünfzehn Einheiten zugestanden, und damit bestand nunmehr Parität mit den USA, denen ebenfalls fünfzehn Einheiten zugebilligt worden waren. Zugleich ist hier die Baupause für Schlachtschiffe bis Ende des Jahres 1936 verlängert worden. Den neuen Sollbestand erreichte Großbritannien schon bald danach – von jetzt an waren nur noch je fünf Einheiten der *Queen Elizabeth*- und der *Revenge*-Klasse im Dienst, dazu die beiden Einheiten der *Nelson*-Klasse, und schließlich die Schlachtkreuzer *Renown, Repulse* und *Hood*. Großbritannien war damit stückzahlmäßig auf ein Drittel der 1918 erreichten Stärke zurückgefallen.

Deutschland war im Wiederaufbau seiner Marine durch den Versailler Vertrag außerordentlich gehemmt. Für Linienschiffe über 10 000 ts bestand ein völliges Bauverbot. Nachdem man sich ein Jahrzehnt lang mit den längst überalterten Vor-*Dreadnought*-Linienschiffen abgemüht hatte, war ihr Ersatz nunmehr so dringend geworden, daß etwas geschehen mußte. Die Überlegungen gingen zunächst darauf hinaus, was aus der vorgeschriebenen Größe herauszuholen ist – zur Debatte standen ein stark bewaffneter und gut geschützter, zwangsläufig aber langsamer Typ, eine Art von Küstenpanzerschiff, und ein schnellerer, nicht so stark bewaffneter und schwächer geschützter Typ, der eher eine vielseitige Verwendung ermöglichen würde als ersterer. Nachdem man zunächst der ersten Lösung zugeneigt war, entschloß man sich für den kreuzerartigen, hochseefähigen Typ. Damit entstanden die berühmt gewordenen „Panzerschiffe", deren erstes die *Deutschland* (später umgetauft in *Lützow*) war.

Dieser Typ war – um es auf einen Nenner zu bringen – stärker als jedes schnellere und schneller als jedes stärkere Schiff, von drei Ausnahmen – den britischen Schlachtkreuzern – abgesehen. Bis 1932 wurden drei dieser Panzerschiffe in Bau gegeben und bis 1936 fertiggestellt.

Nachdem im Januar 1933 Adolf Hitler an die Macht gekommen war, änderte sich für die Marine zunächst nicht allzuviel. 1934 wurden zwei weitere Panzerschiffe – etwas größer als ihre Vorgänger – auf Kiel gelegt, aber dann entschloß man sich, an ihrer Stelle zwei größere, schnellere und besser geschützte, aber kalibermäßig nicht stärkere Schlachtschiffe – *Scharnhorst* und *Gneisenau* – zu bauen. Diese wurden dann 1935 begonnen. Im gleichen Jahr ist dann auch das von Hitler angestrebte deutsch-britische Flottenabkommen abgeschlossen worden, und dieses legte die Stärke der deutschen Flotte auf künftig 35 v. H. derjenigen der Royal Navy fest. Hierauf fundierend wurden dann bald darauf die beiden wesentlich größeren und stärkeren Schlachtschiffe der *Bismarck*-Klasse in Bau gegeben.

Sofort nach Ablauf der Baupause für Schlachtschiffe gab Großbritannien die fünf Einheiten der *King-George V.*-Klasse in Bau. Sie waren keine Vermehrungsbauten, sondern der Ersatz für die fünf am wenigsten kampfstarken Großkampfschiffe. Wäre es nicht zum Krieg und damit zum Erlöschen aller vertraglichen Regelungen des Flottenbaus gekommen, so hätten fünf alte Schiffe zu jenem Zeitpunkt ausrangiert werden müssen, zu dem die Neubauten der *King-George V.*-Klasse fertig wurden.

Die sich immer stärker abzeichnende Gegnerschaft zu Deutschland gab im Jahr 1938 den Anlaß, vier weitere Schlachtschiffe in Bau zu geben. Bei ihnen war man von den 35000 ts und den 35,6-cm-Geschützen der *King-George V.*-Klasse auf nunmehr 40000 ts und 40,6-cm-Geschütze hinaufgegangen, was auf Grund eines 1938 abgeschlossenen Zusatzvertrages zum Londoner Flottenvertrag ermöglicht wurde, weil dabei die Höchstgrenze für Schlachtschiffe auf 45000 ts heraufgesetzt worden war.

Umgekehrt führte die zu dieser Zeit in Europa herrschende politische Situation in Deutschland zu einem großen Flottenbauprogramm, den sog. „Z-Plan". Als Kern sah dieser sechs Schlachtschiffe vor, die bei einer Typverdrängung von je rund 56000 ts etwa 30 kn schnell werden und eine Hauptbewaffnung von acht 40,6-cm-Geschützen erhalten sollten. Ihre Standfestigkeit sollte so groß sein, daß sie jederlei Waffenwirkung widerstehen konnten. Besonders wichtig war ihr großer Fahrbereich von 19000 Seemeilen, der sie zu langanhaltenden ozeanischen Operationen befähigt hätte.

Als dann 1939 der Krieg begann, hatte Großbritannien fünfzehn Großkampfschiffe im Dienst, Deutschland nur zwei, dazu aber noch die drei „Panzerschiffe". Während des Krieges wurden auf britischer Seite noch sechs Einheiten fertig, auf deutscher nur zwei. Keines der zuletzt begonnenen Schlachtschiffe – auf britischer Seite die 40000 ts-Einheiten der *Lion*-Klasse und auf deutscher die beiden ersten des „Z-Planes" – konnten mehr fertiggestellt werden. Aber mitten im Kriege gab Großbritannien die *Vanguard* in Bau, eine Art „verhinderte *Lion*". Die Royal Navy verlor in diesem Krieg fünf Großkampfschiffe, Deutschland alle vier und die Panzerschiffe dazu. Als 1945 der Krieg zu Ende gegangen war, standen der Royal Navy noch sechzehn Großkampfschiffe zur Verfügung, von denen mehr als die Hälfte total veraltet waren. Sie waren es dann auch, die zuerst zu den Abwrackern gingen, doch folgten die übrigen bald nach, das letzte im Jahr 1960, etwas mehr als ein halbes Jahrhundert seit dem Bau der *Dreadnought,* zu einem Zeitpunkt, da an die Stelle des Schlachtschiffes von einst längst der Flugzeugträger getreten war.

Großkampfschiffe
der britischen Marine

Die neue Ära bricht an: *Dreadnought*

Über mehr als 50 Linienschiffe verfügte die Royal Navy, als sie im Herbst 1905 mit dem Bau des ersten „all big gun battleship" begann. Die letzten Linienschiffe waren *Lord Nelson* und *Agamemnon,* die nur wenige Monate zuvor auf Kiel gelegt worden waren und übrigens erst im Laufe des Jahres 1908 fertig wurden, zu einer Zeit also, da sie auf Grund des ausländischen Reagierens auf diesen britischen Schritt schon weitgehend entwertet waren. Während des Krieges wurden die Einheiten dieser Klasse u. a. gegen die Dardanellen-Befestigungen eingesetzt, wobei *Agamemnon* — hier 1915 bei diesem Einsatz aufgenommen — mehr als fünfzigmal von türkischen Küstenbatterien getroffen und erheblich beschädigt wurde. (BfZ)

Mit der *Dreadnought* brach eine neue Ära im Kriegsschiffbau an. Verwirklicht wurde dieses erste „all big gun battleship" durch die Initiative von Admiral Lord Fisher. Schon seit Beginn des neuen Jahrhunderts hatte er sich in einer Reihe von Studien mit dem „all big gun battleship" befaßt, doch konnte er sich zunächst noch nicht für das 30,5-cm-Kaliber erwärmen, sondern votierte eher für ein 25,4-cm-Geschütz, weil dieses eine höhere Feuergeschwindigkeit erreichte. Aber unter dem Eindruck der Lehren des japanisch-russischen Krieges entschloß er sich doch für das schwerere Kaliber. Nachdem er im Herbst 1904 zum Ersten Seelord ernannt worden war, setzte er eine Kommission ein, die die konstruktiv-technischen Fragen des „Capital Ship" der Zukunft zu klären und festzulegen hatte. Der sechste der vorgeschlagenen Alternativentwürfe fand die Zustimmung, und damit war die Basis geschaffen, auf der die *Dreadnought* verwirklicht werden konnte. Im Dezember 1906 kam sie als erstes „all big gun battleship" im Dienst. Die Aufnahmen oben rechts und unten zeigen sie aus verschiedenen Perspektiven. (BfZ)

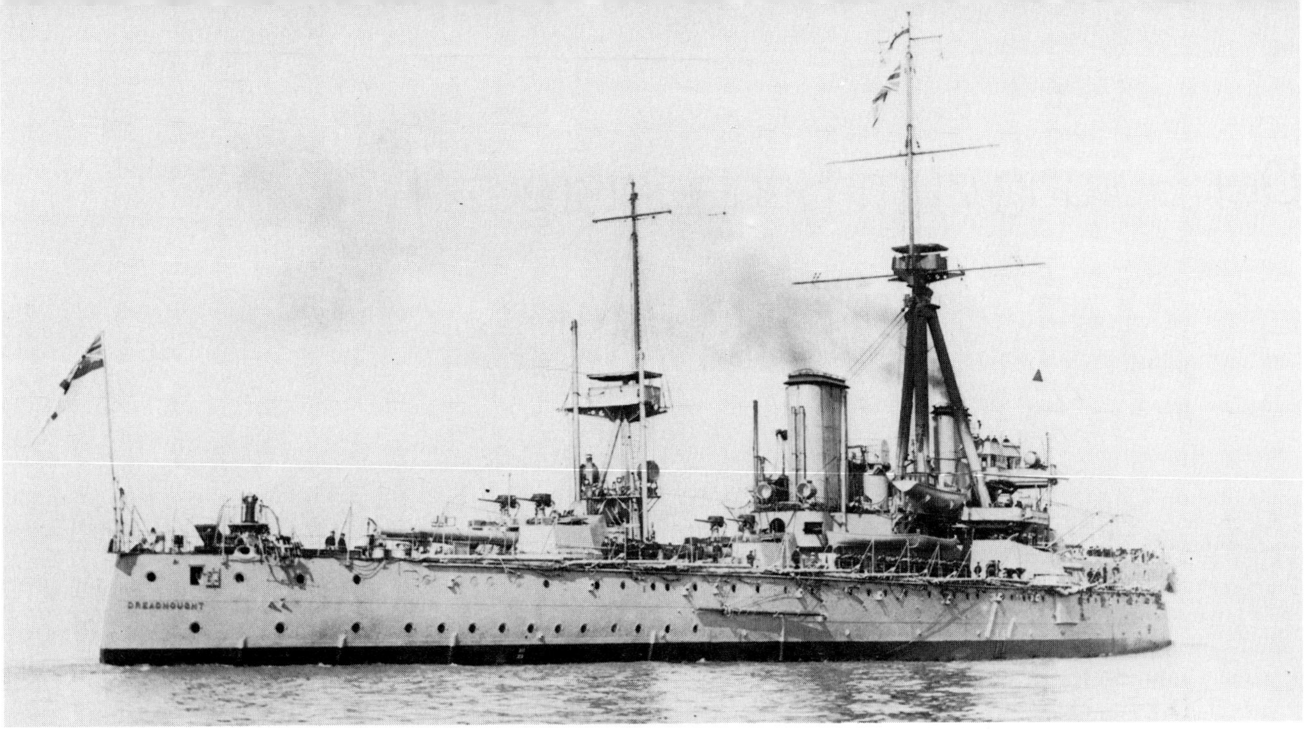
DREADNOUGHT

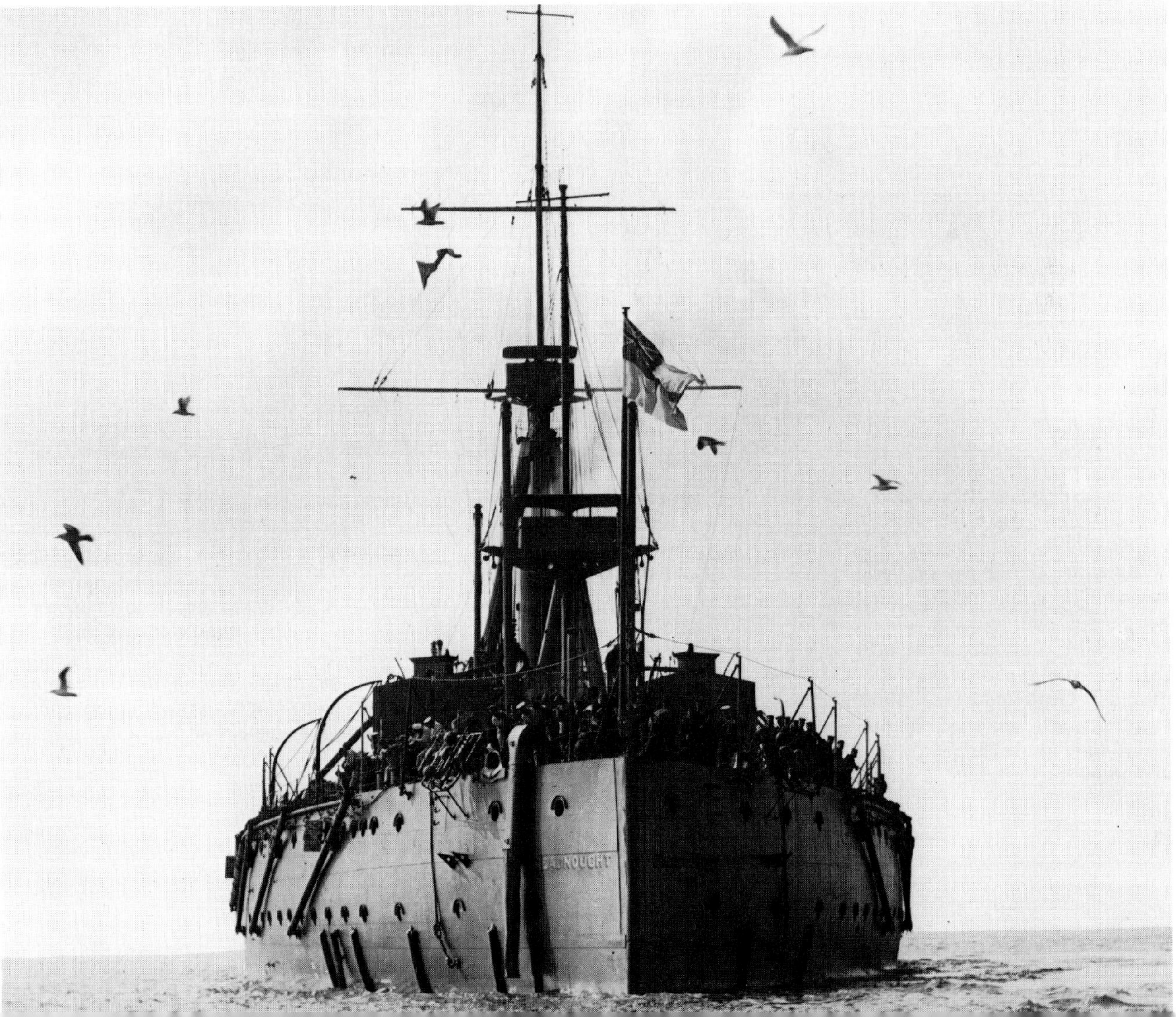

Der Sprung zum Schlachtkreuzer

Vergleichsweise zu dem *Dreadnought*-Schritt bedeutete die Wende zum „Battle Cruiser" einen wahrhaften Sprung, denn während die jüngste Entwicklung einfach zwangsläufig zum „all big gun battleship" hingetrieben hatte und dessen Größe nur mäßig gesteigert zu werden brauchte, wurde bei den letzteren eine enorme Größensteigerung erforderlich. Die ersten Schlachtkreuzer waren *Invincible*, *Inflexible* und *Indomitable*. Bei ihnen war der Schlagkraft und der Geschwindigkeit absoluter Vorrang eingeräumt worden, und dies wurde dadurch erkauft, daß man den nicht minder wichtigen Faktor „Standkraft" allzusehr — schon fast sträflich — vernachlässigte. Wie falsch die

Einstellung des Initiators dieser „Battle Cruiser" — Admiral Lord Fisher — war (sein Kernsatz lautete „speed is the best protection"), sollte die *Invincible* in der Skagerrakschlacht zu spüren bekommen: Unter den Salven der deutschen Schlachtkreuzer zerbrach sie in einer schweren Explosion, nachdem ein Treffer einen der mittleren Türme durchschlagen und die darunter befindliche Munition zum Hochgehen gebracht hatte. *Indomitable* (Bild) war das dritte Schiff dieser Klasse und kam im Sommer 1908 in Dienst. Der vordere Schornstein wurde 1910 um 2 m erhöht.

(BfZ)

22

. . . zu leicht befunden: Die *Invincible*-Klasse

Obwohl nach dem tragischen Verlust von *Invincible* auf den beiden Schwesternschiffen die Schutzeinrichtungen verbessert wurden — es waren dies vor allem Verstärkungen der Turmdecken und des Oberdecks rund um die Barbetten sowie der Decken der Munitionskammern, dazu Verbesserungen der Fluteinrichtungen innerhalb der Munitionskammern selbst — blieben sie auch weiterhin mangelhaft geschützte Schiffe, von denen sich die Royal Navy schon bald nach Kriegsende trennte. Anfang der 20er Jahre wurden sie abgewrackt. Diese Bilder zeigen die *Inflexible* im Jahre 1918 (oben) und unten die 2nd Battle Cruiser Squadron am 21. November 1918 vor dem Firth of Forth in Erwartung der in die Internierung gehenden deutschen Hochseeflotte. Vorn die Schlachtkreuzer *Australia* und *New Zealand* der *Indefatigable*-Klasse, im Vordergrund die *Indomitable*. (BfZ)

Die *Bellerophon*-Klasse:
Verbesserte Nachfolger der *Dreadnought*

Im kurzen Abständen wurde im Winter 1906/07 eine erste Dreierserie von „all big gun battleships" in Bau gegeben; dabei handelte es sich um einen verbesserten Nachfolgetyp von *Dreadnought*. Ihre Namen: *Bellerophon*, *Superb* und *Temeraire*. Sie trugen die gleiche Hauptbewaffnung, und diese war auch nach gleichem Schema aufgestellt. Was dieser Klasse zugute kam, waren zwei Dinge: Einmal die verstärkte Torpedoboot-Abwehr-Batterie (die aus 10,2-cm-Geschützen bestand, während die *Dreadnought* für diesen Zweck ausschließlich auf 7,6-cm-Kanonen angewiesen war) und zum anderen war es das durchgehende Torpedoschott im Zitadellbereich. Das war ein wichtiger Fortschritt, denn ihre Vorgängerin hatte jeweils nur dort gepanzerte Längsschotte, wo sich die Munitionskammern der Schweren Artillerie befanden. Äußerlich von der *Dreadnought* zu unterscheiden war die *Bellerphon*-Klasse an der geänderten Mast- und Schornsteinfolge. Dies ist eine Vorkriegsaufnahme der *Temeraire*, die als solche an den beiden weißen Ringen um jeden der beiden Schornsteine zu identifizieren ist. (BfZ)

Temeraire hatte 1918 ein etwas anderes Aussehen, wie hier gezeigt wird. Auch sie war mit zwei 10,2-cm-Flak ausgerüstet worden, aber eines von ihnen war auf dem achteren Turm postiert statt — wie bei den übrigen Schiffen — auf der Schanz. Charakteristisch für die ersten britischen Großkampfschiffe waren die meist senkrecht aufgetoppten Ladebäume beiderseits des achteren Aufbaus.   (BfZ)

Kriegsbedingte Änderungen

Im Krieg änderte sich das Aussehen aller Großkampfschiffe durch die verschiedenartigsten Einbauten, vor allem von zusätzlichen Scheinwerfern, Flak, Feuerleitgeräten u. a. m. Auch wurden dabei vielfach die Maststengen gekürzt. Wie die *Bellerophon* zuletzt aussah, zeigt dieses aus dem Jahr 1918 stammende Foto. Als einziges Schiff ihrer Klasse führte sie auf dem vorderen Schornstein eine Schrägkappe. Über den vorletzten Turm ist ein Sonnensegel gespannt. Die beiden 10,2-cm-Flak sind gut erkennbar. Links über dem Schiff ein Sperrballon. (BfZ)

Eine zweite Dreierserie von Schlachtschiffen entstand in der *St.-Vincent*-Klasse, die wiederum weitgehend der *Bellerophon*-Klasse entsprach und damit ebenfalls zu jener Typfamilie gehörte, die mit der *Dreadnought* begründet worden war. Wirklich Neues hatten sie gegenüber ihren Vorgängern kaum zu bieten, nur in einem Bereich war ein Pluspunkt zu verzeichnen: Sie waren etwas besser durchkonstruiert. Von ihnen ging die *Vanguard* im Kriege verloren, nicht durch Feindeinwirkung, sondern durch eine innere Explosion, die vermutlich auf das Hochgehen von Cordit in einer Munitionskammer zurückzuführen war. Diese Aufnahme zeigt die *Vanguard* noch im Frieden. (BfZ)

Sowohl als einziges Schiff der *St.-Vincent*-Klasse wie auch als einziges der ersten britischen Schlachtschiffe führte die *Collingwood* ab 1917 auf beiden Schornsteinen Schrägkappen. Dieses Bild stammt aus dem Jahr 1918 und läßt auch die übrigen Änderungen erkennen, die seit der Indienstellung vorgenommen worden waren, so insbesondere die Flugzeug-Startplattform auf dem achteren Turm und den deutlich erhöhten Aufbau davor, auf dem neben einer „range clock" weitere Scheinwerfer zu erkennen sind. (Bfz)

Ein besonderes Merkmal der ersten britischen Großkampfschiffe — von *Bellerophon* bis *Hercules* — waren die „flying bridges", auch „marble arch boat decks" genannt. Es waren brückenartige Überbauten über den schweren Türmen im Mittelschiff, und auf ihnen hatten die Beiboote ihren Platz. Auf *Neptune, Colossus* und *Hercules* wurde im Krieg jeweils eine der „flying bridges" ausgebaut. Die Zeichnung stellt eine solche „flying bridge" auf der *Neptune* dar.

(Zeichnung: Verfasser)

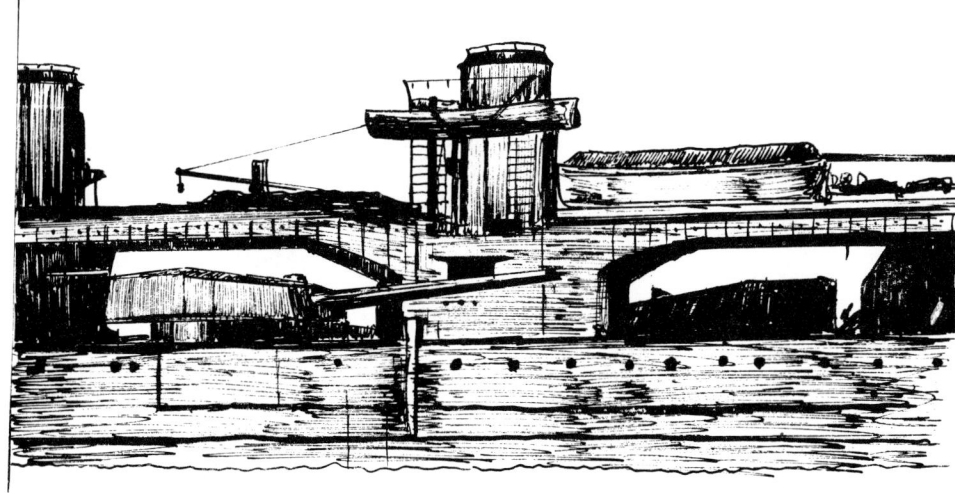

27

Erstmals: Überhöhte Türme

Mit der Anfang 1909 auf Kiel gelegten *Neptune* beschritten die Engländer einen neuen Weg, soweit es um die Aufstellung der Schweren Artillerie ging: Einmal geschah dies durch die Verschiebung der Seitentürme, bis sie in diagonaler Achse zueinander standen und somit nunmehr auch nach der Gegenseite feuern konnten, und zum anderen war es die Verschiebung des vorletzten Turmes so weit nach achtern, bis er — dicht an dicht, aber in überhöhter Position — vor dem achteren Turm stand. Seit 1916 führte die *Neptune* auf dem vorderen Schornstein eine Schrägkappe. Die vordere „flying bridge" war bereits 1915 ausgebaut worden. Diese Aufnahme ist 1918 entstanden, vermutlich in Scapa Flow, und zeigt im Hintergrund ein Schlachtschiff der *Orion*-Klasse. (BfZ)

Gewöhnlich wurden sie mit der *Neptune* in einem Atemzug genannt, aber in Wirklichkeit repräsentierten sie einen eigenen, jedoch keineswegs besseren Typ: Gemeint sind die Schlachtschiffe *Colossus* und *Hercules.* Wohl hatten sie die gleiche Hauptbewaffnung wie die *Neptune,* und auch das Schema ihrer Aufstellung war das gleiche, aber ihre Schutzeinrichtungen konnten mit denen ihrer Vorgänger nur schwerlich konkurrieren: Zwar war man zu größeren Panzerdicken übergegangen, aber dafür hatte man das durchgehende Torpedoschott aufgegeben und war zu der antiquierten Anordnung von *Dreadnought* zurückgekehrt, wobei lediglich die Munitionskammern der Schweren Artillerie durch gepanzerte Längsschotte geschützt wurden. Damit entbehrten sie eines wirksamen Unterwasserschutzes. Nicht glücklich gewählt war auf ihnen auch die Anordnung des vorderen Schornsteines vor dem Mast, wie es erstmals auf *Dreadnought* der Fall war. Diese beiden Bilder wurden in der zweiten Hälfte des Krieges aufgenommen und zeigen die Schiffe anscheinend in Scapa Flow liegend, oben *Colossus* zusammen mit anderen Schlachtschiffen und einigen Kleinen Kreuzern, unten die *Hercules,* vor 1917 aufgenommen, da die Scheinwerfertürme um den achteren Schornstein noch fehlen.

(BfZ)

Ein Schritt zurück: *Hercules* und *Colossus*

Schwach wie die Vorgänger

Die *Invincible*-Klasse wurde schon bald durch eine neue Dreierserie fortgesetzt, nämlich durch *Indefatigable, Australia* und *New Zealand*. Diese Einheiten waren im wesentlichen nicht besser als ihre Vorgänger. Auch ihr Handikap waren die viel zu schwachen Schutzeinrichtungen. Deswegen mußte die *Indefatigable* in der Skagerrakschlacht ihr Schicksal mit dem der *Invincible* teilen: Tödlich durch eine 28-cm-Salve des deutschen Schlachtkreuzers *Von der Tann* getroffen, brach sie explodierend in zwei Teile und versank. Es gab nur zwei Überlebende, also noch weniger als bei *Invincible*, von der fünf Besatzungsmitglieder übriggeblieben waren. Dies ist eine der letzten Aufnahmen der *Indefatigable*.   (BfZ)

Die Schlachtkreuzer *Australia* und *New Zealand* wurden im Rahmen des Commonwealth-Verteidigungsprogramms von den Dominionstaaten finanziert, deren Namen sie erhielten. Während Australien auch für die laufenden Unterhaltungskosten aufkam und zugleich die Unterstellung unter eigenes Kommando in Anspruch nahm, verzichtete Neuseeland auf diese Modalitäten und stellte das von ihm finanzierte Schiff sofort der britischen Marine zur Verfügung. Später tat das auch Australien, das der britischen Regierung das Recht eingeräumt hatte, im Bedarfsfall über das Schiff zu verfügen, sofern durch seinen Abzug Australien keiner Gefährdung ausgesetzt sein würde. Dies war im Dezember 1914 der Fall, nachdem Tsingtau — die einzige deutsche Bastion in Südostasien, durch die sich Australien gefährdet sehen konnte — im November von den Japanern eingenommen und das von Vizeadmiral Graf von Spee befehligte Ostasiengeschwader und die einzeln operierenden Kleinen Kreuzer bis dahin ausgeschaltet worden waren. Hier eine Aufnahme der *New Zealand* aus dem Jahr 1918, darunter die kenternde *Australia*, die auf Grund des Washington-Abkommens ausgesondert werden mußte und am 12. April 1924 vor der südwestaustralischen Küste durch Selbstversenkung endete.

(BfZ) ▷

Orion-Klasse: Schritt zum „Super-Dreadnought"

Als die deutschen Marine vom 28-cm-Kaliber auf 30,5 cm hinaufging, reagierte Großbritannien mit der Steigerung auf 34,3 cm und leitete damit die Periode der „Super-Dreadnought's" ein. Damit wuchs eine neue Generation von Schlachtschiffen heran, deren erste die der *Orion*-Klasse waren. Von diesem Zeitpunkt ab ging man zu Viererserien über, nachdem man bisher nur Dreierserien gekannt hatte. Von dieser Klasse ab wurden die schweren Türme nur noch in der Schiffslängsachse angeordnet, von den Seiten- bzw. Flügeltürmen war man endgültig abgekommen (erst später kamen sie wieder, aber ausschließlich für die Mittelartillerie). Hier eine Friedensaufnahme der *Orion*, zu der in bezug auf den vorderen Schornstein das gleiche zu sagen wäre wie zu *Colossus* und *Hercules*.

(Archiv Breyer)

Während des Krieges änderten auch die Schlachtschiffe der *Orion*-Klasse ihre äußere Erscheinungsform. Dies wird bei der hier 1918 in Rosyth aufgenommenen *Conqueror* deutlich. Durch Modifizierungen im Brückenbereich ist der vordere Schornstein als solcher kaum noch erkennbar, die *Conqueror* wirkt eher wie ein Einschornsteinschiff. Die um den achteren Schornstein gruppierten Scheinwerfertürme gehören ebenfalls zu diesen Änderungen.

(BfZ)

The splendid Cat's: *Lion* und Schwesterschiffe

Die drei Schlachtkreuzer der *Lion-Klasse* waren die „splendid cats" der Royal Navy — so jedenfalls wurden sie im Marinejargon bezeichnet. Mit ihren acht 34,3-cm-Geschützen stellten sie die Schlachtkreuzer-Variante der „Super-Dreadnought's" dar. Nach dem ursprünglichen Entwurf hatten sie den vorderen Mast hinter dem vorderen Schornstein, und in dieser Form ist *Lion* noch fertiggestellt worden (Bild). Während der Probefahrten erwies sich diese Anordnung als unbefriedigend und lästig, denn die hohen Temperaturen der entweichenden Rauchgase und der Funkenflug dazu machten bei hoher Fahrt den Aufenthalt auf der Brücke nahezu unmöglich. Noch vor der Indienststellung erfolgte daher der Umbau, um diese Nachteile zu beseitigen. (Archiv Breyer)

Die *Lion*-Klasse litt unter den gleichen Schwächen wie ihre Vorgänger: Ihre Standfestigkeit war zu gering, und zurückzuführen war das darauf, daß man trotz des beachtlichen Gewichtszuwachses von rund 8000 ts wiederum nur einen geringen Anteil für diesen Faktor abgezweigt hatte. Im Kriege wurden diese Schwächen sichtbar: *Lion,* sowohl bei dem Gefecht auf der Doggerbank wie auch bei der Skagerrakschlacht schwer durch Artillerietreffer in Mitleidenschaft gezogen, entging nur mit knapper Not dem tödlichen Desaster, während *Queen Mary* nach ebenso schweren Treffern explodierend versank, das Schicksal von *Invincible* und *Indefatigable* teilend. Nur neun Mann blieben von ihr übrig. Diese größte Seeschlacht der Weltgeschichte gab jetzt endlich den Engländern zum Nachdenken auf, nachdem drei ihrer so mächtigen Schlachtkreuzer (und mit ihnen 3321 Mann!) verloren waren, auf die sie anfänglich so viele Hoffnungen gesetzt hatten. Hier liegt die *Queen Mary* in Scapa Flow vor Anker. Sie führt bereits den Anstrich der späteren Kriegsjahre — der mittlere Teil des Rumpfes ist dunkelgrau abgesetzt. (BfZ)

Am Rand der Katastrophe

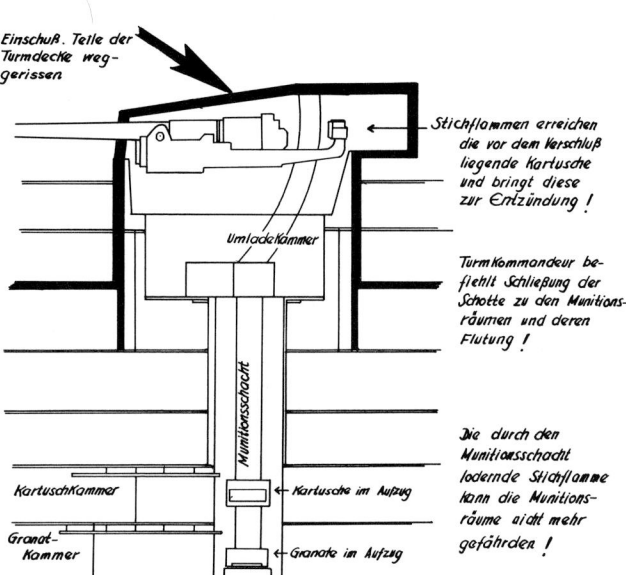

Einschuß. Teile der Turmdecke weggerissen

Stichflammen erreichen die vor dem Verschluß liegende Kartusche und bringt diese zur Entzündung !

Umladekammer

Turmkommandeur befiehlt Schließung der Schotte zu den Munitionsräumen und deren Flutung !

Munitionsschacht

Die durch den Munitionsschacht lodernde Stichflamme kann die Munitionsräume nicht mehr gefährden !

Kartuschkammer

← Kartusche im Aufzug

Granat-Kammer

← Granate im Aufzug

Während der Skagerrakschlacht erhielt *Lion* einen 30,5-cm-Treffer des deutschen Schlachtkreuzers *Lützow,* der die Decke des dritten schweren Turmes traf, diese wegriß und im Turminneren detonierte: Die gesamte Turmbesatzung — rund 100 Mann — wurde getötet oder schwer verwundet. Trotzdem hatte man Glück im Unglück, denn mit seinem letzten Atemzug hatte der Turmkommandeur Befehle erteilt, die das Schiff retteten. Wären die Munitionskammern unter dem Turm explodiert, so hätte das mit Sicherheit den Untergang des Schiffes bewirkt. Die Zeichnung soll die Wirkung dieses verheerenren Treffers demonstrieren, und das Foto zeigt die *Lion* kurze Zeit nach der Schlacht — der zerstörte Turm ist ausgebaut, die Reparatur vorangeschritten. Bereits in der zweiten Julihälfte des Jahres 1916 wird die *Lion* wieder einsatzbereit sein.   (BfZ / Zeichnung: Verfasser)

Friedenszeit – Kennungen britischer Großkampfschiffe

Weiße Bänder um die Schornsteine, soweit nichts anderes angegeben. *vorn* ➡

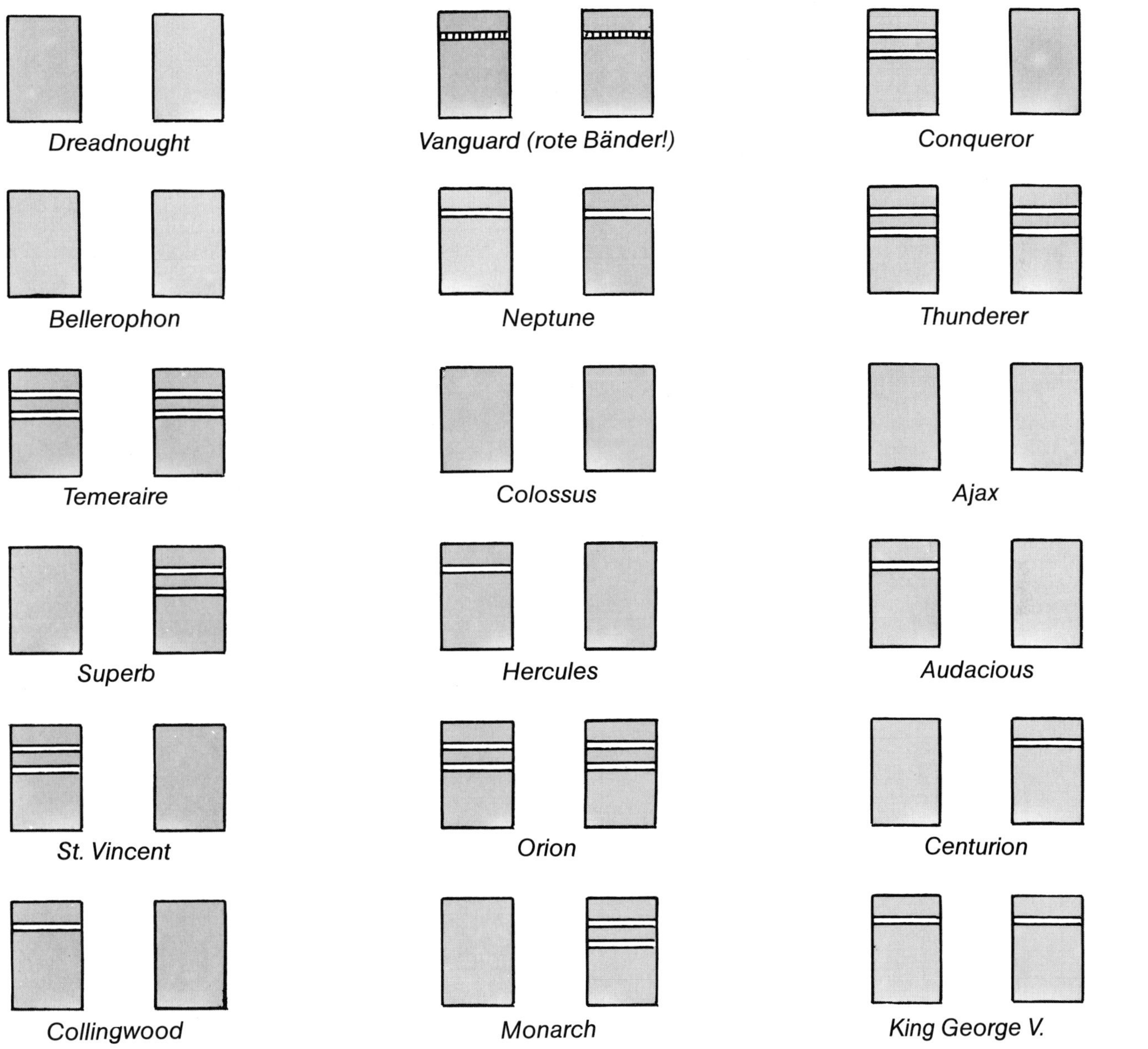

Dreadnought

Vanguard (rote Bänder!)

Conqueror

Bellerophon

Neptune

Thunderer

Temeraire

Colossus

Ajax

Superb

Hercules

Audacious

St. Vincent

Orion

Centurion

Collingwood

Monarch

King George V.

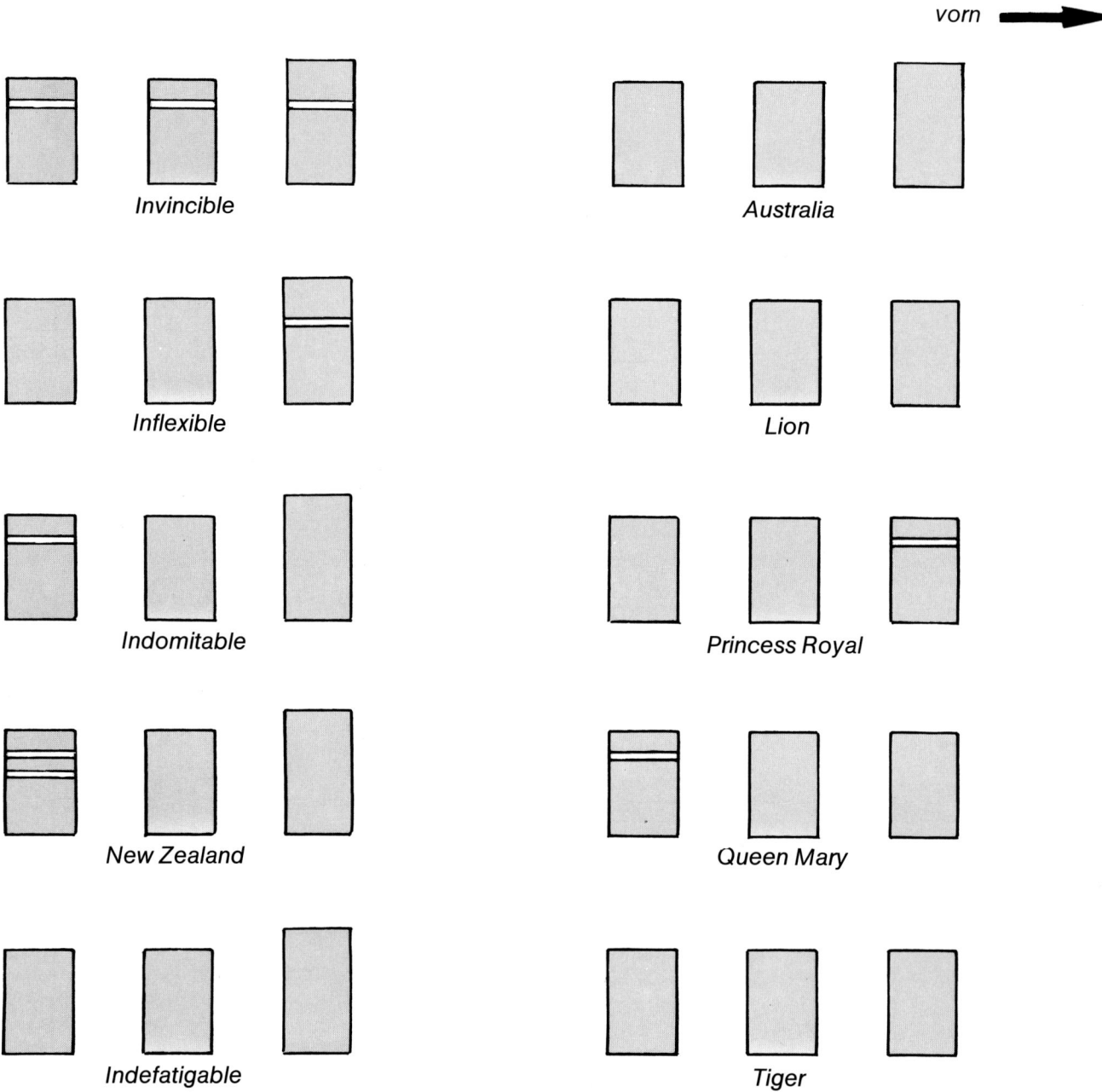

vorn →

Invincible

Australia

Inflexible

Lion

Indomitable

Princess Royal

New Zealand

Queen Mary

Indefatigable

Tiger

36

Lion und Princess Royal

Lion und Princess Royal blieben nach Kriegsende nur noch wenige Jahre im Dienst und wurden dann abgebrochen. Hierzu hatten sich die Engländer auf Grund ihres Beitritts zum Washington-Abkommen verpflichtet. Dieser Entschluß dürfte ihnen nicht sonderlich schwer gefallen sein, denn mittlerweile hatten sie längst eingesehen, daß diese Schiffe (wie auch schon ihre Vorgänger) unter „Geburtsfehlern" leiden, die irreparabel blieben. Wie beide Schiffe in ihren letzten Dienstjahren ausgesehen haben, zeigen diese aus dem Jahr 1918 stammenden Aufnahmen: Oben Princess Royal, unten Lion. Beide führen auf dem Vormars ein Entfernungsmeßgerät, im Bereich des achteren Schornsteines die typischen Scheinwerfertürme und jeweils auf dem achteren Turm eine Flugzeug-Startplattform, Lion außerdem eine Kappe auf dem vorderen Schornstein. Auf der Flugzeug-Startplattform des letzten Turmes ist auf beiden Schiffen behelfsmäßig ein Segeltuchzelt errichtet, in dem wahrscheinlich das mitgeführte Flugzeug eingestellt wurde, um es vor Witterungseinflüssen zu schützen: Das war ein früher Vorläufer der späteren Flugzeughangars. Offenbar handelte es sich um einen Versuch, der jedoch nicht weitergeführt worden ist.

(BfZ)

Vorteilhaftere Architektur: *King George V*-Klasse

Die zweite Viererserie der neuen Generation von „Super-Dreadnought's" stellten die Einheiten der *King-George-V.*-Klasse dar. Sie entsprachen im wesentlichen der *Orion*-Klasse: Bewaffnung, Panzerung, Schutzeinrichtungen und Antriebsanlage waren nahezu gleich. Erwägungen nach Baubeginn, an Stelle der 10,2-cm-Geschütze zu einer vollwertigen Mittelartillerie zu gelangen, fanden aus Gründen der Kosteneinsparung kein Echo, obwohl man inzwischen grundsätzlich die Notwendigkeit einer starken Mittelartillerie zu bejahen gelernt hatte. Diese Einheiten gaben äußerlich ein vorteilhafteres Bild ab als die ihr vorausgegangene *Orion*-Klasse. Hier eine aus 1918 stammende Aufnahme des Klassenschiffs *King George V.* auf seinem Ankerplatz zusammen mit anderen Schlachtschiffen, darüber ein Sperrballon.

(BfZ)

Audacious: Erster Kriegsverlust

Die *Audacious* war das erste britische Großkampfschiff, das im Krieg verlorenging. Am 27. Oktober 1914 lief sie vor der nordirischen Küste nahe Lough Swilly auf eine von dem deutschen Hilfskreuzer *Berlin* geworfene Mine und wurde schwer beschädigt. Als Folgeschaden kam es zu einer inneren Explosion, die weitere Verheerungen anrichtete. Nach erfolglosen Versuchen, das Schiff abzuschleppen, mußte es aufgegeben werden und sank. Diese Aufnahme zeigt die *Audacious* schon am Beginn ihres „Todeskampfes": Zerstörer versuchen ihr Hilfe zu leisten, sie selbst hat bereits deutlich Schlagseite nach Backbord. (BfZ)

„Degradiert" zum „dummy ship"

Die *Centurion* hatte noch lange nicht ausgedient, als sie 1924 in das Reserveverhältnis wechselte: 1926/27 wurde sie zum ferngelenkten Zielschiff hergerichtet und stand bis Ende 1940 für Schießübungen zur Verfügung. Im Frühjahr 1941 ist sie dann unter Verwendung von viel Holz und Segeltuch zu einem „dummy ship" hergerichtet worden und mimte fortan die *Anson* der neuen *King-George-V.*-Klasse, und zwar im Bereich vom Mittelmeer bis zum Südatlantik und zum Indischen Ozean. Mitte 1942 sollte sie im Rahmen einer Versorgungsoperation 2500 Tonnen Nachschubgüter nach Malta bringen, wurde aber unterwegs durch einen Bombentreffer beschädigt und kehrte deshalb nach Alexandria zurück. Von Ende 1942 bis Anfang 1944 war sie dann als schwimmende Flakbatterie auf dem Großen Bittersee eingesetzt, und im Juni 1944 endete ihre Laufbahn an der Invasionsküste der Normandie, wo man sie als Wellenbrecher auf Grund setzte. Dort ist das Wrack verrottet und wurde später nach und nach abgebrochen. Das obere Bild zeigt die *Centurion* noch als vollwertiges Schlachtschiff, etwa 1918 aufgenommen (beachtenswert sind dabei die Flugzeug-Startplattformen auf den Türmen B und D), das untere Bild stammt von 1935, als sie schon als Zielschiff diente.

(BfZ)

Wieder vollwertige Mittelartillerie

Die dritte Viererserie von „Super-Dreadnought's" wuchs in der 1912 begonnenen *Iron-Duke*-Klasse heran. Sie entsprach weitgehend der vorangegangenen *King-George-V.*-Klasse, hatte praktisch die gleiche Bewaffnung und Panzerung, aber erstmals war man im Bau von „all big gun battleships" wieder zu einer vollwertigen Mittelartillerie zurückgekehrt. Um sie kam man angesichts der immer größer, stärker und widerstandsfähiger werdenden Zerstörer nicht mehr herum. Das Bild zeigt die *Marlborough*, 1914 aufgenommen. Aus der Skagerrakschlacht wurde sie schwer beschädigt heimwärtsgeschleppt; sie hatte einen Torpedotreffer von dem deutschen Kreuzer *Wiesbaden* erhalten.

(BfZ)

Diese Luftaufnahme zeigt die *Emperor of India*. Sie war das einzige Schiff der *Irion-Duke-Klasse,* das nicht an der Skagerrakschlacht teilnahm. Da am achteren Schornstein bereits die Scheinwerfertürme vorhanden sind, ist auf etwa 1918 als Aufnahmejahr zu schließcn. Gut erkennbar sind auch die 7,6-cm-Flak auf dem achteren Aufbau. (BfZ)

Zwischen 1915 und 1918 führten die Einheiten der *Iron-Duke*-Klasse zur Feindtäuschung sog. „range baffles", die hier auf *Benbow* an der Achterkante des vorderen Schornsteines und an dem Ladebaumpfosten dahinter gut erkennbar sind.

(BfZ)

Als einziges Schiff ihrer Klasse führte *Emperor of India* ab 1918 eine Schrägkappe auf dem vorderen Schornstein. Hier liegt sie vor Anker, ihre Türme sind nach Steuerbord geschwenkt. Offenbar wird hier in einem Stützpunkt gerade Artillerieausbildung betrieben.

(BfZ)

Nach dem Ende des Ersten Weltkrieges gehörten die Schlachtschiffe der *Iron-Duke*-Klasse der Mittelmeerflotte an. Dabei wurden sie zeitweilig im Schwarzen Meer eingesetzt, wo sie die „weiß"-russischen Truppen gegen die Bolschewisten unterstützten. Hier feuert *Iron Duke* gegen vordringende bolschewistische Einheiten bei Novorossijsk.

(BfZ)

Dem Londoner Flottenvertrag geopfert

Bis Ende der 20er Jahre wurden die Schlachtschiffe der *Iron-Duke*-Klasse im Dienst behalten, danach gingen sie — bis auf *Iron Duke* — den Weg alten Eisens. Diese Aufnahme ist im Juli 1928 gemacht worden und zeigt die *Benbow,* die zu jener Zeit der Atlantikflotte angehörte. Im Hintergrund der Schlachtkreuzer *Renown.* (BfZ)

Von August 1914 bis November 1916 war *Iron Duke* das britische Flottenflaggschiff. Auf ihm leitete Admiral Sir John Jellicoe — der Gegenspieler des deutschen Flottenchefs, Admiral Reinhard Scheer — die Operationen während der Skagerrakschlacht. Anfang der 30er Jahre wurde die *Iron Duke* zum Artillerieschulschiff umgebaut, da sie auf Grund der Bestimmungen des Londoner Flottenvertrages von 1930 abzurüsten war. Von da ab fehlten auf ihr die Türme B und E, der schwere Seitenpanzer, der vordere Kommandostand, die Torpedorohre und ein Teil der Kessel. Diese Aufnahme stammt aus der Mitte der 30er Jahre, als die *Iron Duke* bereits als Artillerieschulschiff fuhr. (BfZ)

Tiger – letztes Glied der Vorkriegs-Schlachtkreuzer – Entwicklung

So sah der Schlachtkreuzer *Tiger* im Jahr 1917 aus (das Bild zeigt ihn in Rosyth liegend). Zu diesem Zeitpunkt war die Flugzeug-Startplattform noch auf dem dritten Turm installiert, und auch hier ist das Segeltuchzelt erkennbar, unter dem vermutlich das Bordflugzeug abgestellt war. Auch fehlt noch die Maststenge auf dem Ladebaumpfosten vor dem dritten Schornstein. Der Anstrich war typisch für britische Kriegsschiffe während der zweiten Hälfte des Krieges. (BfZ)

Ursprünglich sollte *Tiger* als viertes Schiff der *Lion*-Klasse gebaut werden, und danach war außer ihr selbst noch ein zweites Schiff — *Leopard* — vorgesehen, aber aus keinem dieser Vorhaben ist etwas geworden: *Tiger* entstand als Einzelgänger nach einem Neuentwurf und war das letzte Glied der britischen Vorkriegs-Entwicklung von Schlachtkreuzern. Wesentlich beeinflußt wurde sein Entwurf von dem bei Vickers, Barrow, für Japan in Bau genommenen Schlachtkreuzer *Kongo*. Die Gesamtkonzeption von *Tiger* läßt erkennen, daß eine bescheidene Wandlung zum Besseren eingetreten war, soweit es die Standkraft und davon wiederum den horizontalen Schutz betraf. Der Unterwasserschutz blieb jedoch nach wie vor ungenügend. *Tiger* war der erste britische Schlachtkreuzer mit einer vollwertigen, d. h. aus 15,2-cm-Geschützen bestehenden Mittelartillerie und dazu das erste britische Kriegsschiff, dessen Antriebsanlage mehr als 100 000 PS leistete, aber auch der letzte britische Schlachtkreuzer, der noch kohlengeheizte Kessel erhalten hat.

Diese Aufnahme zeigt *Tiger* nach Ende des ersten Weltkrieges mit dem erhöhten Großmast, den Modifizierungen im Bereich von Brücke und Dreibeinmast und der Flugzeug-Startplattform auf dem Turm B. Ein wesentliches Plus für *Tiger* war die große Freibordhöhe im Vorschiff, sie betrug knapp 7 Meter gegenüber nur 5,70 Meter bei der *Lion*-Klasse. (BfZ)

45

Agincourt: „The most powerful battleship"

Als das „most powerful battleship" galt die *Agincourt,* nicht wegen ihres Geschützkalibers, sondern auf Grund ihrer Zahl schwerer Geschütze. Nicht weniger als vierzehn Rohre hatte sie aufzuweisen, zusammengefaßt in sieben Zwillingstürmen, und diese wiederum aufgeteilt in drei Gruppen im Vor-, Mittel- und Achterschiff. Auch die Vorgeschichte dieses Schiffes ist interessant genug: Begonnen wurde es für die Marine Brasiliens als *Rio de Janeiro,* aber 1914 ist sie halbfertig an die Türkei verkauft worden und wurde als *Sultan Osman I.* weitergebaut. Kurz vor der Ablieferung brach der Krieg aus, und Großbritannien bemächtigte sich dieses wertvollen Schiffes sofort durch Beschlagnahme. Fortan diente es als *Agincourt* in der Grand Fleet. Diese Aufnahme zeigt sie im Jahre 1915, in ihrem Heimatstützpunkt liegend: Gegenüber ihrer ursprünglichen Erscheinungsform hatte sie sich bereits geändert: Es fehlen die „flying bridges", auch auch die Stenge des achteren Mastes ist nicht mehr vorhanden.

(BfZ)

So wie die *Agincourt* 1914 in Dienst gestellt worden ist, sah sie 1918 nicht mehr aus: 1916 waren zunächst die Stützbeine des achteren Mastes entfernt worden, und 1918 fiel auch der verbliebene Mast weg. In diesem Stadium ist das Schiff hier zu sehen. Noch fehlen die Scheinwerfertürme um den achteren Schornstein, und auch die beiden 7,6-cm-Flak auf der Schanz sind noch nicht aufgestellt. Die *Agincourt* kämpfte am Skagerrak mit und blieb unbeschädigt. Nachdem Brasilien im Jahr 1921 zu einem britischen Rückerwerbsangebot abgewinkt hatte, verkauften es die Engländer 1922 zum Abbruch. Zwei Jahre später haben es die Erwerber eingedockt, in zwei Teile zerlegt und abgebrochen.

(BfZ)

Erin - für die Türkei gebaut, von England vereinnahmt

Das 1911 von der Türkei bei Vickers in Barrow in Auftrag gegebene Schlachtschiff *Reshadije* stand nahe vor der Fertigstellung, als der Weltkrieg ausbrach. Die Folge: Beschlagnahme durch die Engländer, kurz darauf Einreihung in die Grand Fleet unter dem neuen Namen *Erin*. Das Schiff nahm an der Skagerrakschlacht teil und blieb unbeschädigt. Schon 1919 wurde es in die Reserve überführt, und drei Jahre später zur Abwrackung freigegeben, den Abrüstungsbestimmungen des Washington-Abkommens folgend. Das obere Bild zeigt die *Erin* im Juli 1915 in Scapa Flow vor Anker liegend, das untere im gleichen Jahr im Moray Firth. Auf beiden Bildern sieht das Schiff noch so aus, wie es fertiggestellt worden war. Änderungen erfolgten 1917, so bei den Brückenaufbauten, am Mast und in bezug auf die Scheinwerfer sowie durch Aufstellung von Flak. (BfZ)

Schlachtschiffe für *Chile*

1911 hatte Chile in England zwei Großkampfschiffe in Auftrag gegeben, die 1911 bzw. 1913 begonnen wurden. Bald darauf brach der Krieg aus und durchkreuzte die Pläne ihrer Auftraggeber. Das erste bereits vom Stapel gelaufene Schiff, *Almirante Latorre,* wurde von der Royal Navy sofort beschlagnahmt und auf eigene Rechnung weitergebaut, um dann im Herbst 1915 unter dem neuen Namen *Canada* in Dienst gestellt zu werden. Es nahm an der Skagerrakschlacht teil, blieb aber unbeschädigt und verdiente sich keine besonderen Meriten. Über das zweite, noch nicht zu Wasser gekommene Schiff, *Almirante Cochrane,* wurde der Baustopp verhängt, und es blieb auf der Helling liegen. Zeitweilig dachten die Engländer daran, es doch noch fertigzustellen, und zwar unter dem Namen *India,* aber davon kam man wieder ab. Schließlich erwarb die Royal Navy den halbfertigen Schiffskörper und führte seinen Bau doch noch zu Ende, aber nicht als Schlachtschiff, sondern — unter dem neuen Namen *Eagle* — als Flugzeugträger. Diese Bilder zeigen die *Canada,* oben im Jahr 1916 in Rosyth liegend, daneben 1917 zusammen mit dem als Depeschenboot des Flottenchefs eingesetzten Zerstörer *Oak.* Wie die als Schlachtschiff begonnene *Almirante Cochrane* als Flugzeugträger *Eagle* aussah, zeigt ein weiteres Bild. (BfZ)

49

Queen Elizabeth –
das erste schnelle Schlachtschiff

Die 1912 begonnenen Schlachtschiffe der *Queen-Elizabeth*-Klasse bedeuteten in zweierlei Hinsicht etwas Neues: Nachdem schon die Amerikaner und die Japaner zu einem stärkeren Kaliber (35,6 cm) übergegangen waren und gewisse Anzeichen dafür vorlagen, daß auch Deutschland in Kürze auf ein stärkeres Kaliber hochgehen würde, setzte Winston Churchill — seit 1911 Erster Lord der Admiralität — seinen ganzen Einfluß ein, um auch im britischen Schlachtschiffbau zu einer Kalibersteigerung zu gelangen. Die Entscheidung fiel rasch: Man einigte sich auf das bisher im Großkampfschiffbau noch nicht erreichte Kaliber 38,1 cm. Als Ausgleich dafür wurde eine Verminderung der Rohrzahl in Kauf genommen, also nur noch acht Geschütze statt — wie bisher — deren zehn. Das bedeutete die Aufteilung in vier Zwillingstürme, wobei eine gleichmäßige Gruppierung auf das Vorschiff und auf das Achterschiff am zweckmäßigsten erschien. Der Verzicht auf einen Mittelturm ließ es andererseits zu, die Antriebsanlage zu vergrößern und leistungsstärker zu machen, um eine höhere Geschwindigkeit herauszuholen. Unter diesen Aspekten entstanden damit die ersten *schnellen* Schlachtschiffe der Welt. Die Verschmelzung mit dem Schlachtkreuzer bisheriger Prägung nahm hier ihren Gang. Mit ihren 38,1-cm-Geschützen waren die Einheiten der *Queen-Elisabeth*-Klasse allen bisher gebauten Schlachtschiffen deutlich überlegen, doch führte dieses Vorgehen wiederum dazu, daß auch andere Staaten — vor allem Deutschland — zu schwereren Kalibern übergingen. Im Bild: Die beiden achteren 38,1-cm-Zwillingstürme der *Queen Elizabeth,* aufgenommen kurz nach der Indienstellung.

(BfZ)

Im Januar 1915 wurde als erstes Schiff der *Queen-Elisabeth*-Klasse das Klassenschiff selbst fertiggestellt. Ihren ersten Einsatz erlebte sie von Februar bis Mai 1915 bei den Operationen um die Dardanellen. Obwohl der Einsatz dieses bisher größten und stärksten Schlachtschiffes die Kampfmoral der eingesetzten Truppen spürbar stärkte, wurde es in die Heimat zurückbeordert, weil man fürchtete, daß es durch U-Boote oder Minen ausgeschaltet werden könnte. Hier eine Aufnahme der *Queen Elizabeth* aus der Luft. Die achteren 15,2-cm-Geschütze fehlen bereits (auf den anderen Schiffen dieser Klasse waren sie erst gar nicht eingebaut worden). (BfZ)

Mit „range finding baffles" ausgestattet waren in den Jahren 1916/18 vorübergehend *Warspite, Malaya, Barham* und *Valiant.* Es handelte sich dabei um mehr oder weniger bizarre Gebilde aus auf Rahmen gespanntem Segeltuch, die — an Schornsteinen und Masten befestigt — die Silhouette des eigenen Schiffes verändern und so dem Gegner das Erkennen erschweren sollten. Diese Aufnahme zeigt die *Warspite* im Jahre 1916 mit solchen Installationen. (BfZ)

Feuertaufe am Skagerak

Ihre vergleichsweise hohe Geschwindigkeit von 25 kn gab den Ausschlag dafür, daß die in der V. Battle Squadron zusammengefaßten Schlachtschiffe der *Queen-Elizabeth*-Klasse vorübergehend der Battle Cruiser Force zugeteilt waren und — außer dem Klassenschiff selbst, das am 24. Mai 1916 zur Überholung nach Rosyth gegangen war — in der Skagerrakschlacht mitkämpften. Sie feuerten zusammen 1099mal mit ihren 38,1-cm-Geschützen *(Barham 337, Valiant 288, Warspite 259, Malaya 215)*, doch wurden sie auch selbst getroffen: *Barham* viermal, *Malaya* achtmal und *Warspite* dreizehnmal, und nur *Valiant* blieb unbeschädigt. Im Laufe des Monats Juli 1916 wurden sie alle wieder einsatzbereit. Hier eine Aufnahme der *Warspite* aus dem Jahr 1917, zusammen mit anderen Schlachtschiffen, offenbar in Scapa Flow liegend. Hier führt die *Warspite* noch ihre „range baffles“.   (BfZ)

Gegen Ende des Krieges unterschied sich *Queen Elizabeth* (Bild) von ihren vier Schwesterschiffen dadurch, daß sie allein noch an den beiden Masten die hohen Stengen führte. Auf den überhöhten Türmen sind Flugzeug-Startplattformen errichtet, und auf der vorderen Plattform ist eines der mitgeführten Bordflugzeuge erkennbar. Bemerkenswert sind auch die „range clocks“ am vorderen Mast.   (BfZ)

Modernisierung nach dem Krieg

Der erste Umbau der *Queen-Elizabeth*-Klasse galt vor allem der Vergrößerung der Standfestigkeit. Als erstes Schiff ging 1924 die *Warspite* in die Werft, als letztes 1929 die *Valiant*. Sie alle erhielten Torpedowulste (wofür eine geringfügige Geschwindigkeitseinbuße in Kauf genommen wurde), so daß ihre Breite um mehr als 4 Meter anwuchs. Gleichzeitig wurde der vordere Schornstein mit dem hinteren zusammengelegt, ferner kamen neue Feuerleitmittel und zusätzliche Flak an Bord. Gegenüber ihren Schwesterschiffen unterschied sich die *Valiant* von da ab durch ein auf dem Achterschiff aufgebautes Katapult, das hier zusammen mit dem gleichzeitig installierten Flugzeugkran gut erkennbar ist. Auf den überhöhten 38,1-cm-Türmen sind noch Fragmente der alten Flugzeug-Startplattformen vorhanden. (BfZ)

Nach Totalumbau kaum wiederzuerkennen

Queen Elizabeth und Valiant sind ab 1937 umfassend modernisiert worden und waren, als sie diese Arbeiten hinter sich hatten, nicht mehr wiederzuerkennen, so sehr hatten sie ihre äußere Erscheinungsform geändert. Der Umbau erfolgte nach dem Vorbild von Warspite (die schon von 1934 bis 1937 modernisiert worden war) und betraf den Einbau neuer Maschinen und Kessel, die Verstärkung der Horizontalpanzerung, den Einbau neuer schwerer und leichter Flak-Waffen (wobei auf die Mittelartillerie völlig verzichtet wurde), ferner die Steigerung der Schußweite der schweren Geschütze, den Einbau neuer Feuerleitmittel und die Installierung einer Bordfluganlage. Der Umbau von Queen Elizabeth wurde in Portsmouth durchgeführt, aber im Dezember 1940 wurde sie nach Rosyth verlegt, wo die Restarbeiten vorgenommen wurden. Dort ist im Februar 1941 dieses Bild entstanden. Der tiefe Einschnitt hinter dem Schornstein macht deutlich, wo sich die neu installierte Bordfluganlage befindet.   (BfZ)

Die Malaya wurde in der Nacht zum 20. März 1941 etwa 250 Seemeilen westnordwestlich von Kap Verden bei der Sicherung des Convoys SL.68 von dem deutschen U-Boot U 106 torpediert und lief danach zur vorläufigen Reparatur in Trinidad ein. Diese im Krieg von deutscher Seite veröffentlichte Aufnahme zeigt die Malaya jedoch — entgegen der damaligen Bildunterschrift — nicht nach diesem Torpedotreffer, sondern fünf Jahre früher, nach einer Kollision mit einem Frachter.   (BfZ)

Beschädigte Schlachtschiffe in den USA repariert

Während des zweiten Weltkrieges wurden beschädigte britische Schlachtschiffe gelegentlich in den USA repariert, schon bevor diese sich im Krieg mit den Achsenmächten befanden. So war es beispielsweise bei der im März 1941 durch Torpedotreffer beschädigten *Malaya* der Fall. Die *Warspite* wurde gleich mehrmals in den USA ausgebessert und überholt. Hier liegt sie — im Oktober 1942 aufgenommen — zu einer solchen Überholung in Seattle im Bundesstaat Washington.

(BfZ)

Verlustreiches Jahresende 1941

Zweimal geriet die *Barham* im Zweiten Weltkrieg vor die Torpedorohre deutscher U-Boote und wurde getroffen: Das erste Mal war es am 28. Dezember 1939 vor der Clyde-Mündung — den von *U-30* erhaltenen Treffer überstand die *Barham* glimpflich und war im April 1940 wieder einsatzbereit. Am 25. November 1941 erhielt sie dann vor der ägyptischen Küste nahe Sollum kurz hintereinander drei Torpedotreffer von *U 331*, und diese waren tödlich: Beim Kentern explodierte das Schiff (Bild) und nahm 862 Mann in die Tiefe mit. (BfZ)

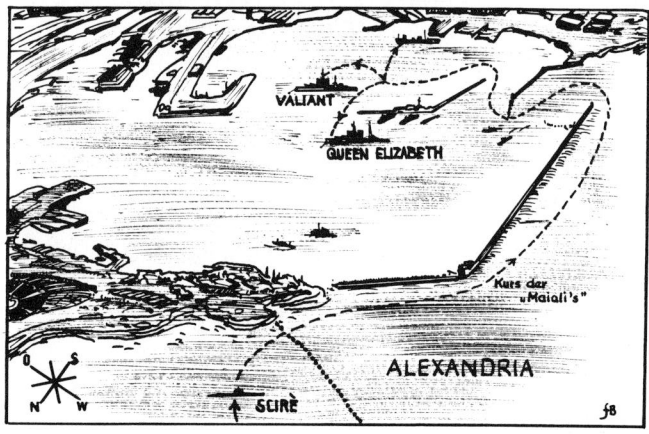

Ende 1941 verlor die britische Marine innerhalb von drei Wochen drei Großkampfschiffe, und zwei weitere wurden so stark beschädigt, daß sie auf Monate hinaus ausfielen: Zuerst sank am 25. November die *Barham*, und am 10. Dezember waren es *Repulse* und *Prince of Wales*. Damit noch nicht genug: Am 19. Dezember 1941 drangen drei von dem italienischen U-Boot *Sciré* herangebrachte Torpedoreiter-Teams mit ihren „Maiali's" durch die geöffnete Sperrlücke in den Hafen von Alexandria ein, wo u. a. die Schlachtschiffe *Valiant* und *Queen Elizabeth* lagen, die gerade von einer Operation zurückgekehrt waren. Unter diesen brachten die Italiener ihre Sprengladungen an, und nach deren Detonation sanken beide Schiffe erheblich beschädigt auf Grund. Es dauerte Monate, bis sie wieder einsatzbereit wurden. Diese Karte zeigt die Liegeplätze der beiden britischen Schlachtschiffe und den Kurs der italienischen Torpedoreiter. (Zeichnung: Verfasser)

Die schweren Schäden, die die *Queen Elizabeth* am 19. Dezember 1941 in Alexandria erlitten hatte, wurden endgültig in Norfolk (USA) repariert. Im Juni 1943 kehrte sie von dort nach England zurück, und im Dezember verlegte sie zur Eastern Fleet. Dort nahm sie an zahlreichen Operationen teil. Im Juli 1945 kehrte sie nach England zurück, drei Jahre später wurde sie abgebrochen. Diese Aufnahme zeigt die *Queen Elizabeth* vermutlich im Kriegsjahr 1943. Ihre Bordflugzeuganlage ist bereits ausgebaut. (Archiv Breyer)

Schlachtschiffe unterstützen Landungen

Die *Valiant*, die von 1937 ab ebenfalls grundmodernisiert worden war, trat Anfang 1940 zur Home Fleet und nahm bald darauf an Operationen um Norwegen teil. Ab Sommer 1940 gehörte sie zur Mittelmeerflotte und war dort bei zahlreichen Operationen beteiligt. Ihre am 19. Dezember 1941 in Alexandria geschlagenen Wunden wurden in den USA auskuriert; danach stieß sie zur Eastern Fleet. Ein Jahr später war sie der Force „H" zugeteilt und nahm bis September 1943 an der Eroberung Siziliens und an den Landungen in Süditalien teil. Von Anfang 1944 ab diente sie wieder bei der Eastern Fleet, wo sie an einigen Operationen teilnahm. Diese Aufnahme entstand im Frühjahr 1944 bei den Operationen gegen Soerabaja. Vorn die *Valiant*, dahinter das französische Schlachtschiff *Richelieu*, das zu jener Zeit ebenfalls der Eastern Fleet zugeteilt war. (Archiv Breyer)

Ihren letzten Kriegseinsatz erlebte die *Malaya* am 1. September 1944, als sie die vor St. Malo gelegene Ile de Cézèmbre mit Artilleriefeuer belegte. Kaum daß der Krieg beendet war, wurde sie außer Dienst gestellt und stand danach noch einige Zeit als Beischiff der Torpedoschule zur Verfügung. Als solches ist sie am 12. Mai 1947 vor Spithead liegend aufgenommen worden. Ein Jahr später begann man mit ihrem Abbruch. Seit 1943 fehlte auf der *Malaya* die Mittelartillerie, wie hier erkennbar ist. Auch der Aufbau unterhalb des Großmastes war um diese Zeit errichtet worden. (BfZ)

„The longest battle record of any battleship" wies die *Warspite* auf. Von allen britischen Schlachtschiffen erlitt sie auch die meisten Blessuren, aber sie war auch ein glückhaftes Schiff, denn immer wieder kam sie davon. Deshalb hätte sie eigentlich ein anderes Schicksal verdient als dieses: Am 12. März 1947 trat sie ihre letzte Fahrt an, die zu den Abwrackern nach Faslane führen sollte, und dabei brach am 23. März die Schleppverbindung. Bei Prussia Cove, nahe Lands Ends, lief sie auf Grund. Dort ist sie nach und nach abgebrochen worden, die letzten Reste 1956. Dieses Bild zeigt die *Warspite* kurz nach dem Auflaufen. (BfZ)

Die *Revenge*-Klasse: Besser durchkonstruiert als ihre Vorgänger

Die *Queen-Elizabeth*-Klasse verkörperte den ersten Schlachtschifftyp der Welt, der ausschließlich ölbeheizte Kessel erhalten hatte. Aber in England wurden bald Zweifel laut, ob es in einem Krieg möglich sein würde, genügend Ölreserven bereitzustellen. Diese Frage konnte nicht rückhaltlos bejaht werden, und so kam es zu dem Entschluß, bei den nächsten Schlachtschiff-Neubauten zur gemischten Heizung zurückzukehren. Die Mehrzahl ihrer Kessel sollte Kohlenfeuerung erhalten und nur eine Minderzahl Ölheizung. Damit ließ sich ganz selbstverständlich keine so hohe Geschwindigkeit herausholen, aber mit den erreichbaren 21 kn würden sie sich, so lauteten die Überlegungen der Admiralität, durchaus gut in den Rahmen der Schlachtflotte einfügen lassen. Eine der ersten Maßnahmen Lord Fishers nach Rückkehr in sein Amt war darauf gerichtet, bei den Kesseln umgekehrt zu verfahren: Die Mehrzahl von ihnen sollte Ölfeuerung erhalten und nur eine Minderzahl Kohlenfeuerung, um eine etwas höhere Geschwindigkeit zu erreichen. Man kam damit auf immerhin 23 kn. In vielen Einzelbereichen entsprach dieser neue Schlachtschifftyp — die *Revenge*-Klasse — der vorausgegangenen *Queen-Elizabeth*-Klasse, vor allem im Hinblick auf die Bewaffnung, doch waren Panzerung und Schutzeinrichtungen bei ihr etwas besser ausgebildet. Die Einheiten der *Revenge*-Klasse wurden erst ab Mitte des Krieges fertig. Bis fast zum Kriegsende führten sie einen Tarnanstrich in Lichtgrau, Dunkelgrau, Schwarz und Weiß. Hier *Revenge* (oben) und *Ramillies* (unten). (BfZ)

Torpedowulste – neues Schutzsystem

Revenge und *Royal Oak* wurden so frühzeitig fertiggestellt, daß sie schon in der Grand Fleet eingereiht waren, als es zur Schlacht vor dem Skagerrak kam. *Revenge* gehörte der 1. Battle Squadron an, *Royal Oak* der IV. Battle Squadron. *Ramillies* war das erste Schlachtschiff, das Torpedowulste erhielt, nachträglich zwar, aber noch vor der Indienststellung. Die übrigen Schiffe erhielten sie erst kurz nach ihrer Fertigstellung. Damit wurde die *Revenge*-Klasse der erste derart geschützte Schlachtschifftyp. Gegen Kriegsende und danach waren auch auf diesen Schiffen Änderungen erfolgt, und diese entsprachen dem Kriegs-standard der übrigen britischen Schlachtschiffe. Dazu gehörten die obligatorisch gewordenen Scheinwerfertürme beiderseits des Schornsteines und am achteren Mast (an letzterem wurde er schon bald wieder entfernt) und ferner auf den überhöhten Türmen Flugzeug-Startplattformen. Diese Aufnahme ist etwa 1920 entstanden und zeigt die *Revenge*, schon mit der Kabine hoch über den Brükkenaufbauten, die sie als einziges Schiff ihrer Klasse bis ganz zuletzt führte. Gut erkennbar ist auch hier der Torpedowulst.

(BfZ)

Jetzt Katapulte für die Bordflugzeuge

Royal Sovereign, hier 1926 aufgenommen, führte damals schon nicht mehr die Flugzeug-Startplattformen auf den überhöhten Türmen, nur noch Fragmente davon sind auf ihnen sichtbar. Anfang der 30er Jahre erhielt sie achtern die gleiche Bordfluganlage wie die *Resolution*. (BfZ)

Resolution erhielt 1922 als erstes Schiff ihrer Klasse eine Schornsteinkappe; diese war jahrelang ein unverkennbares Unterscheidungsmerkmal zu ihren Schwesterschiffen, die — mit Ausnahme von *Royal Oak* — etwa 1938/39 ebenfalls solche Schornsteinkappen erhielten. Seit Anfang der 30er Jahre führte die *Resolution* außerdem ein Bordflugzeug mit, für dessen Start achtern ein Katapult aufgestellt worden war. Diese Aufnahme der *Resolution* dürfte Anfang der 30er Jahre entstanden sein. (BfZ)

Royal Oak: Drama in Scapa Flow

Trotz hohen Alters noch immer aktiv

Die *Resolution* hatte bei den Operationen gegen Dakar am 25. September 1940 von dem französischen U-Boot *Bévéziers* einen Torpedotreffer erhalten. Die Reparatur ist dann in Portsmouth begonnen worden, aber die ständig an Heftigkeit zunehmenden deutschen Luftangriffe zwangen dazu, die weiteren Arbeiten an einem anderen, sichereren Ort durchzuführen. Diese erfolgten in Philadelphia. Anschließend verlegte die *Resolution* zur Eastern Fleet. Diese Aufnahme wurde am 28. November 1941 geschossen und zeigt die *Resolution* in ihrer „Kriegsbemalung".

(BfZ)

◁ Die *Royal Oak* sank sechs Wochen nach Beginn des Zweiten Weltkrieges als erstes britisches Großkampfschiff in diesem neuen Völkerringen. Am 14. Oktober 1939 trafen sie mindestens zwei Torpedos des deutschen U-Bootes *U 47*, das unter dem Kommando von Kapitänleutnant Günter Prien in Scapa Flow, dem damaligen Liegeplatz der britischen Home Fleet, eingedrungen war und nach dem Angriff unbehelligt entkommen konnte. Innerhalb von 12 Minuten nach dem ersten Treffer sank dieses Schiff, und 786 Besatzungsangehörige verloren dabei ihr Leben. Von ihren Schwesterschiffen unterschied sich die *Royal Oak* durch den bis nahezu an das Batteriedeck hochgezogenen Torpedowulst, der 1927 entsprechend geändert worden war. Die obere Aufnahme läßt diese Wulstform besonders gut erkennen. Auch auf der unteren Aufnahme ist er noch gut zu sehen. Hier werden aber auch die Verschlüsse der Backbord-Überwasser-Torpedorohre sichtbar. Diese — an jeder Seite zwei mit Schußrichtung nach etwa 35° querab-voraus — waren 1935 zu Versuchszwecken eingebaut worden. (BfZ)

Die *Ramillies* war während des zweiten Weltkrieges auf allen Kriegsschauplätzen eingesetzt: Zuerst sicherte sie Truppentransporte nach Frankreich, Ende 1939 ging sie nach Aden zur Force „J", ab Mitte 1940 war sie bei der Mittelmeerflotte und nahm dabei an mehreren Konvoi-Schutzoperationen teil, und danach operierte sie im Atlantik, meist ebenfalls im Konvoischutz. Ende 1941 erfolgte ihre Verlegung zur Eastern Fleet. Hier nahm sie an den Operationen gegen Madagaskar teil, wobei sie einen Torpedotreffer eines japanischen Klein-U-Bootes erhielt. Deswegen lief sie Durban zur Notreparatur an, doch erwies es sich dann als notwendig, sie in die Heimat zu schicken. Die endgültige Reparatur erfolgte dann in Plymouth. Spätsommer 1943: Zu diesem Zeitpunkt stieß sie erneut zur Eastern Fleet. 1944 kehrte sie auf den europäischen Kriegsschauplatz zurück und unterstützte durch Artilleriefeuer die Invasion, zuerst an der Normandieküste, danach vor der südfranzösischen Küste. Ende 1944 wurde sie dann in die Heimat zurückbeordert und diente fortan als Kasernenschiff. Sie wurde bald nach Kriegsende verschrottet. Diese Aufnahme entstand im Sommer 1944, unmittelbar vor oder schon während der Invasion.

(BfZ)

Nochmals die *Revenge,* hier im September 1949 während der Abbrucharbeiten in Invekeithing aufgenommen. Hier ein Blick in die bereits von der Seite her abgetragenen Brückendecks.   (BfZ)

Renown und Repulse:
Unzureichend wie ihre Vorgänger

Kurz vor Kriegsbeginn hatte man in England das schnelle Schlachtschiff entwickelt, und es schien zunächst, als würde man fortan daran festhalten und den Schlachtkreuzer bisheriger Prägung aufgeben. Diese Prognose hat sich nicht bestätigt: Zum einen ging England nach der schnellen *Queen-Elizabeth*-Klasse zum Bau weniger schneller Schlachtschiffe (*Revenge*-Klasse) über, und zum anderen hatten die ersten Seekriegserfahrungen den Schlachtkreuzer in einem viel besseren Licht erscheinen lassen, als ihm sozusagen „von Natur" zukommen durfte. Insbesondere war es die Überbewertung des Erfolges von *Invincible* und *Inflexible* gegen das deutsche Kreuzergeschwader bei den Falkland-Inseln, und dieser Erfolg gab Lord Fisher die Veranlassung, weitere Schlachtkreuzer zu fordern. Man

entschloß sich daher, zwei als Schlachtschiffe bewilligte, bei Kriegsbeginn aber aufgeschobene Neubauten in Schlachtkreuzer umzukonstruieren, für die die damit beauftragten Werften bereits erhebliche Materialmengen bereitgestellt hatten. So entstanden *Renown* und *Repulse*, für deren Bau man je rund 20 Monate benötigte, eine Rekordzeit für derart große Einheiten. Sie wurden die größten, stärksten und schnellsten Schlachtkreuzer der Royal Navy, aber in bezug auf ihre Schutzeinrichtungen war man dem gleichen Fehler verfallen wie bei allen ihren Vorgängern. Diese waren ebenfalls viel zu schwach; auch nachträgliche Änderungen halfen nicht viel. Dieses Bild zeigt die *Renown* noch vor 1917, also in ihrem ursprünglichen Zustand. (Archiv Breyer)

HMS *Refit* und HMS *Repair*

Weil sich *Renown* und *Repulse* in den ersten Jahren als überaus störanfällig erwiesen hatten und oft wegen Schäden in die Werft mußten, hießen sie im britischen Marinejargon „HMS Refit" und „HMS Repair". Eine andere ironische Bezeichnung, „tin cans", war in Anspielung auf ihren unzureichenden Schutz und auf ihre mangelhaften Verbände geprägt worden. Trotz ihres starken Hauptkalibers wurden sie in England nie recht akzeptiert. Hier eine Aufnahme von *Repulse* aus dem Jahr 1918, schon mit der Flugzeug-Startplattform auf Turm B und den Scheinwerfertürmen um den achteren Schornstein. Die Stenge des achteren Mastes fehlt hier. (BfZ)

Der Schlachtkreuzer *Repulse* war wohl von 1934 bis 1936 einer Modernisierung unterzogen worden, aber die Schutzeinrichtungen sind davon nicht betroffen gewesen. So ging die *Repulse* als schwächstes britisches Großkampfschiff in den Krieg — überlebt hat sie ihn nicht: Am 10. Dezember 1941 sank sie, von fünf Torpedos und einer Bombe tödlich getroffen, zusammen mit der *Prince of Wales* östlich der Malaien-Halbinsel. Hier eine Friedensaufnahme der *Repulse* nach dem 1936 abgeschlossenen Umbau.

(BfZ)

Die *Renown* war im Anschluß an *Repulse* ebenfalls einer Modernisierung unterzogen worden, jedoch erfolgte diese in einer tiefer durchgreifenden Form. Die wichtigste Verbesserung war dabei die Verstärkung des Horizontalpanzers. Weiter hatte das Schiff neue Kessel und Maschinen erhalten, und auch die Bewaffnung war — abgesehen von den sechs 38,1-cm-Geschützen — erneuert worden. Äußerlich war die *Renown* kaum mehr wiederzuerkennen, als sie im Sommer 1939 aus der Werft zurückkam, so sehr hatte sie sich verändert. (Archiv Breyer)

Der Zweite Weltkrieg brachte für die *Renown* einen merkwürdigen Zyklus von Einsätzen gegen schwere deutsche Einheiten: Ende 1939 war sie auf die im Südatlantik operierende *Admiral Graf Spee* angesetzt, am 9. April 1940 hatte sie vor dem Vestfjord (Nordnorwegen) eine Gefechtsbegegnung mit *Scharnhorst* und *Gneisenau,* wenige Wochen später verfolgte sie ergebnislos die in die Heimat zurückkehrende, schwer beschädigte *Gneisenau,* im Jahr darauf gehörte sie zu dem Aufgebot, das die *Bismarck* zur Strecke bringen sollte, und gegen Ende des Krieges war sie das einzig verfügbare Großkampfschiff der Home Fleet, das gegen die schwer beschädigte *Tirpitz* hätte eingesetzt werden können. Diese Aufnahme entstand Ende 1943 in Rosyth. Im Januar darauf verlegte sie zur Eastern Fleet. Im Hintergrund ein älteres amerikanisches Schlachtschiff, vermutlich *Texas* oder *Arkansas*. (Archiv Breyer)

Lord Fisher's „Large Light Cruisers"

Es waren keine „Schlachtkreuzer", als die sie oft genug und fälschlicherweise bezeichnet worden sind, sondern von den Engländern wurden sie schlichtweg als „Cruiser" angesprochen, und „Large Light Cruiser" war nur eine Deckbezeichnung, unter der Lord Fisher die Bewilligung durch das Parlament betrieb. Später, als die Schiffe sich im Bau befanden, wurde dieser Begriff nicht mehr angewandt, nur gelegentlich sprach man von ihnen auch als „First Class Cruisers", aber das war nicht offiziell. Dieser Sondertyp verdankte seine Entstehung einem Projekt Lord Fishers: Schon 1909 hatte er vorgeschlagen, im Kriegsfall mit starken Kräften in die Ostsee einzudringen und an der Pommernküste Truppen zu landen, die dann gegen Berlin vorstoßen sollten. Gegen Ende 1914 war dieses Projekt wieder aufgegriffen worden: Jetzt sollte dieser baltische Stoß nur ein Teilstück einer umfassenden Offensive

sein, deren weiteren Ziele sich gegen die Dardanellen im Südosten Europas und gegen Flandern im Nordwesten richten sollten. Die Aufgaben der britischen Flotte bestanden darin, mit zahlreichen Einheiten in die Ostsee einzudringen und russischen Truppen die Landung an der pommerschen Küste zu ermöglichen, während gleichzeitig Diversionsunternehmen gegen die friesischen Inseln anlaufen sollten. Ihren Rückhalt sollten die in der Ostsee eingesetzten Einheiten in diesen drei großen Kreuzern finden: Hohe Geschwindigkeit, stärkste Bewaffnung und verhältnismäßig geringer Tiefgang waren ihre kennzeichnenden Merkmale, aber ihre Standkraft war nicht größer als die von Leichten Kreuzern. Diese Aufnahme zeigt die *Glorious* etwa 1917, kurz nach ihrer Fertigstellung. Auffallend ist die ungewöhnlich hohe Barbette des vorderen 38,1-cm-Turmes.   (BfZ)

Trotz Unzulänglichkeiten fertiggebaut

Das Scheitern der Dardanellen-Operationen und der deswegen erfolgte Abgang Lord Fishers waren zwei der wesentlichsten Ursachen dafür, daß man auf die geplante baltische Operation verzichten mußte. Zu diesem Zeitpunkt waren die drei großen Kreuzer gerade begonnen, aber man hielt an ihrem Bau weiterhin fest, weil man in ihnen eine begrüßenswerte Verstärkung der Flotte, trotz ihres unzureichenden Schutzes, sah. Nachdem die beiden ersten Einheiten, *Courageous* und *Glorious,* fertiggestellt worden waren, sind sie der 3rd Light Cruiser Squadron zugeteilt worden. *Courageous* (Bild) diente dabei vorübergehend als Minenleger und hatte auf dem langen Achterschiff an jeder Seite zwei Stränge von Verschiebegleisen, deren seitlich überhängende Wurfstellen hier gut sichtbar sind. Diese Installation wurde im britischen Marinejargon als „Clapham Junction" bezeichnet. (BfZ)

Der dritte Kreuzer nach *Courageous* und *Glorious* war die *Furious,* aber abweichend von jenen — die mit je vier 38,1-cm-Geschützen bestückt worden sind — waren für sie zwei 45,7-cm-Geschütze vorgesehen, jedes in einem Einzelturm an den Schiffsenden, das stärkste Kaliber, das es bisher gegeben hatte! Aber noch vor der Fertigstellung wurde die *Furious* geändert: Hinten behielt sie den 45,7-cm-Turm, aber vorn wurde ein Flugdeck errichtet mit einer Halle darunter, und dazwischen verkehrte ein Lift. Acht bis zehn Schwimmerflugzeuge ließen sich an Bord

nehmen. Zum Starten lud man sie auf einen leichten Wagen, der auf einer Gleisspur lief, und diese wiederum hatte leichtes Gefälle nach vorn. Nachdem die Flugzeuge dann neben dem Schiff auf dem Wasser gelandet waren, nahm sie ein Ladebaum wieder an Bord. Diese beiden Aufnahmen zeigen die *Furious,* oben im Juli 1917, kurz nach ihrer Fertigstellung, mit dem Blick auf den achteren 45,7-cm-Turm. Darunter eine Gesamtaufnahme, und diese macht die Zwitterkonstruktion der *Furious* überdeutlich. Dieses Aussehen hatte sie aber nur ein halbes Jahr. (BfZ)

Nachdem *Courageous* und *Glorious* nach Kriegsende noch vorübergehend als Artillerieschulschiffe eingesetzt worden waren, sind sie ab 1924 zu Flugzeugträgern umgebaut worden. Zu Anfang der 30er Jahre galten sie als die vollkommensten Träger ihrer Zeit; bemerkenswert ist dies deswegen, weil sie als Kreuzer ausgesprochene Fehlkonstruktionen waren. Diese Aufnahme zeigt die *Glorious* im Jahr 1935. Fünf Jahre später sank sie unter den Salven der deutschen Schlachtschiffe *Gneisenau* und *Scharnhorst* im Nordmeer. Ihr Schwesterschiff *Courageous* war bereits im Jahr zuvor durch U-Boot-Torpedos versenkt worden.

(BfZ)

Von November 1917 bis März 1918 hatte man die *Furious* noch einmal in die Werft geschickt; unter Wegfall auch des achteren 45,7-cm-Turmes erhielt sie jetzt ein weiteres Flugdeck, das landenden Flugzeugen (aber jetzt solchen mit Räder-Fahrwerk!) zur Verfügung stand. Das war von der Idee her ein beachtlicher Schritt vorwärts; allerdings gab es noch erhebliche technische Mängel. Normal sollte die *Furious* jetzt sechzehn Flugzeuge mitführen, aber zeitweise waren bis zu sechsundzwanzig an Bord. So sah die *Furious* aus, als sie am 19. Juli 1918 den Angriff auf den deutschen Luftschiffstützpunkt Tondern unternahm. Dieser war übrigens der erste wirkliche Träger-Einsatz der Seekriegsgeschichte! Hinter dem Schornstein ist ein Gerüst erkennbar, und von ihm sind senkrecht nach unten Manila-Leinen gespannt. Damit sollten Flugzeuge aufgefangen werden, wenn diese die quer über Deck gespannten Bremsseile verfehlt hatten.

(BfZ)

Aus Kreuzern werden Flugzeugträger

Es dauerte nicht lange, bis die *Furious* zum „echten" Flugzeugträger umgebaut wurde: Schon 1922 kam sie in die Werft, und als sie 1925 aus dieser zurückkehrte, zeigte sie ein ganz neues Aussehen. Jetzt hatte sie ein völlig glattes Flugdeck und ein durchlaufendes Hallendeck darunter, und es konnten etwa 33 Flugzeuge an Bord genommen werden. Eine „Insel" hatte sie zunächst nicht, erst 1938/39 erhielt sie eine solche, wie auf dieser Aufnahme zu sehen ist. Die *Furious* überlebte den Zweiten Weltkrieg, wurde aber bald darauf zu Schrott verarbeitet.   (BfZ)

Non plus ultra: *Hood*

Als 1914 in England die deutschen Vorbereitungen zum Bau der *Mackensen*-Klasse bekannt wurden, entschloß man sich dort zu „Antwort"-Bauten, die gleichzeitig auch die *Derfflinger*-Klasse erheblich übertrumpfen sollten. Dafür kam nur ein Kaliber in Betracht: 38,1 cm. Schon im März 1916 wurde der endgültige Entwurf genehmigt: Dieser sah Schiffe von 36 000 ts mit acht 38,1-cm-Geschützen vor, die 32 bis 33 kn laufen sollten. Wenige Wochen nach Auftragserteilung kam es zu dem Treffen vor dem Skagerrak, und dabei mußte der Verlust von drei Schlachtkreuzern auf die Royal Navy wie ein Schock wirken. Jetzt ist man sich dort bewußt geworden, welche Fehler bei dem seitherigen Schlachtkreuzerbau gemacht worden waren. Damit wurde der Entwurf dieses neuen Schlachtkreuzertyps in Frage gestellt, denn auch hier war dem Faktor „Standfestigkeit" nur nachrangige Bedeutung zugemessen worden. Aus diesem Grunde entschloß man sich zu einer einschneidenden Entwurfsänderung, und diese lief darauf

hinaus, die Panzerdicken um durchschnittlich 50 v. H. zu verstärken, wodurch wiederum eine Gewichtssteigerung um rund 5000 ts bewirkt wurde. Wie eilig man es mit diesem Typ hatte, wird an der Hektik der Inbaugabe deutlich: Obwohl die Entwurfsänderung bis in das Jahr 1917 hinein dauerte, legte man das erste Schiff bereits im September 1916 auf Kiel: Es war die *Hood*. Nachdem sie 1920 in Dienst gestellt worden war, nahm sie fast zwei Jahrzehnte lang eine Art von Symbolstellung für Britanniens Seemacht ein. Sie war nicht das stärkste, aber das größte Kriegsschiff ihrer Zeit. Hier ist die *Hood* im letzten Ausrüstungsstadium in ihrer Bauwerft zu sehen, aufgenommen am 9. Januar 1920. Zwei Monate später wurde sie in Dienst gestellt. Ihre drei Schwesterschiffe sind übrigens nicht mehr begonnen worden, auf ihre Inbaugabe war verzichtet worden, nachdem man erfahren hatte, daß die Arbeiten an den deutschen Großkampfschiff-Neubauten zum Erliegen gekommen sind. (Archiv Breyer)

144 000 PS:
Die leistungsstärkste Maschinenanlage der Welt

Die sehr leistungsstarke Antriebsanlage der *Hood* — ihr Gesamt-output belief sich auf 144 000 PS, mithin das größte Leistungsaufkommen, das bis dahin je auf einem Kriegsschiff installiert worden war — machte eine erhebliche Ausdehnung der Zitadelle erforderlich: Das wiederum bewirkte, daß die schweren Türme verhältnismäßig nahe an den Schiffsenden aufgestellt werden mußten, wodurch der sehr lange Schiffskörper erheblichen Biegungsbeanspruchungen ausgesetzt wurde. Hier ein Bild schräg von achtern nach vorn. Diese Aufnahme wurde am 31. Mai 1929 geschossen, unmittelbar bevor das Schiff für zwei Jahre zur ersten Modernisierung in die Werft kam. Das Achterschiff galt als sehr „naß" und schnitt bei forcierter Fahrt oft unter. (Archiv Breyer)

Im Endeffekt doch unzureichend wie ihre Vorgänger

In den letzten Vorkriegsjahren war die *Hood* im Mittelmeer eingesetzt, doch wurde sie gleich bei Kriegsbeginn zur Home Fleet verlegt. An den Operationen um Norwegen im Frühjahr 1940 konnte sie nicht teilnehmen, weil sie zu dieser Zeit zur Überholung in der Werft lag. Ihren ersten großen Einsatz erlebte sie am 3. Juli 1940 im Rahmen der Force „H", zu der sie kurzfristig abgeordnet war: An diesem Tag ging es gegen den französischen Flottenstützpunkt Mers el Kebir bei Oran. Dort hatten sich nach der Kapitulation Frankreichs wesentliche Teile der französischen Flotte eingefunden, und diese waren jetzt von den Engländern zur Übergabe aufgefordert worden, um sie nicht in die Hände der Achsenmächte fallen zu lassen. Die Franzosen lehnten jedoch ab, und darauf eröffneten die britischen Schiffe das Feuer und brachten ihnen empfindliche Verluste bei. Seit 125 Jahren — seit Waterloo — schossen erstmalig wieder Briten und Franzosen aufeinander. Ein Jahr später gab es die *Hood* nicht mehr; am 24. Mai 1941 sank sie unter den Salven der deutschen *Bismarck*. Ihrem Untergang ging eine schwere Explosion voraus, wobei sie in zwei Teile gerissen wurde: Ein 38,1-cm-Treffer war die Ursache — er war in der 10,2-cm-Munitionskammer detoniert —, und dadurch ging eine der achteren 38,1-cm-Munitionskammern hoch. Von der *Hood* blieben nur drei Mann übrig. Sie hatte damit das Schicksal ihrer Vorgängerinnen *Invincible, Indefatigable* und *Queen Mary* geteilt; auch diese waren durch Treffer in den Munitionskammern vernichtet worden. Bei der *Hood* zeigte sich erneut, daß trotz der nach der Skagerrakschlacht erfolgten Entwurfsänderungen die Standfestigkeit noch immer unzureichend gewesen ist. Hier eine Aufnahme, die sie in einem der letzten Vorkriegsjahre in einem Mittelmeerhafen zeigt.

(BfZ)

Nelson und *Rodney:*
Die stärksten britischen Großkampfschiffe

Nelson war das erste Schlachtschiff der Welt, das unter den einengenden qualitativen Bestimmungen des Washington-Vertrages entstanden ist. Ihre Schlagkraft war ebenso respektabel wie ihre Standkraft: Neun 40,6-cm-Geschütze in Drillingstürmen, sämtlich im Vorschiff konzentriert, und Panzerdicken bis zu 356 mm vertikal und 159 mm horizontal waren ihre Attribute. Diese waren wiederum dadurch erkauft worden, daß man bei der Antriebsanlage Gewicht einsparte und sich mit nur 23 kn Höchstfahrt zu-

friedengab. Dieses Bild ist Anfang 1940 entstanden, nachdem das Leck abgedichtet worden war, das die *Nelson* am 4. Dezember 1939 durch einen Minentreffer erhalten hatte. Zum Schutz gegen zukünftige Minentreffer erhielt das Schiff eine Mineneigenschutzanlage, deren „de-gaussing coil" — die jedoch später nicht mehr in dieser Form geführt wurde — am Rumpf gut erkennbar ist.

(Archiv Breyer)

76

Als Anfang 1941 die deutschen Schlachtschiffe *Gneisenau* und *Scharnhorst* erfolgreich im Atlantik Tonnagekrieg führten, begegneten sie dreimal britischen Schlachtschiffen, aber jedes Mal konnten sie diesen rechtzeitig ausweichen. Eines dieser Schlachtschiffe war die *Rodney.* Wenige Wochen später, im Mai 1941, war es die *Rodney,* die zusammen mit andern Einheiten das deutsche Schlachtschiff *Bismarck* niederkämpfte. Diese Aufnahme ist vermutlich in jenem Jahr entstanden und zeigt die *Rodney* mit einem großflächigen Tarnanstrich. Auf Turm C ist noch das Katapult vorhanden, auf ihm befindet sich ein „Walrus"-Amphibien-Flugboot. (Archiv Breyer)

Nach der Landung der Alliierten in der Normandie griffen die Schlachtschiffe *Nelson* und *Rodney* mit ihrer schweren Artillerie wiederholt in die Kämpfe an Land ein und halfen der Truppe, vorwärtszukommen. Insbesondere war das im Raum von Caen der Fall, wo sich der deutsche Widerstand versteift hatte. Hier erhielten die alliierten Heeresverbände außer der obligaten Unterstützung aus der Luft durch Bomber und Jabos auch Hilfe von See her: Kreuzer und Zerstörer, vor allem aber das Schlachtschiff *Rodney,* zerhämmerten fast pausenlos die deutschen Stellungen und machten jedwede Truppenbewegungen auf deutscher Seite fast völlig unmöglich. Was seinerzeit die deutschen Truppen über sich ergehen lassen mußten, ist mit Worten nicht zu fassen. Hier eine in jenen Tagen entstandene Aufnahme der *Rodney,* die sie beim Feuern ihrer schweren Artillerie zeigt. (BfZ)

Nach dem Ende des Zweiten Weltkrieges war die Zeit der Schlachtschiffe vorbei — endgültig. Die beiden großen angelsächsischen Marinen entledigten sich zunächst ihrer ältesten Einheiten, aber bald darauf kamen auch jüngere an die Reihe, so auf britischer Seite *Nelson* und *Rodney*. Im Februar 1949 begann man in Inverkeithing mit dem Abbruch der *Nelson,* die hier mit Schlepperhilfe an ihren Abwrackort verlegt. Sie liegt schon ungewöhnlich hoch aus dem Wasser, da bereits alle Vorräte und viel Inventar und Ausrüstungsstücke abgegeben worden sind. Auch Teile der Bewaffnung fehlen bereits.

(BfZ)

Zu Unrecht umstritten:
Die neue *King George V*-Klasse

Als die Engländer im Jahre 1937 wieder den Bau von Schlachtschiffen aufnahmen, hatten sie sich längst für das 35,6-cm-Kaliber entschieden. Ein solches Geschützmodell befand sich bereits in der Fertigung, und die Entwicklung eines schweren Kalibers hätte den Baubeginn der Schiffe um Jahre verzögert. Ein anderer wichtiger Grund für die Option auf dieses Kaliber lag darin, daß man die dadurch einzusparenden Gewichte für die Steigerung der Standkraft, also für die Panzerung, ausnutzen konnte. Als das britische Beispiel der Kaliberbeschränkung jedoch bei keiner anderen Marine Schule machte, entstand in England ein heftiger Meinungsstreit um diese Neubauten, die in den Augen konservativer Kreise als ausgesprochene Fehlkonstruktionen galten, zu Unrecht allerdings, wie sich später herausstellen sollte, denn diese Klasse hat sich im Kriege durchaus bewährt. Hier die *King George V.*, das Typschiff dieser Klasse, in südostasiatischen Gewässern, aufgenommen etwa Anfang 1945. Die Spuren langer Seezeiten sind unverkennbar.

(Archiv Breyer)

Prince of Wales: „The coward ship"?

Überaus heftige Kritik war an dem Verhalten der *Prince of Wales* geübt worden, nachdem sie vor der deutschen *Bismarck* abgedreht hatte. Dies ging sogar so weit, daß sie hinfort in der Marine als „the coward ship" galt, aber all dies war ungerechtfertigt: Die *Prince of Wales* war erst acht Wochen vor dieser Begegnung in Dienst gestellt worden und noch keineswegs eingefahren. Auf ihr war die Funktionstüchtigkeit vieler Einrichtungen noch nicht hergestellt, und immer wieder kam es zu Störungen, vor allem im Artilleriebereich. Ein weiteres Ausharren des Schiffes hätte mit einiger Sicherheit sein Ende bedeutet, und deshalb war der Entschluß zum Abdrehen das beste, was in dieser Situation angezeigt war. In den Augen mancher Engländer wurde die Ehre dieses Schiffes erst mit seinem Untergang wiederhergestellt. Hier eine Aufnahme der *Prince of Wales* kurz nach ihrer Indienststellung.

(Archiv Breyer)

Duke of York war das dritte Schiff der *King-George-V.-*Klasse und wurde erst gegen Ende 1941 fertig. Ihre erste Reise — mit Premier Winston Churchill an Bord — führte in die USA, wo der alliierte Kriegsrat zum erstenmal zusammentrat. Der Home Fleet zugeteilt blieb sie, abgesehen von einem kurzen Zwischenspiel bei der Force „H" im Mittelmeer während der Operation „Torch" im November 1942, bis Frühjahr 1945. In diesen Jahren war sie an mehreren Vorstößen gegen Nordnorwegen und zur Konvoisicherung eingesetzt. Dabei stieß sie Ende 1943 auf das deutsche Schlachtschiff *Scharnhorst,* das nach hartnäckiger Gegenwehr sank. Den letzten Teil des Krieges verbrachte die *Duke of York* bei der British Pacific Fleet. Erst im Sommer 1946 kehrte sie von dort in die Heimat zurück. Elf Jahre später wurde sie gestrichen und bald darauf abgebrochen. Diese Aufnahme zeigt die *Duke of York* kurz nach Kriegsende.

(Archiv Breyer)

Flugzeuge versus Schlachtschiffe

Spätestens der 10. Dezember 1941 machte deutlich, daß nicht mehr das Schlachtschiff das alleinherrschende Machtinstrument auf den Meeren ist: An diesem Tage griffen landgestützte japanische Marinebomber die aus Singapore ausgelaufenen britischen Großkampfschiffe *Repulse* und *Prince of Wales* an und versenkten diese durch zahlreiche Lufttorpedo- und Bombentreffer. Daß die *Repulse* diesem Angriff erlag, war angesichts ihres schwachen Schutzes nicht verwunderlich. Die Tatsache, daß selbst ein so modernes Schiff wie die *Prince of Wales* nicht widerstand, mußte zum Nachdenken anregen: Von jetzt ab begann man einzusehen, daß das Schlachtschiff seine ursprüngliche Bedeutung verloren hat und aus der Luft genauso gefährdet ist wie jedes andere Kriegsschiff. Wenn es künftig noch eingesetzt werden sollte, dann nur abgeschirmt aus der Luft durch eigene Flugzeuge. Die Amerikaner und die Engländer zogen aus diesen Lehren sofort die Konsequenzen: Fortan befanden sich stets Flugzeugträger bei den Schlachtschiffen. Die Aufnahme rechts wurde von japanischen Flugzeugen während ihres Angriffes auf die beiden britischen Großkampfschiffe geschossen: Diese zeigt links oben die *Prince of Wales* und rechts unten die von Bomben eingedeckte *Repulse*. Wenig später sinken beide. Wie ein britischer Maler den Angriff sah, zeigt der Gemäldeabdruck, auf dem vorn die *Prince of Wales* zu sehen ist (oben). (Archiv Breyer)

Ohne eigene Flugzeuge schutzlos

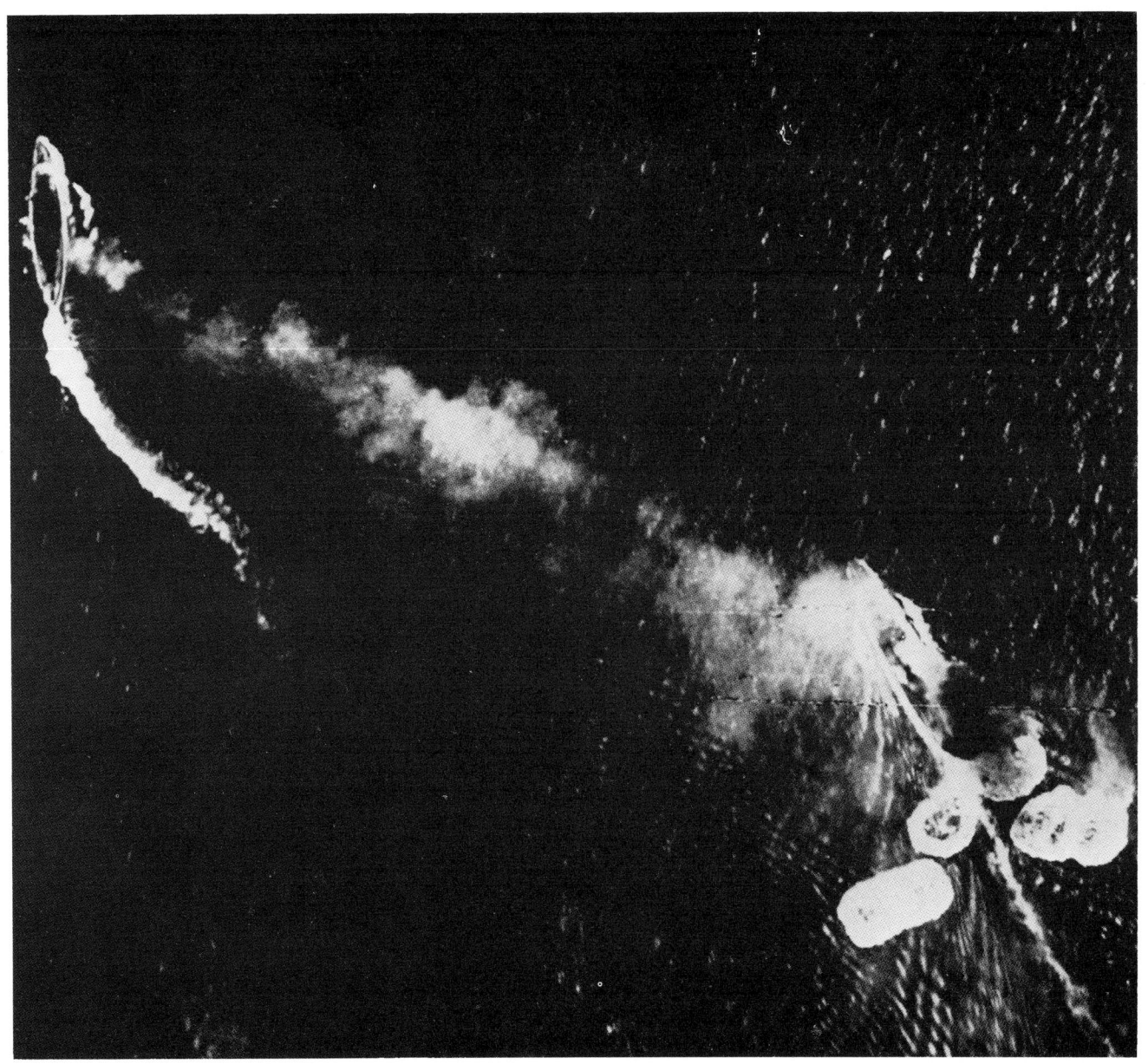

The British Pacific Fleet

Anläßlich der Gipfelkonferenz im November 1943 hatten sich die anglo-amerikanischen Führungsgremien darauf geeinigt, daß das Schwergewicht des Krieges gegen Japan im Pazifik zu liegen hat und daß nach der Niederringung Deutschlands dann auch im Pazifik britische Streitkräfte, darunter ein größerer Flottenverband eingesetzt werden soll. Der Zeitpunkt dafür war schon bald gekommen: Anfang 1945 wurde die British Pacific Fleet aufgestellt, durchweg moderne Einheiten, und dazu gehörten zunächst die Schlachtschiffe *King George V.* und *Howe,* später auch *Duke of York* und *Anson.* Die Aufnahme recht zeigt einen Teil der British Pacific Fleet mit Blick auf die *Duke of York* von achtern. Die Aufnahme oben zeigt die *Anson* im August 1945 in einem Trockendock in Sydney/Australien liegend, wo sie gerade überholt wurde.

(BfZ und Archiv Breyer)

84

Unter den Salven dieser Geschützrohre war am 26. Dezember 1943 das deutsche Schlachtschiff *Scharnhorst* gesunken. Jetzt, zum Zeitpunkt dieser Aufnahme — September 1958 — liegen die ersten von ihnen als Schrott an Deck und werden keinen Schaden mehr anrichten können. Kurz zuvor hatten die Abwracker mit ihrer Tätigkeit begonnen und waren der *Duke of York* Stück für Stück mit ihren Schneidbrennern zu Leibe gegangen. Als dieses Schiff im Frühjahr 1949 in das Reserveverhältnis übergewechselt war, war es gerade auf siebeneinhalb aktive Dienstjahre gekommen, eine vergleichsweise sehr geringe Zeit.

(Archiv Breyer)

Nachdem die Arbeiten an den beiden im Sommer 1939 begonnenen Schlachtschiffen *Lion* und *Temeraire* kurz nach Kriegsbeginn eingestellt worden waren, weil die für sie in der Fertigung stehenden 40,6-cm-Geschütze und ihre Türme aus kriegsbedingten Gründen nicht rechtzeitig fertiggestellt werden konnten, entschloß man sich, ein anderes Schlachtschiff in Auftrag zu geben und dieses mit vorhandenen 38,1-cm-Geschützen — die sich einstmals auf den Kreuzern *Courageous* und *Glorious* befunden hatten — auszurüsten. So kam es zum Bau eines modernen Schlachtschiffes mit zwar recht betagter, aber doch noch durchaus brauchbarer Hauptbewaffnung. Es erhielt den Namen *Vanguard* und wurde das größte britische Kriegsschiff, das jemals gebaut worden war, und dieses ist es bis heute geblieben. Alles deutet darauf hin, daß es in Zukunft keinen britischen Kriegsschiff-Neubau mehr geben wird, der an die *Vanguard* größenmäßig heranreichen wird. Diese Aufnahme zeigt die *Vanguard* von oben, wobei ihre beiden achteren Türme gut sichtbar sind.

(Archiv Breyer)

Das letzte britische Schlachtschiff

Zwar hatte man in England gehofft, daß die *Vanguard* noch bis 1943 fertiggestellt werden kann, doch mußte man damit bis Frühjahr 1946 warten — der Bau des Schiffes kam für den Krieg nicht mehr zurecht. Allerdings hatte man auf Grund der sich ab 1944 einschneidend veränderten Lage keine allzugroße Eile mehr damit, und deswegen war das Bautempo erheblich gedrosselt worden, um anderen Prioritäten Rechnung zu tragen. Das erste größere Ereignis für die *Vanguard* stand dann auch im Zeichen des Friedens: Es war eine repräsentative Reise des britischen Königspaares von Februar bis Mai 1947, die bis nach Südafrika führte. Aus jener Zeit stammt diese Aufnahme.

(Archiv Breyer)

Eine Aera geht zu Ende

Als die *Vanguard* im Jahr 1960 den Abwrackern über-antwortet wurde, war die Ära der britischen Großkampf-schiffe endgültig vorüber, eine Ära, die 55 Jahre zuvor ihren Lauf genommen und zu immer mächtigeren Bauten geführt hatte. Sie alle, einst ganzer Stolz dieser weltbeherr-schenden Seemacht von gestern, sind verschwunden. Kei-nes von ihnen ist nicht einmal — wie in den USA — als Monument erhalten geblieben. Sic transit gloria mundi ...

(BfZ)

Großkampfschiffe
der deutschen Marine

Letzte Vorläufer der deutschen Großkampfschiffe

Kurz nach der Jahrhundertwende entstand mit den fünf Einheiten der *Deutschland*-Klasse der letzte Linienschiffstyp der Vor-Dreadnought-Zeit. Dem Vorgehen anderer großer Seemächte, eine „halbschwere" Artillerie zwischen schwerer und mittlerer Artillerie einzuschieben, war die Kaiserliche Marine nicht gefolgt, weil ihr die Feuerleitung gleich dreier Kaliber mit den Mitteln ihrer Zeit nur schwer durchführbar erschien. Das einzige Zugeständnis, das sie in dieser Hinsicht machte, war die Erhöhung des Mittelartillerie-Kalibers von 15 cm auf 17 cm. Zu den fünf Ein-

heiten dieser Klasse gehörte die *Pommern*, die hier die Levensauer Hochbrücke des Kaiser-Wilhelm-Kanals in Ost-West-Richtung passiert. Ihr Schicksal ereilte sie am 1. Juni 1916 während der Skagerrakschlacht. Als in der Nacht britische Zerstörer angriffen, wurde sie von einem Torpedo getroffen. In einer gewaltigen Explosion brach sie auseinander und sank, mehr als 800 Mann ihrer Besatzung mit sich nehmend. Dieses Bild wurde am 18. Juli 1911 aufgenommen.

(BfZ)

Die ersten Großkampfschiffe

Linienschiff *Westfalen,* das erste Großkampfschiff der Kaiserlichen Marine, aufgenommen am 12. Juli 1910. Die Aufnahme zeigt das Schiff noch mit seinen charakteristischen FT-Stengen an den Masten. 1911 fielen diese weg.

Solche FT-Stengen hatte außer *Westfalen* nur noch die *Nassau,* aber auch nur bis 1915. Hier fehlen auf der *Westfalen* noch die Torpedonetze.   (BfZ)

Auf den ersten deutschen Großkampfschiffen war die Schwere Artillerie in sog. „Sexagonal"-Aufstellung angeordnet: Je ein Turm standen in den Endpositionen, und je zwei Türme auf den Seitendecks. Dadurch konnten jeweils bis zu acht Rohre nach den Seiten hin zum Einsatz gebracht werden. Das Gewicht einer Breitseite belief sich bei der *Nassau*-Klasse auf 2416 Kilogramm. Die vier übrigen Rohre sollten nach den damaligen taktischen Vorstellungen als Feuerlee-Reserve dienen. Diese Aufnahme zeigt das Linienschiff *Westfalen,* aufgenommen von einem Flugzeug aus gegen Ende des Krieges. Die weißen Ringe auf den Decks der Endtürme waren Flieger-Erkennungszeichen.

(BfZ)

Die Brückenaufbauten auch der größten Kriegsschiffe waren in den ersten Jahren des neuen Jahrhunderts noch denkbar einfach gestaltet und beanspruchten nur wenig Platz. In der Regel war um den gepanzerten Kommandostand (der hier an seinen Sehschlitzen gut erkennbar ist) ein sog. „Friedenssteuerstand" herumgebaut, von dem aus normalerweise das Schiff gefahren wurde. Nur im Gefecht wechselte die Schiffsführung in den Kommandostand, der dank seiner meist sehr starken Panzerung kaum verletzbar war. Was sonst noch zu den Brückenaufbauten gehörte, waren ein oder zwei Signalstände, Scheinwerfer-Plattformen, ein Kompaßpodest und natürlich der Mast als Träger von Signalmitteln. Wie seinerzeit ein solcher Brückenaufbau ausgesehen hat, vermittelt diese Aufnahme des Linienschiffes *Rheinland,* die aus dem Jahre 1911 stammt.

(BfZ)

Der hervorragend durchkonstruierte Unterwasserschutz der deutschen Großkampfschiffe machte eine größere Schiffsbreite als bisher erforderlich, und dadurch wiederum konnte ihre Stabilität wesentlich erhöht werden. Dies wird deutlich am Beispiel des Linienschiffes *Rheinland,* aufgenommen am 26. April 1910, genau von achtern. Gut zu sehen sind hier die drei achteren Türme mit je zwei 28-cm-Geschützen. Diese Linienschiffe waren die letzten, die noch die schwanenhalsförmigen Dampfkrane erhalten hatten.

(BfZ)

Blücher:
Keine Chance gegen Großkampfschiffe

Keineswegs war der Große Kreuzer *Blücher* — entgegen allen damaligen Vermutungen und Behauptungen — eine deutsche „Antwort" auf den britischen *Invincible*-Sprung, sondern die letzte Stufe der deutschen Panzerkreuzer-Entwicklung. Dabei hatte *Blücher* vergleichsweise zu seinen ausländischen, vor allem den britischen „Artgenossen" wesentliche Vorteile auf seiner Seite: Seine zwölf 21-cm-Rohre hatten wegen der Einheitlichkeit des Kalibers und der damit verbundenen Vorteile in bezug auf Schußfolge, Feuerleitung, Aufschlagbeobachtung, Treffsicherheit und Logistik sicher einen höheren Stellenwert als die in zwei Kalibern aufgespaltene Hauptartillerie der britischen Panzerkreuzer, und auch seine Geschwindigkeit war höher. Damit war *Blücher* durchaus gut dafür geeignet, um die

dem Panzerkreuzer zugedachten Aufgaben als Rückhalt der Aufklärung im Flottenverband und auch die des Auslandskreuzers zu erfüllen. Den wesentlich anders gearteten Aufgaben des Schlachtkreuzers war *Blücher* hingegen so gut wie nicht gewachsen. Daß man dieses Schiff wie einen solchen in einen Schlachtkreuzer-Verband einreihte, wurde ihm am 24. Januar 1915 auf der Doggerbank zum Verhältnis: Es sank im Feuer britischer Schlachtkreuzer, nachdem es diesen eineinhalb Stunden lang standgehalten hatte. *Blücher* war das erste deutsche Kriegsschiff mit einem Dreibeinmast, der allerdings erst 1913 versuchsweise errichtet worden war.

(BfZ)

Erster deutscher Schlachtkreuzer

Das war die deutsche Erwiderung auf den britischen *Invincible*-Sprung: *Von der Tann,* der erste Schlachtkreuzer der Kaiserlichen Marine. Kalibermäßig war man hinter den britischen Schlachtkreuzern zurückgeblieben, doch war der Schutz des deutschen Schiffes ungleich besser durchkonstruiert. Bei der Skagerrakschlacht vernichtete

Von der Tann mit seinen 28-cm-Geschützen den kalibermäßig überlegenen britischen Schlachtkreuzer *Indefatigable.* Diese Aufnahme entstand am 26. Mai 1910 während einer der ersten Werftprobefahrten. In Dienst gestellt wurde *Von der Tann* erst am 1. September 1910.

(BfZ)

Im Vergleich zu der britischen *Invincible*-Klasse hatte *Von der Tann* eine etwas günstigere Anordnung der Hauptartillerie: Während auf den britischen Schiffen die mittleren Türme so eng beieinander angeordnet waren, daß der Turm der Feuerleeseite nur einen sehr kleinen Bestreichungswinkel nach der Feuerluvseite hatte, bot der deutsche Entwurf für die beiden mittleren Türme ein wesent-

lich größeres Schußfeld, sowohl nach Steuerbord wie auch nach Backbord. Als weiteres Plus des deutschen Schiffes war die Beibehaltung einer aus 15-cm-Geschützen bestehenden Mittelartillerie zu werten, denen die Engländer auf ihrer *Invincible*-Klasse nur 10,2-cm-Geschütze entgegensetzen konnten.

(BfZ)

Torpedorohre: Damals noch unverzichtbar für Groß – kampfschiffe

Bis in den ersten Weltkrieg hinein galt es auch in Deutschland als selbstverständlich, Großkampfschiffe auch mit Torpedorohren auszurüsten. Alle Linienschiffe und Großen Kreuzer erhielten fest eingebaute, unter der Wasserlinie liegende Ausstoßrohre, meist fünf an der Zahl. Vier davon schossen seitwärts, das fünfte wurde als Bugrohr angeordnet. Dieses Foto, 1912 in einem Schwimmdock der Kaiserlichen Werft in Kiel aufgenommen, zeigt die *Thüringen,* wobei ihr Bug-Torpedorohr gut erkennbar ist.

Schnelligkeit noch zweitrangiges Problem

Bei den Großkampfschiffen der Vorkriegszeit war das für die Schlankheit des Schiffskörpers und damit auch auf die Schnelligkeit einwirkende Verhältnis von Schiffslänge zu Schiffsbreite noch wenig günstig. Damals wurden aber noch keine Geschwindigkeitsforderungen gestellt, die wesentlich über die 20-Knoten-Marke hinausgingen, und deshalb konnte man sich mit L/B-Verhältnissen zufriedengeben, die im Mittel bei etwa 5,8 lagen. Bei der *Helgoland*-Klasse betrug dieser Wert 5,52. Wie gedrungen dabei der Schiffskörper ausgefallen ist, zeigt dieses Bild der *Helgoland*, das am 17. Juni 1918 von einem Flugzeug aus aufgenommen worden ist. (BfZ)

Übergang zum Kaliber 30,5 cm

Auf den Linienschiffen der *Helgoland*-Klasse war die Schwere Artillerie wie auf der *Nassau*-Klasse in Sexagonalaufstellung angeordnet, doch hatte man kalibermäßig nunmehr mit Großbritannien gleichgezogen. Diese Aufnahme der *Helgoland* entstand in einem späteren Stadium des Krieges, wie an dem Fehlen der Torpedonetze zu erkennen ist. Auch die Flöße an den Seitenwänden der schweren Türme deuten auf einen späten Aufnahmezeitpunkt hin, ebenfalls das fehlende Kompaßpodest über dem achteren Kommandoturm und die Fleckerstände auf den Masten. (BfZ)

Drei Schornsteine: Relikt aus der Vor-Dreadnought-Zeit

Mit ihren drei Schornsteinen wurzelten die Linienschiffe der *Helgoland*-Klasse eigentlich noch in jener Entwurfs-ära, in der die Vor-Dreadnought-Linienschiffe der *Braunschweig*- und *Deutschland*-Klasse entstanden waren. Von den vier Schiffen der *Helgoland*-Klasse wurde nur ein einziges von einer marineeigenen Werft gebaut, die drei übrigen von Privatwerften. Zur letzteren gehörte die bei der AG „Weser" in Bremen in Auftrag gegebene *Thüringen*. Dieses Bild — aufgenommen im Winter 1910/11 — zeigt sie in der Ausrüstung. Mittelartillerie und schwere Türme sind bereits montiert, nur fehlen auf letzteren noch teilweise die Rohre. (BfZ)

Ostfriesland:
Zielschiff für amerikanische „bombing tests"

Daß die Amerikaner mit einem erbeuteten deutschen Großkampfschiff aufsehenerregende Versuche durchgeführt haben, ist heute fast in Vergessenheit geraten: Nach dem Ende des Ersten Weltkrieges war die *Ostfriesland,* das dritte Schiff der *Helgoland*-Klasse, den Vereinigten Staaten zugesprochen und von diesen am 7. April 1920 als „Battleship H" übernommen worden. Ab Sommer 1921 ist dann vor der virginischen Küste unweit von Cape Henry eine Serie von „bombing tests" begonnen worden, um darüber Erkenntnisse zu gewinnen, ob es angesichts der bisherigen und der sich abzeichnenden weiteren Entwicklung des Kriegsflugzeugs künftig noch vertretbar sein wird, am Schlachtschiff als Hauptkampfschiffstyp festzuhalten. Die Serie begann am 20. Juli 1921 mit zahlreichen

Bombenwürfen, wobei 13 Treffer erzielt werden konnten. Am Tage darauf sind dann nochmals drei Treffer erzielt worden, aber auch dadurch ist das Schiff nicht lebensgefährlich verletzt worden. Es entstanden jedoch Lecks, wodurch es zu Wassereinbrüchen kam und das Schiff allmählich tiefer fiel. Nachdem nochmals Bomben geworfen worden waren, von denen die meisten ganz dicht am Schiff einschlugen, sank es innerhalb von 10 Minuten. Hier zeichnete sich erstmals ab, was Schlachtschiffe künftig aus der Luft zu erwarten hatten. Dieses Bild zeigt die Überführung der *Ostfriesland* mit amerikanischer Besatzung. Im Großtopp weht das Sternenbanner, am Bug ist der Buchstabe „H" als nunherige Bezeichnung des Schiffes erkennbar. (BfZ)

Goeben: Ein Schiff macht Geschichte

Alle deutschen Schlachtkreuzer bis zu *Mackensen* erhielten die Namen von Heeresgeneralen, auch die *Goeben,* benannt nach dem preußischen General August von Goeben (1816—1880), dem wegen seiner Verdienste im Kriege 1870/71 die sehr seltene Auszeichnung des Großkreuzes zum Eisernen Kreuz zuerkannt worden war. Die *Goeben* gehörte von 1912 ab der im Mittelmeer detachierten Division an und trug wesentlich dazu bei, daß die Türkei an der Seite der Mittelmächte in den Krieg eintrat. 1918 wurde sie endgültig der Türkei überlassen und dort nach mehr als fünf Jahrzehnten (1973—1976) zu Schrott zerlegt. Ein türkisches Angebot, das Schiff zurückzunehmen, verhallte trotz vieler Fürsprachen und Initiativen in der Bundesrepublik ohne Reaktion. Diese Aufnahme wurde 1915 in den Dardanellen geschossen. (BfZ)

Am Vorabend des ersten Weltkrieges

Diese Aufnahme vermittelt noch die Unbefangenheit der Friedenszeit: Ein großer Teil der *Moltke*-Besatzung hat sich hier dem Fotografen gestellt, wo immer sich dafür Platz bot, selbst auf dem schmalen Schornsteinteller. Von der Brücke ist kaum mehr etwas zu sehen, so wenig beherrscht sie das Bild, auch wenn sich ihre Männer nicht vor ihr drängen würden. Deutlich zu sehen sind die zu-sammengerollten Torpedonetze und ihre beigeklappten Spieren, mit denen sie ausgebracht wurden und einen regelrechten Vorhang um das Schiff bildeten. Dieser Schutz war freilich nur für das gestoppt liegende Schiff möglich, aber in Fahrt völlig unbrauchbar. Hier führt die *Moltke* bereits den Aufsatz auf dem vorderen Schornstein, den sie erst 1913 erhalten hatte. (Archiv Breyer)

Oft genug hart mitgenommen

Der Große Kreuzer *Moltke* am Morgen nach der Skagerrakschlacht beim Rückmarsch in die Heimat, aufgenommen von einem anderen Schiff der Hochseeflotte. Im Hintergrund ein sicherndes Torpedoboot. Mit nur vier Treffern, die das Schiff erhalten hatte, gehörte es zu den weniger hart angeschlagenen deutschen Einheiten. Ein Jahr zuvor hatte *Moltke* bei einem Unternehmen im Rigaer Meerbusen von dem britischen U-Boot *E 1* einen Torpedo-treffer in das Vorschiff erhalten. Mit über 450 Tonnen Wasser in den Räumen kehrte sie in die Heimat zurück und wurde in Hamburg repariert. Im April 1918 konnte dann das britische U-Boot *E 42* einen Torpedotreffer erzielen, und diesmal drangen mehr als 2000 Tonnen Wasser in das Schiff ein. Dennoch wurde es eingebracht.

(Archiv Breyer)

Obwohl die *Goeben* im Verlaufe des Krieges drei Minentreffer erhalten hatte, bestand mangels Dockmöglichkeiten keine Gelegenheit zu einer umfassenden Reparatur. Die Lecks konnten mit Hilfe eines Caissons nur provisorisch abgedichtet werden. Erst im Mai 1918 bot sich — nach mehr als vier Jahren — erstmals wieder eine Dockgelegenheit. Das war nach dem Ausscheiden Rußlands aus dem Kriege der Fall, als das Schiff Sewastopol anlief und das dort vorhandene Trockendock nutzen konnte. Dies allerdings nur zu einer Inspektion, denn an eine Reparatur war mangels Facharbeiter und Material auch jetzt noch nicht zu denken. Erst acht Jahre später, nachdem die Türkei ein Schwimmdock hatte bauen lassen, konnten die Schäden endgültig behoben werden. Im Mai 1918 wurde dieses Bild im Trockendock in Sewastopol aufgenommen.

(BfZ)

Kaiser-Klasse: Geänderte Geschützaufstellung

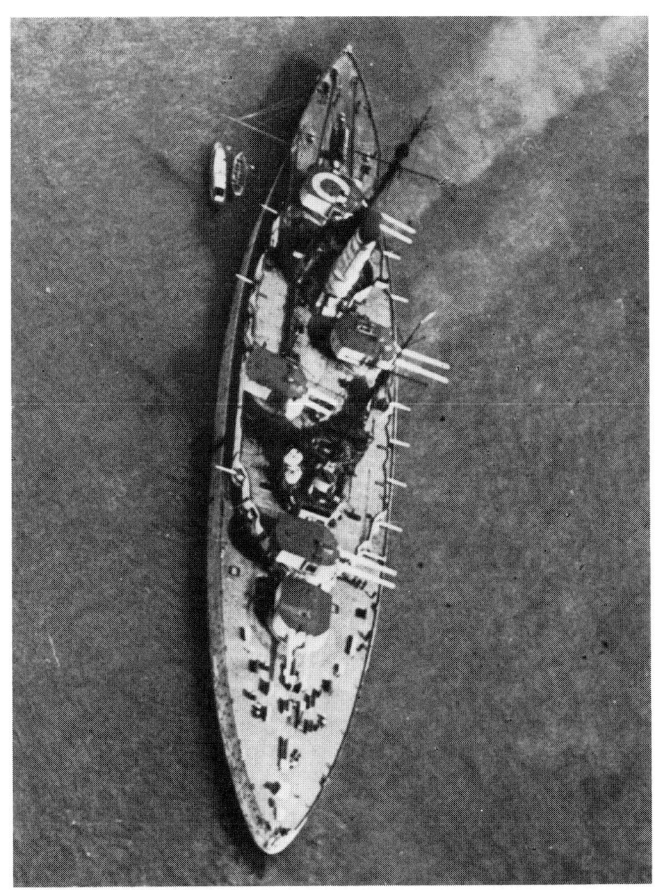

Mit der *Kaiser*-Klasse wurde bei der Aufstellung der Schweren Artillerie ein anderer Weg eingeschlagen: Dadurch, daß man die beiden mittleren Türme diagonal zueinander versetzt anordnete, wurden diese befähigt, sowohl nach der einen wie nach der anderen Seite zu feuern. Einen weiteren Vorteil gewann man mit der überhöhten Aufstellung der beiden Endtürme, so daß trotz der Verringerung der Turmzahl nunmehr zehn (statt bisher acht) Rohre zum Tragen gebracht werden konnten, nach Steuerbord so gut wie nach Backbord. Diese Luftaufnahme eines Linienschiffes der *Kaiser*-Klasse macht das besonders deutlich, weil alle Türme bis auf den achtersten nach Steuerbord geschwenkt sind, auch der an Backbordseite angeordnete. (BfZ)

In den Vorkriegsjahren verteilte sich die Hochseeflotte jeweils nach ihren Sommermanövern zu einem kurzen Aufenthalt in norwegische Fjorde, um den Besatzungen eine Verschnaufpause zu gönnen. So war es auch im Sommer 1914, wobei die Manöver mit einer Nordlandreise Kaiser Wilhelms II. auf der Kaiserlichen Yacht *Hohenzollern* verbunden waren. Am 25. Juli veranlaßte ihn die Haltung Rußlands, Serbiens und Österreich-Ungarns, diese Reise abzubrechen und der Hochseeflotte den Befehl zum Rückmarsch in ihre heimischen Häfen zu erteilen. Nur wenige Tage dauerte es dann noch, bis der Krieg ausbrach ... Hier eine Aufnahme des Flottenflaggschiffes *Friedrich der Große*, zusammen mit anderen Einheiten (im Hintergrund links) in einem norwegischen Fjord. (BfZ)

Markante Silhouette

Die Linienschiffe der *Kaiser*-Klasse gaben wegen ihrer weit auseinanderstehenden Schornsteine und Masten ein charakteristisches, durchaus nicht unschönes Bild ab. Dies wurde vor allem dadurch bewirkt, weil Schornsteine, Masten und dazugehörende Ladebäume fast völlig gleich gestaltet waren. Aus großer Entfernung beobachtet, waren eigentlich nur die beiden überhöht angeordneten achteren Türme ein Merkmal zur Bestimmung von vorn und achtern. Hier die *Kaiserin,* aufgenommen am 4. Mai 1914.

(BfZ)

Das Flottenflaggschiff

Friedrich der Große war seit seiner Indienststellung Flottenflaggschiff. Als einzige Vertreterin ihrer Klasse führte sie die an beiden Enden gespreizten Signalrahen an den Masten. 1913/14 gab es noch ein auffallendes Merkmal: Die im Vergleich zu den übrigen Schiffen der *Kaiser*-Klasse viel größere achtere Brücke, die als Signal- und Paradebrücke diente. Hier ist *Friedrich der Große* anläßlich einer Parade zu sehen, die am 4. Juli 1913 im Kieler Hafen stattfand.

(BfZ)

König Albert: Am Skagerrak nicht dabei

König Albert war das einzige deutsche Großkampfschiff, das nicht an der Skagerrakschlacht teilnahm, weil es kurz zuvor eine Kondensatoren-Havarie erlitten hatte. Erbaut worden war sie auf der Schichau-Werft in Danzig, wo diese Aufnahme entstand, als sie sich gerade in einem Schwimmdock befand. Gut erkennbar ist hier die Seitenpanzerung im Bereich des Vorschiffes. Auf die 8,8-cm-Geschütze — von denen hier die steuerbordvorderen zu sehen sind — wurde später verzichtet; ihre Nischen sind dann geschlossen worden. (BfZ)

Seydlitz: Kampferprobter Recke

Der Große Kreuzer *Seydlitz* war eine verbesserte Ausgabe der *Moltke*-Klasse. Bei unveränderter Bewaffnung einschließlich ihrer Anordnung war die Geschwindigkeit um einen Knoten erhöht worden. Weit wichtiger noch als dies war jedoch die bedeutend vergrößerte Standfestigkeit. Wie richtig diese Maßnahme war, hat sich dann im Kriege gezeigt. Was die *Seydlitz* von ihren Vorgängern weiterhin unterschied, war das um ein Deck erhöhte Vorschiff, wodurch die See-Eigenschaften verbessert wurden. Gleichzeitig ist auch der Abstand des vorderen schweren Turmes zum Vorsteven vergrößert worden, weil es gelang, die Endtürme in einem breiteren und damit wirksameren Bereich des Schutzgürtels unterzubringen. Betrug bei der *Moltke*-Klasse dieser Abstand noch 42 m, so stieg er bei *Seydlitz* auf 46 m an. Hier eine Aufnahme aus der Friedenszeit, und zwar vom 4. Juli 1913. (BfZ)

Die Skagerrakschlacht wurde für *Seydlitz* zu einem Inferno: 21 schwere und zwei mittlere Artillerietreffer mußte sie einstecken, dazu einen Torpedotreffer. Über und über brennend, mit 98 Toten an Bord und mehr als 5000 t Wasser im Schiff, mühsam rückwärtsfahrend (weil das Vorschiff schon zu tief gefallen war), erreichte sie mit eigener Kraft die Heimat. Gemessen an den Verheerungen im Schiff war es eine respektable Leistung ihrer Besatzung, das Schiff zu halten und zurückzubringen. Die Aufnahme der nächsten Seite zeigt *Seydlitz* kurz nach dem Einlaufen in Wilhelmshaven in der 3. Einfahrt mit dem tief im Wasser liegenden Vorschiff. Zur Gewichtserleichterung sind u. a. die 28-cm-Rohre des vorderen Turmes abgenommen. Das untere Bild auf dieser Seite ist am 13. Juni 1916 aufgenommen worden; hier wird die *Seydlitz* aus der Schleusenkammer der 3. Einfahrt — wo sie zunächst abgedichtet und geleichtert worden war — in ein Schwimmdock verholt. (BfZ)

Doggerbank: Erster Schlagabtausch

Erstmals standen sich deutsche und britische Großkampfschiffe am 24. Januar 1915 gegenüber. Zu diesem Gefecht kam es, als deutsche Aufklärungsstreitkräfte mit
den Großen Kreuzern *Derfflinger, Seydlitz, Moltke* und
Blücher als Kern bei dem Versuch, die auf der Doggerbank wiederholt festgestellten gegnerischen leichten Streitkräfte und die im Vorpostendienst eingesetzten Fischerei-
fahrzeuge zu vertreiben, auf einen britischen Verband stießen, der aus fünf Schlachtkreuzern und Kleinen Kreuzern
und Zerstörern als Sicherung bestand. Dabei schossen sich
die britischen Schiffe auf das deutsche Schlußschiff, *Blücher,* ein und erzielten einige Treffer, die seine Geschwindigkeit erheblich herabsetzten. Dadurch ist *Blücher* von
seinem Verband getrennt worden und sank schließlich
im konzentrierten feindlichen Feuer. Aber auch *Seydlitz*
trug schwere Schäden davon, ebenso die britische *Lion.*
Diese Skizze macht die Lage auf beiden Seiten zum Höhepunkt des Gefechts deutlich.   (Zeichnung: Verfasser)

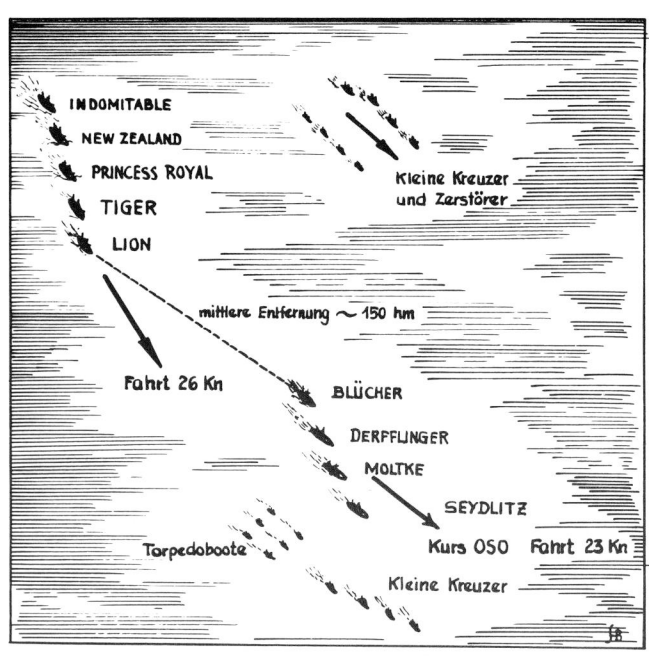

Mit der *König*-Klasse ging die deutsche Marine noch einen
Schritt weiter: Diese Einheiten erhielten zwar ebenfalls
fünf schwere Türme, aber die seitlichen Positionen im
Mittelschiff wurden von da ab aufgegeben. Statt dessen
hat man alle Türme in der Schifflängsachse angeordnet, im
Mittelschiff nur einen einzigen, dafür aber jetzt vorn und
achtern je zwei in überhöhter Gruppierung. Dieses Bild
zeigt die *Markgraf,* vorn schon mit dem Röhrenmast, der
erst 1917 eingebaut wurde und den bisherigen einfachen
Pfahlmast ersetzte.   (BfZ)

Großer Kurfürst: Oft genug blessiert

Einen Tag vor Ausbruch des ersten Weltkrieges wurde das Linienschiff *Großer Kurfürst* fertig, das hier gerade seine Werft — AG „Vulcan" in Hamburg (die späteren Howaldtswerke) — verläßt, deren Großhelgen-Anlage links im Hintergrund gut zu sehen ist. Den Krieg überstand dieses Schiff nicht unangefochten: In der Skagerrakschlacht erhielt es acht Treffer, am 5. November 1916 mußte es vom britischen U-Boot *J 1* einen Torpedotreffer einstekken, am 5. Februar 1917 kollidierte es mit seinem Schwesterschiff *Kronprinz,* und im Oktober 1917 lief es auf eine Mine, die ebenfalls beträchtliche Schäden anrichtete. (BfZ)

Namensänderung auf „Allerhöchsten Befehl"

Das vierte Schiff der *König*-Klasse führte ursprünglich wie seine Schwesterschiffe einen personenneutralen Namen, nämlich *Kronprinz*. Am 27. Januar 1918, dem 59. Geburtstag Kaiser Wilhelms II., wurde ihm der Name des Thronfolgers angehängt. Fortan hieß das Schiff *Kronprinz Wilhelm*. In der Skagerrakschlacht blieb es als einziges Schiff seiner Klasse unbeschädigt. Diese Aufnahme zeigt noch die *Kronprinz,* und zwar etwa 1915 an der Ankerboje im Kieler Hafen liegend. Zu dieser Zeit führte das Schiff vorn schon den Röhrenmast mit dem E-Meß-Fleckerstand; letzterer ist 1918 nochmals geringfügig geändert worden.

Zerschossen, aber nicht zerstört

Großer Kurfürst und Markgraf trugen in der Skagerrakschlacht durch Artillerietreffer erhebliche Schäden davon und fielen für die nächsten Wochen aus. Bei Großer Kurfürst waren es acht, bei Markgraf fünf Treffer. Beide Schiffe sind von der AG „Vulcan" in Hamburg repariert worden und konnten in der zweiten Julihälfte des Jahres 1916 wieder einsatzbereit gemeldet werden. Die Personalverluste der zwei Schiffe hatten sich zum Glück in engen Grenzen gehalten, auf Großer Kurfürst gab es fünfzehn, auf Markgraf nur elf Tote. Das obere Bild zeigt die Wirkung eines Kurzschusses auf Großer Kurfürst, die hier im Dock liegend aufgenommen ist. Eine Granate war dicht vor dem Seitenpanzer detoniert und verursachte nur äußerliche Schäden. Markgraf erhielt, wie die nebenstehende Abbildung erkennen läßt, u. a. diesen Treffer, der im Brückenbereich in den Fuß des Schornsteines einschlug, wo er jedoch nur lokale Schäden verursachte. (BfZ)

Erst mit der *Derfflinger*-Klasse ging die deutsche Marine bei ihren „Großen Kreuzern" zum 30,5-cm-Kaliber über und zugleich zu einer anderen Aufstellung von Schwerer Artillerie und Mittelartillerie: Man entschied sich für nur noch acht Rohre in vier Zwillingstürmen, die zu je zweien vorn und achtern (die inneren auf erhöhten Positionen) aufgestellt wurden; die typische Aufstellung der Mittelartillerie in Kasematten wurde zwar beibehalten, aber nicht mehr im Batteriedeck, wie seither üblich, sondern erstmalig an Oberdeck. Jenen Fortschritt verdeutlicht dieses kurz vor Kriegsbeginn aufgenommene Bild der *Derfflinger,* das sie in der Endausrüstung bei Blohm & Voß, Hamburg, zeigt.

(BfZ)

Von den sieben Schlachtkreuzern, über die die Kaiserliche Marine verfügte, waren fünf von Blohm & Voß in Hamburg gebaut worden. Der letzte war *Derfflinger,* der hier gerade die Werft verläßt. Nach der Skagerrakschlacht erhielt dieses Schiff an Stelle des vorderen Pfahlmastes einen sehr breitspurigen Dreibeinmast. Alle deutschen Großkampfschiffe ab *Helgoland*-Klasse führten an der Backbordseite zwei, an der Steuerbordseite nur einen Buganker, wie hier gut erkennbar ist. Links im Hintergrund das große Hellinggerüst von Blohm & Voß, das im Zuge der nach 1945 erfolgten Demontage gesprengt wurde. Heute werden die erhalten gebliebenen Hellinge von sehr viel leistungsfähigeren Kranen bedient.

(Archiv Blohm & Voß)

Anläßlich ihrer Probefahrten erlitt die *Lützow* eine schwere Turbinenhavarie und wurde deshalb — obgleich bereits seit August 1915 im Dienst — erst im Frühjahr
1916 voll einsatzbereit. Das einzige Vor-Skagerrak-Unter-
nehmen, an dem sie teilnahm, war daher die Beschießung
von Yarmouth und Lowestoft im April 1916. Von *Derfflinger* unterschied sich die *Lützow* vor allem durch die
Schornsteine: Diese waren zum einen gleich hoch und
zum anderen unterschiedlich hoch ummantelt, der vordere
ganz, der hintere nur halb. (BfZ)

Lützow, der einzige im Krieg verlorengegangene Schlachtkreuzer der Kaiserlichen Marine. Diesem Schiff ist nach
zahlreichen Treffern das Vollaufen des Torpedobreitseit-
raumes zum Verhängnis geworden. Dadurch wurde das
Vorschiff überflutet, so daß schließlich eine derartige Ver-
trimmung eintrat, daß die Schrauben aus dem Wasser
schlugen. Die Auftriebsreserven waren damit aber noch
keineswegs verbraucht. Nach Meinung vieler Fachleute
hätte die *Lützow* noch durchaus gehalten werden können. Die Beurteilung der herrschenden Lage gab jedoch
den Ausschlag, den Befehl zur Selbstversenkung zu erteilen. (BfZ)

Skagerak, größte Seeschlacht der Weltgeschichte

Die Skagerrakschlacht war die größte Seeschlacht der Weltgeschichte, denn weder zuvor noch danach — auch nicht im Zweiten Weltkrieg — hat es eine derartige Machtzusammenballung auf See gegeben. Am 31. Mai 1916 stieß die nördlichen Kurs steuernde deutsche Hochseeflotte — bestehend aus 16 Großkampf- und 6 älteren Linienschiffen, 5 Schlachtkreuzern, 11 Kleinen Kreuzern und 61 Torpedobooten — vor dem Skagerrak auf die von Westen anmarschierende, weit überlegene britische Grand Fleet, bestehend aus 28 Großkampf-Linienschiffen, 9 Schlachtkreuzern, 8 Panzerkreuzern, 26 Kleinen Kreuzern, 77 Zerstörern und 3 Hilfsschiffen. Es kam zunächst zu einem erbitterten Gefecht der beiderseitigen Schlachtkreuzer. Unterdessen war das deutsche Gros heran, das schließlich auf die britische Schlachtflotte stieß. Zwar bewiesen die Deutschen ihr Können und ihre Kampfkraft, aber die seestrategische Lage vermochten sie nicht zu ändern, auch wenn sie den Engländern die schwereren Verluste beibrachten. Die Seeherrschaft Großbritanniens blieb ungebrochen, die deutsche Flotte in ihrem Wirken auf das „nasse Dreieck" beschränkt.

Diese Skizze vermittelt die Situation in den Abendstunden des 31. Mai 1916: Die britische Schlachtflotte hatte um 19.12 Uhr das Feuer eröffnet, das von dem deutschen Gros erwidert wurde. Diese Phase endete um 19.18 Uhr mit der berühmt gewordenen Gefechtskehrtwendung des deutschen Gros und dem Abdrehen der britischen Schlachtflotte, um den Torpedoboot-Angriffen zu entgehen. Um 19.55 Uhr geht das deutsche Gros erneut auf Gegenkurs, und um 20.13 Uhr befiehlt der deutsche Flottenchef: „Schlachtkreuzer ran an den Feind, voll einsetzen!" Trotz

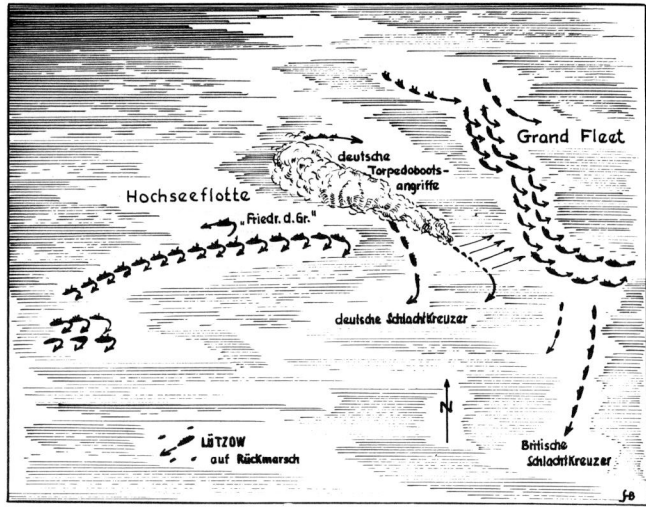

ihrer teils erheblichen Beschädigungen stoßen die deutschen Schlachtkreuzer gegen die in weitem Bogen vor ihnen liegende britische Schlachtflotte vor, und gleichzeitig greifen die deutschen Torpedoboote erneut an, um die schweren Einheiten zu entlasten. Hierauf drehen die Engländer erneut ab, und um 20.16 Uhr geht das deutsche Gros wiederum auf Gegenkurs und löst sich damit vom Feind. Damit geht der Gefechtskontakt beider Flotten verloren. Die schwer beschädigte *Lützow* befindet sich seit 19.47 Uhr auf dem Rückmarsch und wird bald darauf selbstversenkt.   (Zeichnung: Verfasser)

Die Linienschiffe *Bayern* (Bild) und *Baden* erhielten ihren achteren Mast erst 1917. Zuvor führten sie dort nur zwei Antennenspreizen und dazwischen eine Flaggengaffel. Zum Zeitpunkt dieser Aufnahme waren auch erst zwei 8,8-cm-Flak an Bord, die vorgesehenen acht Geschütze dieses Kalibers wurden auf keinem Schiff mehr eingebaut. Diese

Klasse machte überaus deutlich, daß das Schlachtschiff als Kriegsschifftyp seine Vollkommenheit erreicht hatte. Was in den zwei Jahrzehnten danach noch verbessert werden konnte, waren eigentlich nur Einzelbereiche, nicht aber die Gestaltung des Schiffstyps selbst.   (BfZ)

So sah der Große Kreuzer *Derfflinger* am 2. Juni 1916 aus, nachdem er in der Kaiserlichen Werft Wilhelmshaven zur vorläufigen Ausbesserung seiner bei der Skagerrakschlacht erlittenen Schäden eingetroffen war. Die *Derfflinger* war eines der vier am stärksten mitgenommenen deutschen Großkampfschiffe: 17 schwere und vier mittlere Artillerietreffer mußte sie einstecken, rund 3000 t Wasser waren in das Schiff eingedrungen, und unter der Besatzung hatte es 157 Tote gegeben. Mitte Oktober 1916 war das Schiff wieder einsatzbereit, nachdem es nach Kiel verlegt hatte, wo seine endgültige Reparatur durch die Howaldtswerke erfolgt war. (BfZ)

Bayern-Klasse: Die stärksten Großkampfschiffe der Kaiserlichen Marine

Mit der *Bayern*-Klasse stellte die Kaiserliche Marine ihre stärksten Linienschiffe in Dienst. Bei ihnen war man — dem britischen Vorgehen folgend — zum 38-cm-Kaliber übergegangen und zugleich zu einer abermaligen Reduzierung der Rohrzahl: Der Trend bewegte sich damit von den zwölf Rohren der *Nassau*- und *Helgoland*-Klasse über die zehn Rohre der *Kaiser*- und der *König*-Klasse zu den nunmehr acht Rohren dieser Klasse und damit zu dem günstigsten Aufstellungsschema, der überhöhten Endaufstellung in je zwei Türmen vorn und achtern. Das wiederum gestattete einerseits eine Einschränkung der Zitadelle und andererseits größere Panzerdicken. Als erstes Schiff dieser Klasse wurde die *Bayern* fertig, die hier, im Kriegsjahr 1917, in Wilhelmshaven zu sehen ist. Im Hintergrund die Kaiser-Wilhelm-Brücke. (BfZ)

Die Linienschiffe der *Bayern*-Klasse waren die ersten der deutschen Marine, die von Anbeginn an einen Dreibeinmast führten. Wie dieser gerade eingesetzt wird, zeigt dieses im Laufe des Jahres 1915 bei den Howaldtswerken in Kiel aufgenommene Bild der *Bayern*. (BfZ)

Letztes Flottenflaggschiff der Kaiserlichen Marine wurde die *Baden,* die im Oktober 1915 auf der Ferdinand-Schichau-Werft in Danzig vom Stapel gelaufen war und ein Jahr später zur Flotte trat. Im März 1917 setzte auf ihr der Flottenchef erstmals seine Flagge. Hier ein Blick auf ihr Mittelschiff kurz nach der Indienststellung. Die Torpedonetze wurden schon bald wieder von Bord gege-

ben. Gut erkennbar ist auch die neue Anlage zum Ein- und Aussetzen der Beiboote. Die Davits an den Scheinwerfer-Plattformen vorn und achtern dienten dazu, die Scheinwerfer vor Gefechtsbeginn — außer bei Nachtgefechten selbstverständlich — abzufieren und unter Deck zu verstauen. (BfZ)

Das dritte Schiff der *Bayern*-Klasse, die Sachsen, wurde von der Friedrich-Krupp-Germania-Werft, Kiel, erbaut und kam im November 1916 zu Wasser. Fertig geworden ist die *Sachsen* jedoch nicht mehr; 1921 wurde sie an der Arsenalmole in Kiel abgewrackt. Im Gegensatz zu ihren Schwesterschiffen hatte sie eine um 3 m größere Länge über alles, und ihre Schornsteine waren 4 m höher. Diese Aufnahme entstand 1919 in Kiel und zeigt den Zustand, der bei der Einstellung der Bauarbeiten erreicht war. Was auf dem Vorschiff wie zwei Baracken anmutet, sind die vorderen Türme, deren Decken noch nicht montiert waren. Um das Eindringen von Wasser und Feuchtigkeit zu verhindern, hatte man sie provisorisch mit Holzdächern abgedeckt. Die für sie und ihr Schwesterschiff *Württemberg* bestimmten 38-cm-Geschütze wurden an der Westfront verwendet. (Archiv Breyer)

Als am 2. Oktober 1913 der Große Kreuzer „Ersatz Hertha" auf Kiel gelegt wurde, war noch nicht abzusehen, daß dieser einmal den Namen eines dazumal noch kaum bekannten, seit 1911 im Ruhestand lebenden und an diesem Tage 66 Jahre alt gewordenen Heeresgenerals tragen würde: den Namen des späteren Generalfeldmarschalls Paul von Hindenburg (1847—1934).
Kurz nach Ausbruch des Krieges reaktiviert, bezwang dieser schon bald darauf bei Tannenberg die nach Ostpreußen eingedrungenen Russen und erfocht über sie weitere Siege in Polen, Masuren und Litauen. Dadurch wurde er der volkstümlichste deutsche Heerführer des Ersten Weltkrieges. In Anerkennung seiner Verdienste erhielt dieser neue Schlachtkreuzer den Namen *Hindenburg*, als er am 1. August 1915 zu Wasser kam. Dieses am 14. Juli 1917 aufgenommene Bild zeigt ihn wenige Wochen nach seiner Indienststellung. (BfZ)

Mit Recht galten die Großen Kreuzer ab *Derfflinger* als besonders schöne Schiffe. Dies wurde besonders dann deutlich, wenn man sie — wie hier die *Hindenburg* — genau von querab zu sehen bekam: Mit ihrer langen Back und dem ebenso langen Achterschiff, den kantigen Türmen, den harmonisch gestalteten Schornsteinen und dem wuchtigen Dreibeinmast (den *Lützow* allerdings nicht mehr erhalten hatte) boten sie einen geradezu ästhetischen Anblick.

(BfZ)

Nur gegen Scheiben schoß die Artillerie des Schlachtkreuzers *Hindenburg*. Nie hatte sie Gelegenheit, auf feindliche Ziele zu feuern, obwohl sie noch an zwei Vorstößen (November 1917 und April 1918) teilnahm. Diese Aufnahme ist bei einem gefechtsmäßigen Artillerieschießen entstanden: Schwarzqualmend und mit hoher Fahrt läuft die *Hindenburg* hier an. Wenige Monate später sank sie in der Bucht von Scapa Flow.

(BfZ)

Am 21. April 1917 lief bei Blohm & Voß der Schlachtkreuzer *Mackensen* vom Stapel. Nach dem ursprünglichen
Terminplan hätte das Schiff schon ein Jahr früher zu Wasser kommen sollen. Diese Aufnahme zeigt, daß 1917, im
vierten Kriegsjahr, der Stapellauf selbst eines so großen
Schiffes nicht mehr unter dem sonst üblichen Gepränge

stattfinden konnte. Keine Girlanden, kein repräsentativer
Farbanstrich, nicht einmal ein Namensschild, ja selbst der
Flaggenschmuck fehlt. Hier wird die Bugkonstruktion gut
sichtbar: Ganz unten ist der Vorsteven schräg nach hinten
weggezogen, und hier ist die Öffnung für das Unterwasser-
Bugtorpedorohr zu erkennen.   (Foto: Drüppel)

Nur ältere Marinefreunde werden sich noch dieses Modells erinnern, das einstmals im Museum für Meereskunde
in Berlin gestanden hatte. Es handelt sich um den nicht

mehr fertig gewordenen Großen Kreuzer *Mackensen*
aus dem ersten Weltkrieg.

(Archiv Breyer)

Scapa Flow: Grab der deutschen Flotte

Die Bucht von Scapa Flow wurde zum Grab der deutschen Hochseeflotte. Auf Grund des Waffenstillstandsvertrages war sie zu internieren und hierzu in einen neutralen Hafen — und falls sich ein solcher nicht finden sollte in einen alliierten Hafen — zu überführen. Dies ist im November 1918 geschehen, aber als Internierungsort wurde kein neutraler Hafen angewiesen, sondern die Bucht von Scapa Flow, der Liegeplatz der britischen Flotte. Vizeadmiral von Reuter, der Chef des Internierungsverbandes, gab nach monatelangem Warten auf Grund der immer undurchsichtiger werdenden Lage den Befehl zur Selbstversenkung aller Schiffe, der am 21. Juni 1919 vollzogen wurde. Die einstmals gefürchtete deutsche Hochseeflotte hatte damit zu existieren aufgehört. Jahrzehntelang hatten die Engländer dann mit der Bergung der Wracks zu tun. Das obere Bild zeigt das Linienschiff *Bayern* und links im Hintergrund den Kleinen Kreuzer *Emden*, aufgenommen etwa im Frühjahr 1919. Nächste Seite oben die in flachem Wasser gesunkene *Hindenburg*.
(BfZ)

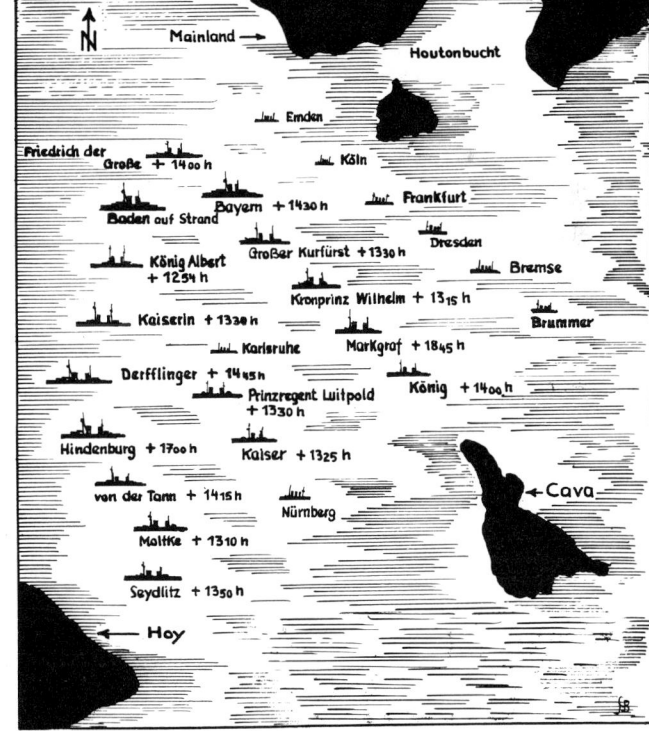

Die Liegeplätze der größeren Einheiten des deutschen Internierungsverbandes am 21. Juni 1919 in Scapa Flow (Torpedoboote sind hier unberücksichtigt geblieben). Die angegebenen Uhrzeiten hinter dem Kreuz besagen, wann das betreffende Schiff untergegangen ist.

(Zeichnung: Verfasser)

Erst verspottet, dann gefürchtet: Die „Westentaschen"-Schlachtschiffe

Das erste Panzerschiff — die spätere *Deutschland* und nachmalige *Lützow* — wurde, noch bevor es überhaupt zu existieren begonnen hatte, zu einem wahrhaft „politischen Schiff": Seinetwegen kam es im Reichstag zu erregten politischen Debatten und Szenen, die als die „Panzerkreuzer-Debatten" unlösbar mit der Geschichte der Weimarer Republik verbunden sind. Nachdem am 16. November 1928 die Entscheidung zugunsten ihres Baues gefallen war, konnte die Kiellegung wenige Monate später, im Februar 1929, erfolgen. Am 19. Mai 1931 lief das Schiff dann vom Stapel. Damals wurde im Ausland der Begriff „Pocket Battleship", also „Westentaschen-Schlachtschiff", geprägt, und das hatte seinen Grund: In der

Tat waren die *Deutschland* und die ihr folgenden Einheiten so etwas wie „verhinderte Schlachtschiffe", worauf schon ihre schwere Bewaffnung hinwies, und mit ihrer Geschwindigkeit konnten sie sich durchaus mit Kreuzern messen. Ihre zum Zeitpunkt der Inbaugabe gültige Gesamtkonzeption ließ sich auf diesen Nenner bringen: Stärker als jeder Kreuzer und schneller als jedes Schlachtschiff, von je drei britischen und japanischen Ausnahmen abgesehen.

Dieses Bild zeigt, wie die *Deutschland* gerade ihre Helling verläßt. Ihr Achterschiff ist bereits aufgeschwommen.

(BfZ)

„Nomen est omen"?

Das Panzerschiff *Deutschland* wurde im November 1939 in *Lützow* umgetauft und seither als „Schwerer Kreuzer" bezeichnet. Offenbar fürchtete Hitler, daß ein etwaiger Verlust der *Deutschland* im Volk als schlechtes Omen für den Ausgang des Krieges gewertet werden könnte. Zugleich sollte dabei aber wohl auch der bevorstehende Verkauf des am 1. Juli 1939 vom Stapel gelaufenen und auf den Namen *Lützow* getauften Kreuzers *L* kaschiert werden, der den Sowjets zugebilligt worden war. Der Tag kam schnell, an dem die vormalige *Deutschland* beinahe verlorengegangen wäre: Auf dem Rückmarsch von Oslo erhielt sie am 11. April 1940 von dem britischen U-Boot *Spearfish* einen Torpedotreffer ins Achterschiff, und dieses knickte ab und machte sie fahr- und manövrierunfähig. Weil sich bei ihr keine Sicherungseinheiten befunden hatten, geriet sie in Gefahr, weitere Treffer zu erhalten, und diese hätten mit Sicherheit ihr Ende bedeutet. Das Glück war jedoch mit ihr: Ein rasch ausgesetztes Beiboot sicherte es bis zum Eintreffen von Sicherungseinheiten, und mit Schlepperhilfe konnte sie eingebracht werden. Diese Aufnahme wurde am 13. April 1940 — kurz vor dem Eindocken bei den Deutschen Werken in Kiel — gemacht und zeigt das abgeknickte, tief im Wasser liegende Achterschiff. Die Reparatur dauerte fast ein dreiviertel Jahr. Anfang 1941 wurde das Schiff wieder einsatzbereit.

(Archiv Breyer)

Dies war das Ende der *Lützow,* der einstigen *Deutschland:* Am 16. April 1945 wurde sie in der Kaiserfahrt (südlich Swinemünde) durch Naheinschläge von 5,45-Tonnen-Bomben schwer beschädigt und auf Grund gesetzt. Als feste Batterie griff sie mit ihrer noch verwendungsfähigen Artillerie mehrfach in die Abwehrkämpfe gegen die vordringende Rote Armee ein. Nachdem sie alle Munition verschossen hatte, gab ihr die Besatzung mit Sprengladungen den Rest. Im September 1947 haben die Sowjets dann das Wrack geborgen und schleppten es in östliche Richtung ab. Irgendwo dort ist es dann bis 1949 abgebrochen worden. Hier ein Blick auf die nach dem schweren Luftangriff vom 16. April 1945 weggesackte *Lützow.* (Foto: Drüppel)

Der 1. April 1933 stellte sich für die neue deutsche Marine als ein Tag von besonderer Bedeutung dar: Das erste Ereignis war die Indienststellung der *Deutschland,* des ersten Panzerschiffs, und das zweite der Stapellauf des zweiten Panzerschiffes, das dabei auf den Namen *Admiral Scheer* getauft wurde. Diese Aufnahme wurde am Vorabend des Stapellaufes fotografiert und zeigt das Panzerschiff auf Helling I der Marinewerft Wilhelmshaven klar zum Ablaufen. Das dritte Panzerschiff, die nachmalige *Admiral Graf Spee,* liegt indessen auf der benachbarten Helling II, wo ihr Kiel im Oktober 1932 gestreckt worden war. (BfZ)

Ursprünglich sah *Admiral Scheer* ihrem Schwesterschiff *Admiral Graf Spee* sehr ähnlich, doch wurde bei dem Umbau von Februar bis September 1940 ihr Aussehen eher an das von *Lützow* — der einstmaligen *Deutschland* — angeglichen, jedenfalls soweit es um die Änderung des Turmmastes ging. Bald nach diesem Umbau brach das Schiff in den Atlantik durch und führte Handelskrieg bis in den Indischen Ozean hinein. Am 1. April 1941 kehrte sie wohlbehalten in die Heimat zurück, nachdem der Gegner durch sie 17 Schiffe mit über 100 000 BRT verloren hatte. Im Frühjahr 1942 verlegte sie nach Norwegen und nahm dort an verschiedenen Operationen teil, die sie bis in die Karasee führte. Im Herbst 1942 ist diese Aufnahme entstanden; sie zeigt das Schiff beim Verlassen eines Fjords. Den Tarnanstrich führte es später nicht mehr.

(BfZ)

Am 9. April 1945 schlug auch für *Admiral Scheer* die Schicksalsstunde: Im Ausrüstungsbecken der Deutschen Werke in Kiel liegend erhielt sie bei einem Angriff britischer Flugzeuge fünf Bombentreffer und kenterte an der Pier. Hier zeigt die Aufnahme, wie die britischen Truppen das Wrack bei ihrem Einmarsch in Kiel vorgefunden ha- ben. Im Vordergrund zwei Bugsektionen für Typ-XXI-U-Boote. Teile von *Admiral Scheer* wurden bis 1948 an Ort und Stelle abgebrochen. Was übrig blieb, ist dann unter Trümmerschutt begraben worden, mit dem das gesamte Ausrüstungsbecken zugeschüttet wurde. Heute erinnert nichts mehr an das Grab dieses Schiffes. (Foto: Drüppel)

Ohne Fortune: *Admiral Graf Spee*

Obwohl nach dem gleichen Generalentwurf gebaut, bot sich das dritte Panzerschiff, *Admiral Graf Spee,* äußerlich wesentlich anders dar als das Klassenschiff *Deutschland.* Bewirkt wurde das vor allem durch den eigenwilligen Turmmast, den auch *Admiral Scheer,* das zweite Schiff dieser Klasse, erhalten hatte. Das Deckshaus zwischen Schornstein und Katapult — in ihm war die Brotbäckerei untergebracht — führte das Schiff nur zu Anfang seiner Laufbahn. Diese Aufnahme entstand vermutlich im Winter 1937/38. Das vereiste Vorschiff läßt die Kältegrade ahnen, die um diese Zeit geherrscht haben mögen. Hier wird auch deutlich, daß das Schiff gegen die See angehend viel Wasser übernommen haben muß. Gleichwohl erwiesen sich *Admiral Graf Spee* und ihre beiden Schwesterschiffe als recht gute Seeschiffe.

(BfZ)

Friedlich vereint: Panzerschiff *Admiral Graf Spee* und die britischen Großkampfschiffe *Resolution* und *Hood,* aufgenommen anläßlich der Flottenschau auf Spithead Reede zur Krönung von König Georg VI. im Juni 1937. Noch ist es zu dieser Zeit nicht abzusehen, daß nur wenig mehr als zwei Jahre verstreichen werden, bis ein neuer Krieg über die beiden Völker hereinbricht.

(Archiv Breyer)

Panne beim Stapellauf

Der Öffentlichkeit kaum bekannt wurde der etwas verunglückte Stapellauf des Schlachtschiffes *Gneisenau* am 8. Dezember 1936. Infolge unzureichenden Abbremsens stieß sie mit ihrem Achtersteven gegen das benachbarte Hindenburgufer. Die Schäden konnten freilich sehr schnell behoben werden. Mit welcher Wucht sich der Achtersteven in das Ufer gebohrt hatte, wird auf diesem Bild sichtbar. (BfZ)

Schönheit der Technik

Auch Technik kann Schönheit ausstrahlen, so möchte man beim Anblick dieses Bildes sagen. Zu sehen ist hier der Schornstein des Schlachtschiffes *Scharnhorst* mit dem um ihn herumgebauten Plattformkranz, der für die großen deutschen Kriegsschiffe jener Zeit charakteristisch geworden war. Auf diesem Plattformkranz ist einer der beiden Scheinwerfer — durch eine Persenning abgedeckt — zu sehen. Links im Bild der vordere Backbord-Bootskran. Im Vordergrund ein 15-cm-Geschütz in Einzellafette, darüber eine 10,5-cm-Doppelflak und im Hintergrund eines der vier Fla-Waffenleitgeräte, welche im Bordjargon oft „Wackeltöpfe" genannt wurden, weil sie durch dreiachsige Stabilisierung zu entsprechenden Bewegungen fähig waren. Dieses Bild wurde noch vor dem Umbau der *Scharnhorst* fotografiert, da der Großmast noch dicht hinter dem Schornstein steht. (BfZ)

„Ästhetik" im Kriegsschiffbau

Als ein Kriegsschiff mit ganz besonders harmonischer Linienführung bot sich die *Scharnhorst* dar, schon als sie fertiggestellt wurde und noch die ursprüngliche Vorstevenform und den Großmast dicht hinter dem oben noch waagerecht abschneidenden Schornstein hatte. Dies macht das obere Bild deutlich, das im April 1939 fotografiert wurde. Noch mehr bestärkt wurde dieser Eindruck, als die *Scharnhorst* einige Monate später die Kriegsmarinewerft Wilhelmshaven verließ, wo sie umgebaut worden war. Jetzt wirkte sie mit ihrem Atlantikbug, der Schrägkappe auf dem Schornstein und dem am Ende der Aufbauten stehenden Großmast noch harmonischer. Wie die *Scharnhorst* nach diesem Umbau ausgesehen hat, zeigt die untere, am 6. April 1940 aufgenommene Abbildung eines Werftmodells.

(Archiv Breyer)

133

Erfolgreich im Atlantik

In der Zeit vom 22. Januar bis zum 23. März 1941 führten die Schlachtschiffe *Scharnhorst* und *Gneisenau* im Atlantik erfolgreich Handelskrieg. Ihr gemeinsamer Erfolg: 22 Schiffe mit über 115 000 BRT. Im Verlaufe ihrer Unternehmung mußten sie dreimal britischen Schlachtschiffen ausweichen, um eine Gefechtsberührung zu vermeiden. In diesen 61 Tagen legten sie 17 800 sm zurück und liefen dann in dem französischen Atlantikhafen Brest ein, den sie erst im folgenden Jahr wieder verlassen konnten. Hier die *Gneisenau* kurz nach dem Einlaufen in Brest. Die vorgeheißten Flaggen künden von ihrem Erfolg. Im Vordergrund eine Gruppe japanischer Marineoffiziere als Gäste der deutschen Kriegsmarine.

(Archiv Breyer)

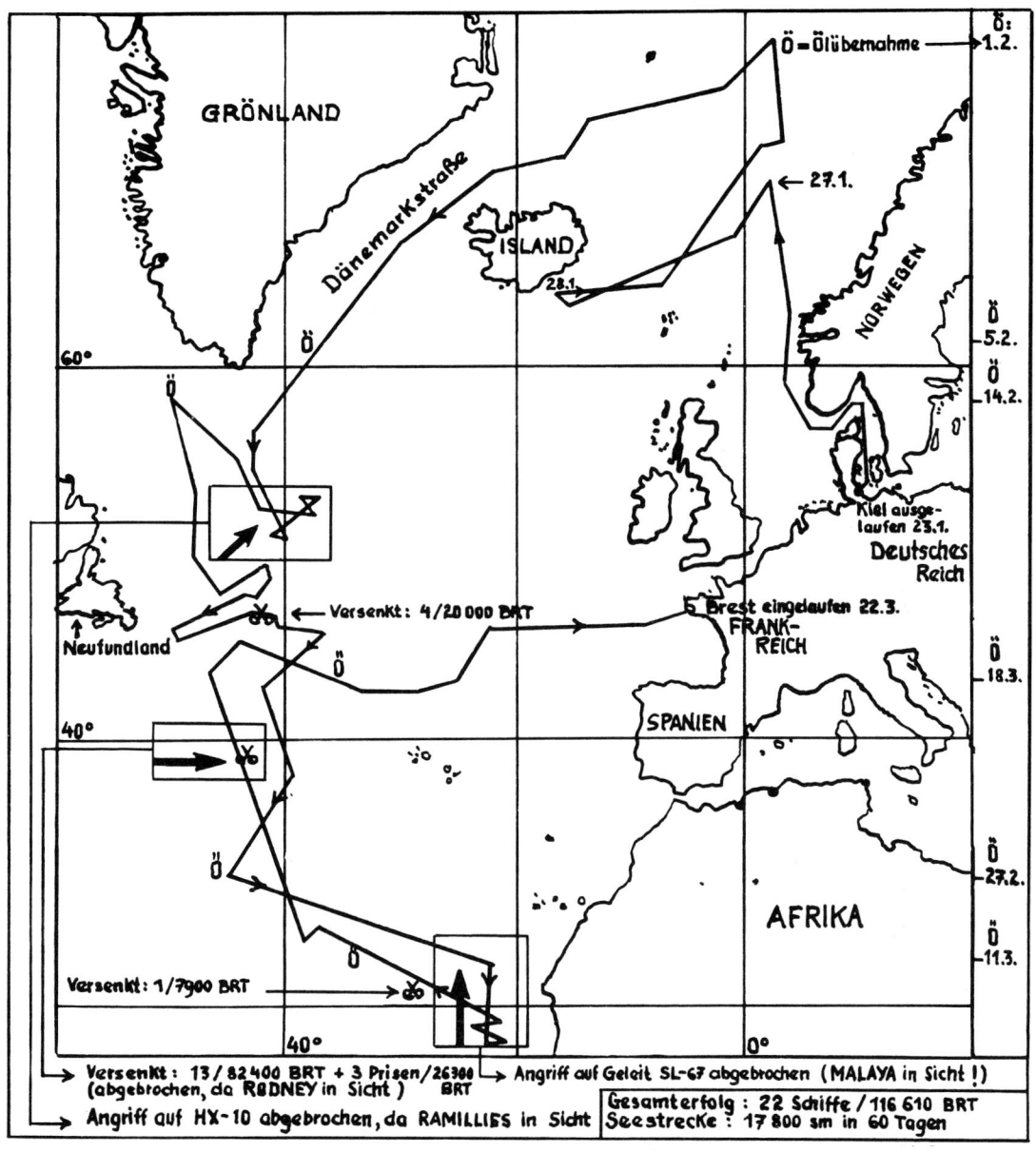

Im Zweiten Weltkrieg wurden Schlachtschiffe für Aufgaben eingesetzt, die bisher eigentlich Kreuzern vorbehalten waren. Auf deutscher Seite war es die Handelskriegführung, auf britischer Seite die Sicherung von Geleitzügen. So liefen im Januar 1941 die Schlachtschiffe *Scharnhorst* und *Gneisenau* aus Kiel aus und brachen durch die Dänemarkstraße in den Atlantik durch, wo sie gegen den feindlichen Geleitzugverkehr operierten. Dreimal mußten sie ihre Angriffe gegen solche Konvois abbrechen, weil jeweils britische Schlachtschiffe in Sicht kamen. Zum Glück handelte es sich um ältere, langsame Einheiten, denen die deutschen Schiffe dank ihrer höheren Geschwindigkeit rechtzeitig ausweichen konnten. Gleichwohl fügten sie dem Gegner empfindliche Tonnageverluste zu. Im März liefen sie in dem französischen Atlantikhafen Brest ein. Die Karte zeigt den Verlauf dieser als Unternehmen „Berlin" bekanntgewordenen Operation.

(Zeichnung: Verfasser)

135

Unheilvolles Brest

Während der langen Liegezeit in Brest erhielt die *Gneisenau* bei Luftangriffen mehrmals Treffer. Nachdem durch einen von ihnen das bisherige Katapult zerstört worden war, erhielt das Schiff eine ganz neue Anlage, und zwar eine Flugzeughalle, innerhalb derer sich das Katapult befand, so daß die Bordflugzeuge aus der Halle heraus gestartet werden konnten. Mit dieser Anlage trat die *Gneisenau* dann im Februar 1942 den Rückmarsch in die Heimat an. Die Vorbereitungen zum Rückmarsch — wie das Übungsschießen der Artillerie und der Torpedowaffe — erledigten die Schiffe von ihren Liegeplätzen in Brest aus. Das Bild zeigt die *Gneisenau* beim Torpedoschießen. Ihre neue Bordfluganlage ist dabei einigermaßen erkennbar. Im Hintergrund links die *Scharnhorst*. (BfZ)

136

Schlag gegen britisches Prestige:
Der Kanaldurchbruch

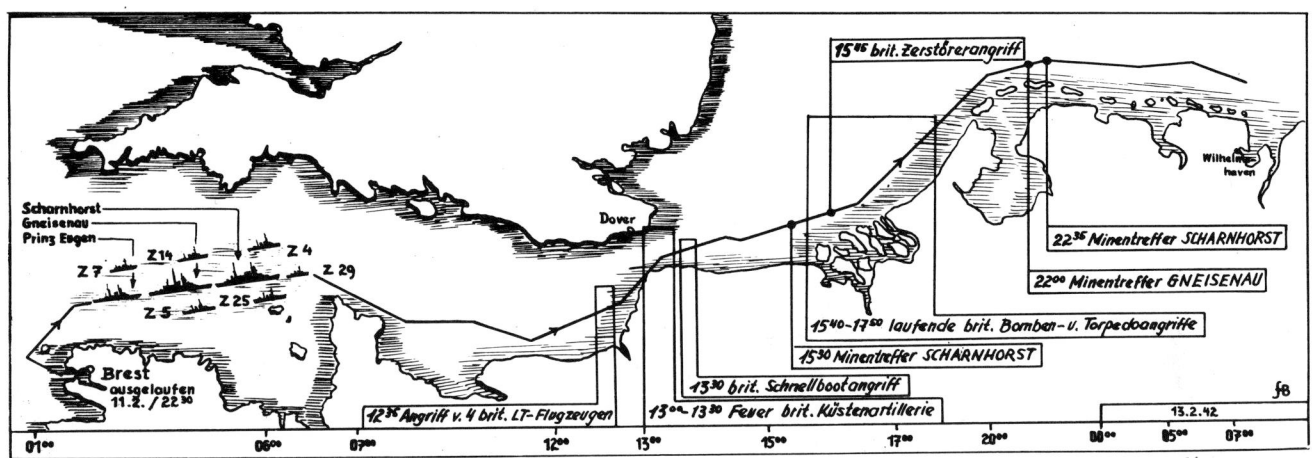

Da die schweren Einheiten wegen der immer heftiger werdenden Luftangriffe und der wiederholt auf ihnen erzielten Treffer auf die Dauer in Brest nicht mehr gehalten werden konnten, entschied Hitler, daß sie durch den Britischen Kanal in die Heimat zurückzuführen sind. Am 11. Februar 1942 begann diese Operation, die unter dem Decknamen „Cerberus" bekannt wurde. Die einzelnen Stationen und Ereignisse dieses berühmt gewordenen „Kanaldurchbruchs" verdeutlicht diese Karte.

(Zeichnung: Verfasser)

Nach dem Kanaldurchbruch lief *Scharnhorst* zunächst in Wilhelmshaven ein, doch verlegte sie schon gleich nach Kiel zu den Deutschen Werken, wo ihre Schäden behoben wurden. Von Oktober 1942 ab unternahm sie von Gotenhafen aus wieder Ausbildungs- und Übungsfahrten in die Ostsee. Dieses Bild wurde im Herbst 1942 in Gotenhafen aufgenommen: Hier liegt die *Scharnhorst* unter Dampf; ihr Bordflugzeug ist auf der Pier abgestellt. Deutlich erkennbar ist hier auch der Torpedo-Lagerkasten neben dem steuerbord-achteren 15-cm-Turm. Wenige Monate danach verlegte die *Scharnhorst* nach Nordnorwegen, von wo sie nicht mehr zurückkehren sollte. (BfZ)

Zweimal *Gneisenau* aus der Luft: Diese beiden Bilder wurden von britischen Aufklärungsflugzeugen geschossen und zeigen oben das Schiff im Schwimmdock der Deutschen Werke Kiel liegend, kurz nachdem es in der Nacht zum 27. Februar 1942 den verhängnisvollen Bombentreffer erhalten hatte, der das Vorschiff bis einschließlich der Munitionskammern unter den vorderen Türmen zerstörte. Wenige Wochen später, Anfang April, wurde das Schiff nach Gotenhafen geschleppt und dort am 1. Juli außer Dienst gestellt. Der damals beabsichtigte Umbau wurde nur noch vorbereitet, aber letztlich nicht mehr begonnen, da Hitler Anfang 1943 die Außerdienststellung aller schweren Einheiten befohlen hatte. Damit wurden die Pläne einer Wiederherstellung und des gleichzeitig damit verbundenen Umbaus gegenstandslos. Das untere Bild entstand im Sommer 1942 über Gotenhafen und zeigt die *Gneisenau* im Stadium der Umbauvorbereitung: Die schweren Türme sind bereits nicht mehr an Bord, darüber hinaus fehlt auch die gesamte Mittelartillerie, und selbst die Fla-Waffen sind ausgebaut worden. Zu dieser Zeit ist das Vorschiff noch nicht abgebrochen.

(BfZ)

Das Desaster der *Gneisenau*

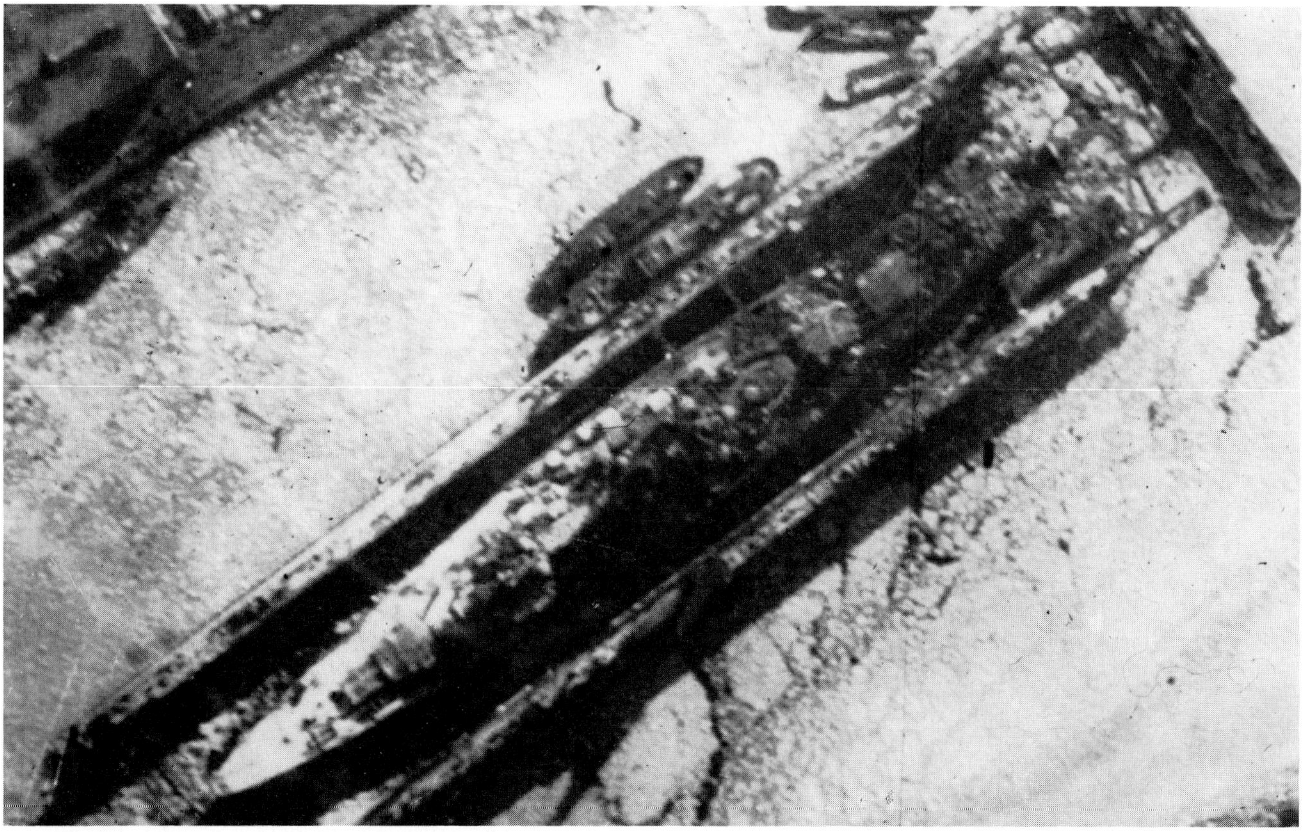

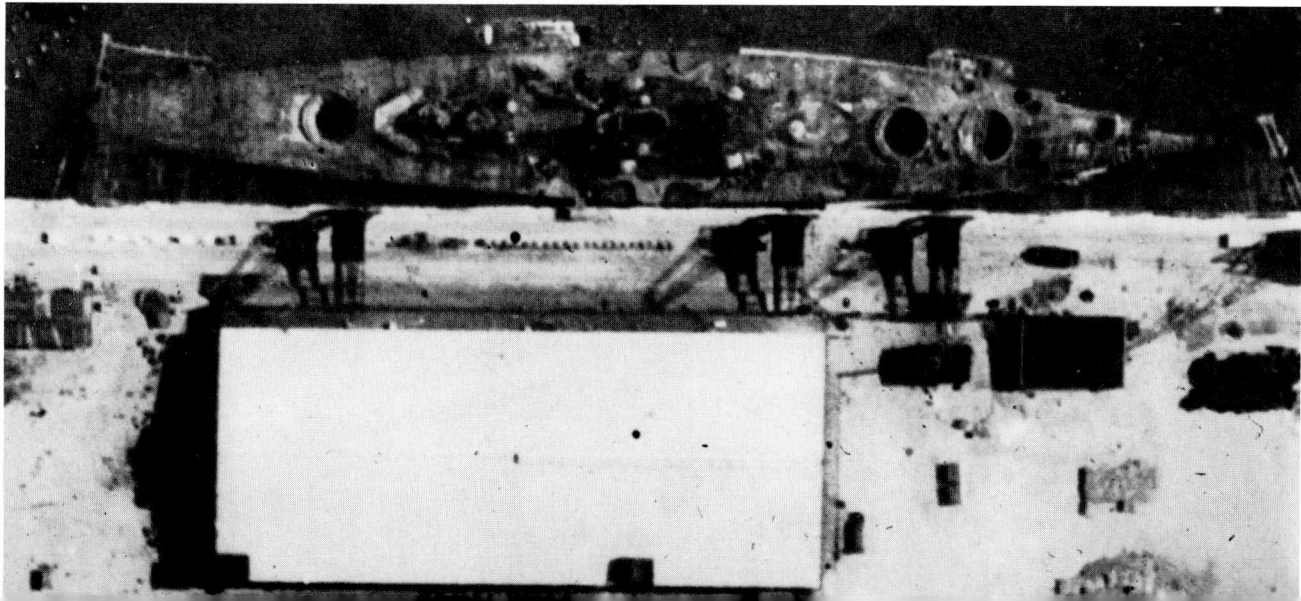

Im Zeichen des deutsch-britischen Flottenvertrages: Die *Bismarck*-Klasse

Hamburg, 14. Februar 1939: Bei strahlendem Wintersonnenschein läuft bei Blohm & Voß das Schlachtschiff *F* vom Stapel, soeben auf den Namen *Bismarck* getauft. Das erste vollwertige Schlachtschiff der neuen deutschen Kriegsmarine, offiziell mit 35 000 ts Standardverdrängung angegeben, in Wirklichkeit aber — wie es übrigens auch bei allen übrigen schlachtschiffbauenden Seemächten mehr oder weniger der Fall war — schwerer, nämlich rund 41 000 ts. Wenige Wochen später kam ihr Schwesterschiff *Tirpitz* zu Wasser. Hier hat die *Bismarck* noch den nahezu senkrecht abfallenden Vorsteven, der jedoch bald darauf — noch vor der Indienststellung — geändert wird.
(BfZ)

Die Helling II der marineeigenen Werft in Wilhelmshaven war deren größte. Auf ihr ist u. a. der Große Kreuzer *Hindenburg* gebaut worden, und in den 30er Jahren entstanden hier das Panzerschiff *Admiral Graf Spee* und danach das Schlachtschiff *Scharnhorst*. Vier Wochen nach dessen Stapellauf wurde dann die *Tirpitz* begonnen, die hier zu sehen ist. Aufgenommen wurde das Bild im Laufe des Jahres 1938. Das neue Schlachtschiff ist schon bis über das Panzerdeck hinaus fertig, und die Barbetten sind bereits montiert. Im Hintergrund links eines der alten Vor-Dreadnought-Linienschiffe, *Schlesien* oder *Schleswig-Holstein*.
(Archiv Breyer)

In den Vormittagsstunden des 1. April 1939 entstand diese Aufnahme. Sie zeigt das Schlachtschiff *G* klar zum Stapellauf. Die Vorhelling ist bereits geflutet, und die ersten Zuschauer haben sich eingefunden (es wurden dann 80 000!). Nicht mehr lange dauerte es zu diesem Zeitpunkt, bis Adolf Hitler mit großem Gefolge eintraf, und das Schiff — auf den Namen *Tirpitz* getauft — in sein Element gleitet. Und am späten Nachmittag wird Hitler auf dem Rathausplatz in Wilhelmshaven eine Rede vor einer begeisterten Menschenmenge halten, wobei er sich gegen die westliche „Einkreisungspolitik" wendet. Diese Replik ist besonders an die Adresse Englands gerichtet: 28 Tage später wird Hitler dann das wahr machen, was er auf dem Wilhelmshavener Rathausplatz angedeutet hatte: Er kündigt das deutsch-britische Flottenabkommen von 1935.
(BfZ)

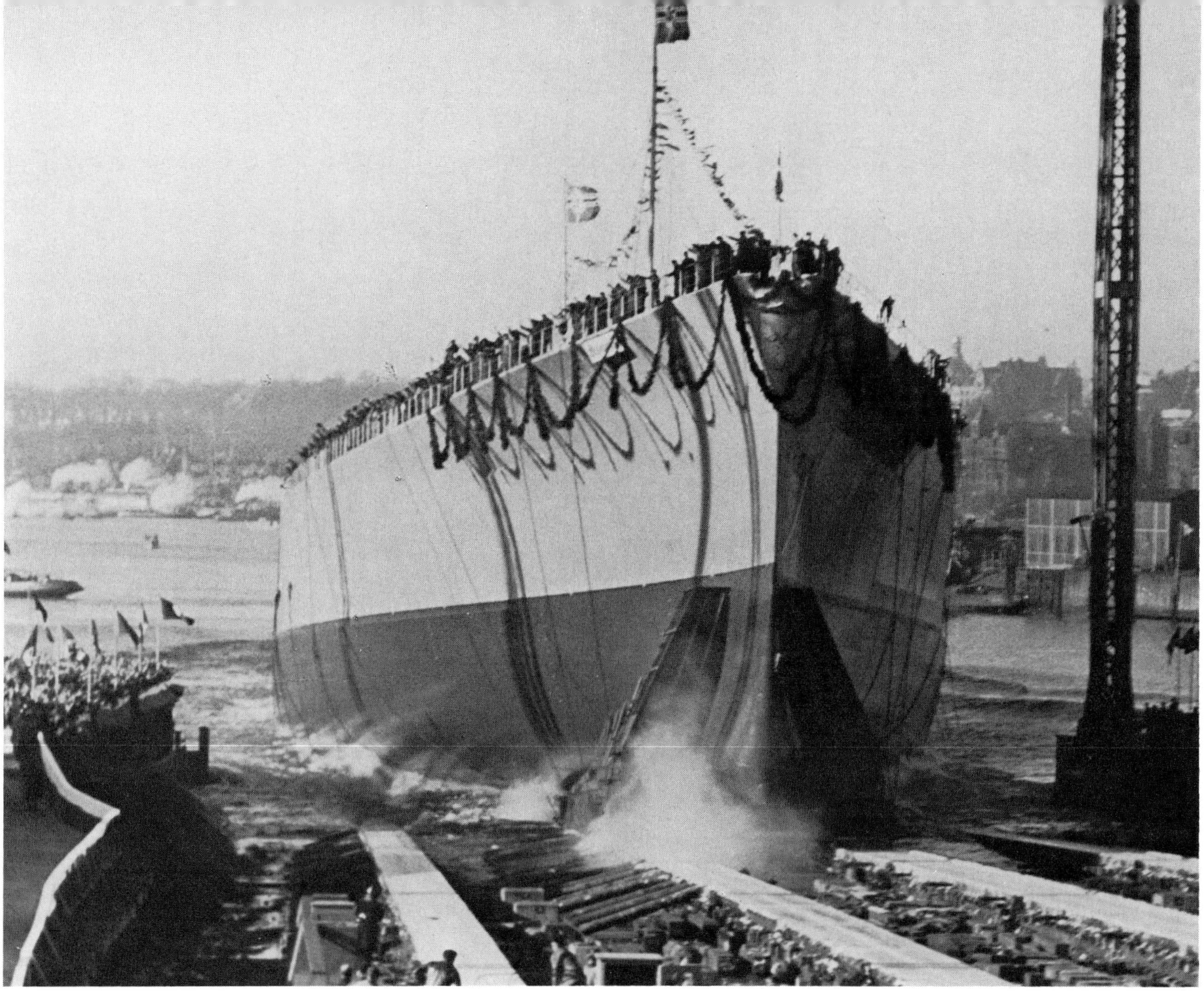

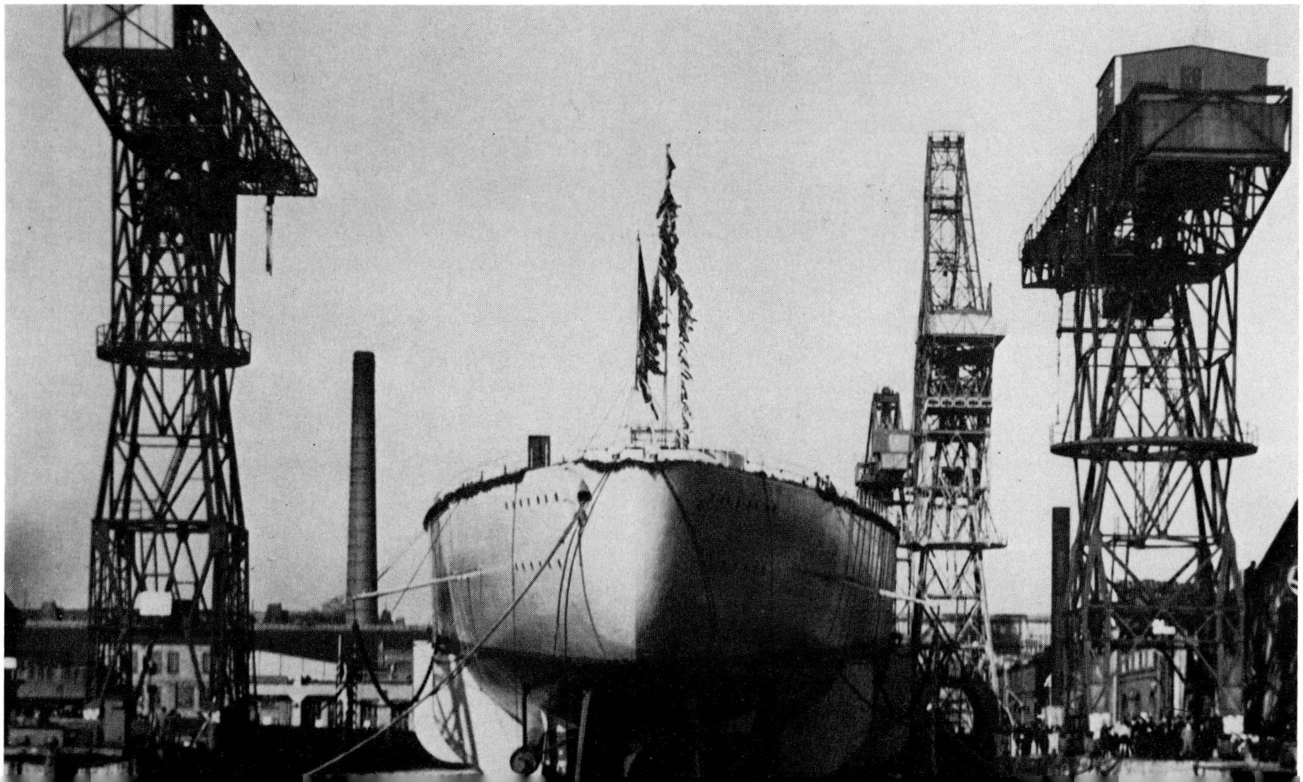

Vom Stapellauf bis zur Indienststellung dauerte es nur rund 1¹/₂ Jahre, bis das Schlachtschiff *Bismarck* in Dienst gestellt werden konnte, eine Zeitspanne, deren ungewöhnliche Kürze nur durch die kriegsmäßige Anspannung aller Kräfte verständlich ist. Hier ist die *Bismarck* im Kriegswinter 1939/40 im Ausrüstungsbecken ihrer Bauwerft zu sehen, wo sie unter dem riesigen 250-Tonnen-Hammerkran liegt. Die schweren Türme sind bereits montiert, auch Schornstein und Mast hat man schon errichtet. Wie hart dieser erste Kriegswinter war, wird an der starken Eisbildung des Ausrüstungsbeckens deutlich.

(BfZ)

Nachdem die *Bismarck* am 18. Mai 1941 Gotenhafen verlassen hatte, lief sie am 21. Mai in den Korsfjord bei Bergen (Norwegen) ein, um vor Beginn des Unternehmens „Rheinübung" noch einmal Brennstoff zu ergänzen. Noch in diesem Fjord ist sie von britischen Aufklärungsflugzeugen entdeckt worden. Gleichwohl gelang es ihr am Abend, unbemerkt auszulaufen. Drei Tage später explodiert in ihrem Feuer der britische Schlachtkreuzer *Hood* (damals das größte — nicht aber das stärkste — Kriegsschiff der Welt), und abermals drei Tage später ereilt sie selbst ihr Schicksal. Mehr als 3300 Männer — Deutsche und Engländer — fanden in jenen Tagen den Tod. Dieses Bild entstand kurz nach dem Einlaufen im Korsfjord. Als sie am Abend wieder auslief, hatte sie den Tarnanstrich nicht mehr. (Archiv Breyer)

Der 24. August 1940 bedeutete für Blohm & Voß den letzten Höhepunkt des Großschiffbaus im Kriege: An diesem Tage lief zuerst der HAPAG-Fahrgastschiff-Neubau *Vaterland* vom Stapel (um die Helling freizubekommen, nicht um ihn fertigzubauen!), und unmittelbar darauf wurde die *Bismarck,* das größte von dieser Werft je gebaute Kriegsschiff, in Dienst gestellt. Diese Aufnahme ist kurz nach der Indienststellungsfeier entstanden, die Besatzung ist bereits weggetreten. (Archiv Breyer)

Die Jagd auf die *Bismarck*
... und die Maßnahmen gegen die *Tirpitz*

Durch den bislang erfolgreichen Einsatz schwerer Einheiten gegen den britischen Geleitzugverkehr im Atlantik ermutigt, lief im Mai 1941 das Schlachtschiff *Bismarck* mit dem Kreuzer *Prinz Eugen* zu einer gleichen Operation (Unternehmen „Rheinübung") aus. Bei dem Versuch, durch die Dänemarckstraße in den Atlantik durchzubrechen, stießen die deutschen Einheiten auf schwere britische Streitkräfte. Es kam zum Gefecht, wobei der britische Schlachtkreuzer *Hood* nach schweren Treffern explodierend sank und das Schlachtschiff *Prince of Wales* beschädigt abdrehte. Für die Engländer war diese Niederlage Anlaß, selbst weit entfernt stehende Kräfte zur Jagd auf die deutschen Schiffe heranzuziehen. Wenige Tage später gelang es ihnen, die *Bismarck* zu stellen und auszuschalten. Wie jene Operationen verliefen und wie sich das Kesseltreiben darstellte, zeigt diese Karte. Es bedeuten dabei:

① Schwere Kreuzer *Norfolk* und *Suffolk*
② Schlachtkreuzer *Hood* und Schlachtschiff *Prince of Wales*
③ Schlachtschiff *King George V.*, Schlachtkreuzer *Repulse*, Flugzeugträger *Victorious*, Leichte Kreuzer *Kenya, Galathea, Aurora* und *Hermione* mit sechs Zerstörern
④ Schlachtschiff *Rodney* mit drei Zerstörern
⑤ Schlachtschiff *Revenge*
⑥ Schlachtschiff *Ramillies*
⑦ Leichter Kreuzer *Edinburgh*
⑧ Fünf Zerstörer
⑨ Schwerer Kreuzer *London*
⑩ Schlachtkreuzer *Renown*, Flugzeugträger *Ark Royal*, Leichter Kreuzer *Sheffield* und sechs Zerstörer
⑪ Schlachtschiff *Nelson*
(Zeichnung Verfasser)

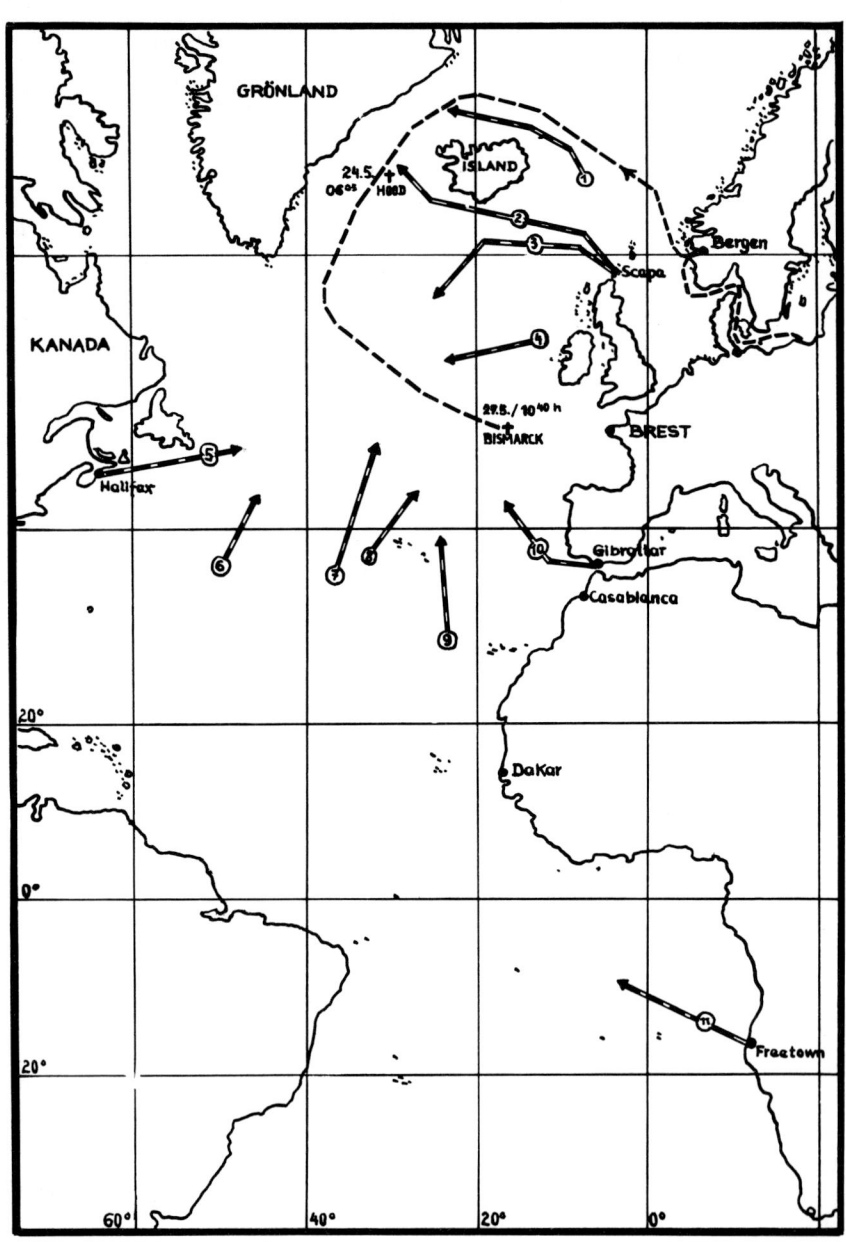

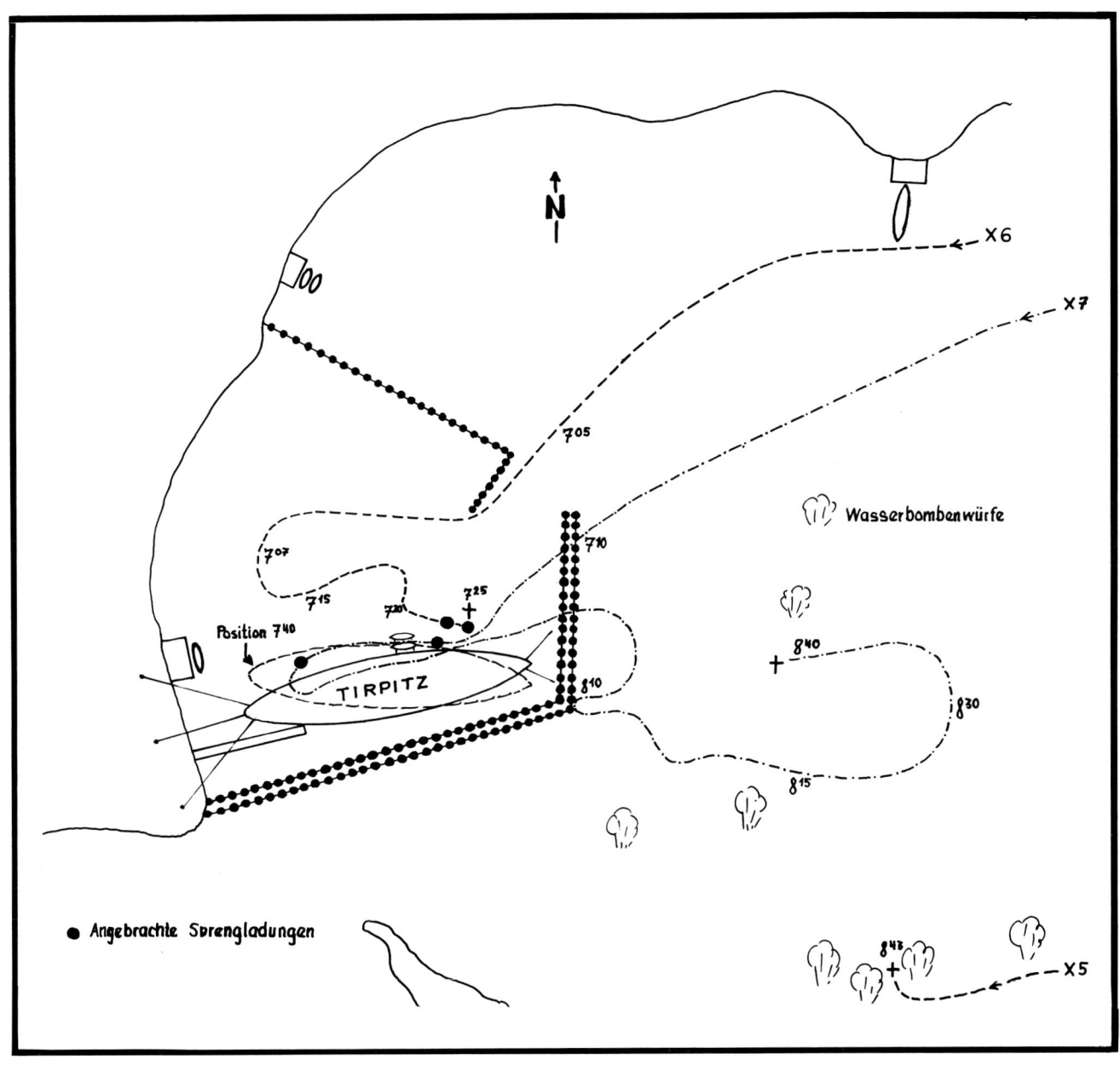

Im September 1943 starteten die Engländer ihre Operation „Source". Diese hatte zum Ziel, das im Kaafjord in Nordnorwegen liegende Schlachtschiff *Tirpitz* auszuschalten. Hierzu wurden die Klein-U-Boote *X 5, X 6, X 7, X 8, X 9* und *X 10* eingesetzt, die von großen U-Booten bis zum Fjordeingang geschleppt worden waren. Von diesen Klein-U-Booten gelang es nur *X 6* und *X 7*, in den Netzkasten einzudringen, in dem sich die *Tirpitz* befand, und

dort ihre Grundminen anzubringen. Durch deren Detonation wurde die *Tirpitz* erheblich beschädigt und fiel für Monate aus. Die Skizze zeigt, auf welchen Wegen die Klein-U-Boote eindrangen und wann und wo sie selbst vernichtet wurden (Kreuze). Weiter wird deutlich gemacht, wie die *Tirpitz* ihre Position zu verändern versuchte, nachdem auf ihr das Eindringen der Klein-U-Boote bemerkt worden war. (Zeichnung: Verfasser)

146

Tirpitz: „Fleet in being" im Norden

Von Januar 1942 ab war das Schlachtschiff *Tirpitz* in Norwegen stationiert, von wo es nicht mehr zurückkehren sollte. Zunächst lag sie im Raum von Drontheim, ab Frühjahr 1943 nördlich des 70. Breitengrades, in der Nähe zum Eismeer und den feindlichen Geleitzugrouten. Zwar nahm die *Tirpitz* nur an wenigen Operationen teil, doch band sie — gewissermaßen als „fleet in being" — allein durch ihre Anwesenheit und potentielle Bedrohung beträchtliche gegnerische Kräfte. Die Engländer unternahmen daher erhebliche Anstrengungen, um sie unschädlich zu machen: Zuerst kamen sie mit von Flugzeugen geworfenen Wasserbomben, danach mit Klein-U-Booten und Grundminen, schließlich mit Trägerflugzeugen und Bomben, aber einen nachhaltigen Erfolg vermochten sie nicht zu verbuchen. Schließlich schickten sie landgestützte Bomber. Zwar mißlangen die beiden ersten Angriffe, aber der dritte — am 12. November 1944 — führte zum Erfolg: Von mehreren 5,45-Tonnen-Bomben direkt oder in unmittelbarer Nähe getroffen, kenterte sie, wobei mehr als 1200 Mann der Besatzung ihr Leben verloren. Das letzte deutsche Schlachtschiff war damit ausgeschaltet, endgültig. Daß sich die Engländer schwer taten, als sie ab 1942 immer wieder versuchten, die *Tirpitz* auszuschalten, war auf deren umfangreiche Sicherungsmaßnahmen zurückzuführen. Hierzu gehörten Netzsperren, um feindlichen Kleinkampfmitteln das Herankommen zu verwehren. Das Bild auf der linken Seite zeigt die *Tirpitz* 1943 im Faettenfjord (bei Drontheim) liegend. Auf dieser Seite eine Aufnahme vom Juli 1944, als sie im Kaafjord lag. Die Netzsperren sind auf beiden Bildern deutlich zu sehen. (BfZ)

Tabellarische Übersichten

Nachfolgend sind alle diejenigen Großkampfschiffe aufgelistet, die in diesem ersten Bildband abgehandelt werden. Sie alle wurden jeweils innerhalb ihrer Klassen aufgeführt, und die ihnen folgenden Kurzangaben sollen über ihren Kampfwert informieren. Diese Angaben entsprechen jeweils dem Stand, den die Schiffe *zuerst,* d. h. bei ihrer Fertigstellung hatten. Umbauten und Umrüstungen blieben hier unberücksichtigt. Nicht fertiggestellte Einheiten sind durch ein §, in Verlust geratene durch ein † gekennzeichnet.

Alle nicht mehr begonnenen Einheiten blieben – außer einigen wenigen – unberücksichtigt.

Großbritannien

Name	Bauzeit	Einsatz-verdrängung ts	Geschwin-digkeit kn	Schwere Artillerie	Mittel-artillerie	Panzerdicken Seite mm	hori-zontal mm
Lord Nelson	1905—08	17 820 bis 17 863	18,0	4—30,5 cm und 10—23,4 cm	—	305	102
Agamemnon	1905—08						
Dreadnought	1905—06	21 845	21,0	10—30,5 cm	—	279	76
Invincible †	1906—08	19 975 bis 20 125	25,0	8—30,5 cm	16—10,2 cm	152	64
Inflexible	1906—08						
Indomitable	1906—08						
Bellerophon	1906—09	22 102	20,7	10—30,5 cm	16—10,2 cm	254	76
Superb	1906—09						
Temeraire	1907—09						
Collingwood	1907—10	23 030	21,0	10—30,5 cm	20—10,2 cm	254	76
St. Vincent	1907—09						
Vanguard †	1908—10						
Neptune	1909—11	22 720	21,0	10—30,5 cm	16—10,2 cm	254	76
Colossus	1909—11	23 050	21,0	10—30,5 cm	16—10,2 cm	279	76
Hercules	1909—11						
Indefatigable †	1909—11	22 080	25,0	8—30,5 cm	16—10,2 cm	152	51
Australia	1910—13						
New Zealand	1910—12						
Orion	1909—12	25 870	21,0	10—34,3 cm	16—10,2 cm	305	102
Conqueror	1910—13						
Monarch	1910—12						
Thunderer	1910—12						
Lion	1909—12	29 680	27,0	8—34,3 cm	16—10,2 cm	229	64
Princess Royal	1910—12						
Queen Mary †	1911—13						
King George V.	1911—12	25 700	21,7	10—34,3 cm	16—10,2 cm	305	102
Centurion	1911—13						
Ausdacious †	1911—13						
Ajax	1911—13						

Name	Bauzeit	Einsatz-verdrängung ts	Geschwin-digkeit kn	Schwere Artillerie	Mittel-artillerie	Panzerdicken Seite mm	hori-zontal mm
Iron Duke	1912—14						
Benbow	1912—14						
Emperor of India	1912—14	30 380	21,0	10—34,3 cm	12—15,2 cm	305	64
Marlborough	1912—14						
Tiger	1912—14	35 160	29,0	8—34,3 cm	12—15,2 cm	229	64
Agincourt	1911—14	30 250	22,4	14—30,5 cm	20—15,2 cm	229	38
Erin	1911—14	25 250	21,0	10—34,3 cm	16—15,2 cm	305	76
Canada	1911—15	28 600	22,7	10—35,6 cm	16—15,2 cm	229	102
Queen Elizabeth	1912—15						
Valiant	1913—16						
Barham †	1913—15	33 000	25,0	8—38,1 cm	16—15,2 cm	330	76
Malaya	1913—16						
Warspite	1912—15						
Revenge	1913—16						
Ramillies	1913—17						
Resolution	1913—16	31 200	23,0	8—38,1 cm	14—15,2 cm	330	102
Royal Oak †	1914—16						
Royal Sovereign	1914—16						
Renown	1915—16	32 074 bis 32 727	29,0	6—38,1 cm	17—10,2 cm	152	89
Repulse †	1915—16						
Courageous †	1915—17	22 690	31,0	4—38,1 cm	18—10,2 cm	76	76
Glorious †	1915—17						
Furious	1915—17	22 890	31,5	2—45,7 cm	11—14 cm	76	76
Hood †	1916—20	44 700	31,0	8—38,1 cm	12—14 cm	305	76
Nelson	1922—27	28 000	23,0	9—40,6 cm	12—15,2 cm	356	159
Rodney	1922—27						
King George V.	1937—40						
Prince of Wales †	1937—41	44 460 bis 45 360	27,5	10—35,6 cm	16—13,3 cm	356	152
Duke of York	1937—41						
Howe	1937—42						
Anson	1937—42						
Vanguard	1941—46	51 420	29,5	8—38,1 cm	16—13,3 cm	356	152

Deutschland

Name	Bauzeit	Einsatz-verdrängung ts	Geschwin-digkeit kn	Schwere Artillerie	Mittel-artillerie	Panzerdicken Seite mm	hori-zontal mm
Deutschland	1903—06						
Hannover	1904—07						
Pommern †	1904—07	13 993	18,0	4—28 cm	14—17 cm	240	97
Schlesien	1905—08						
Schleswig-Holstein	1905—08						
Nassau	1907—09						
Westfalen	1907—09						
Rheinland	1907—10	20 120	19,5	12—28 cm	12—15 cm	300	58
Posen	1907—10						
Helgoland	1908—11						
Ostfriesland	1908—11						
Thüringen	1908—11	24 312	20,0	12—30,5 cm	14—15 cm	300	45
Oldenburg	1909—12						
Blücher	1907—09	17 500	24,5	12—21 cm	8—15 cm	180	70
Von der Tann	1908—10	21 802	24,8	8—28 cm	10—15 cm	250	50
Moltke	1908—11	24 999	25,5	10—28 cm	12—15 cm	270	50
Goeben	1909—12						
Seydlitz	1911—13	25 146	26,5	10—28 cm	12—15 cm	300	80
Kaiser	1909—12						
Kaiserin	1910—13						
Friedrich der Große	1910—12	26 573	21,0	10—30,5 cm	14—15 cm	350	50
Prinzregent Luitpold	1910—13						
König Albert	1910—13						
König	1911—14						
Großer Kurfürst	1911—14						
Markgraf	1911—14	28 148	21,0	10—30,5 cm	14—15 cm	350	30
Kronprinz (Wilhelm)	1912—14						
Derfflinger	1912—14	30 707	26,5				
Lützow †	1912—15	bis	bis	8—30,5 cm	14—15 cm	300	80
Hindenburg	1913—17	31 987	27,0				

Name	Bauzeit	Einsatz-verdrängung ts	Geschwin-digkeit kn	Schwere Artillerie	Mittel-artillerie	Panzerdicken Seite mm	hori-zontal mm
Bayern	1913—16	31 691 bis 31 987	22,0	8—38 cm	16—15 cm	350	120
Baden	1913—16						
Sachsen	1914						
Württemberg	1915						
Mackensen	1915—§	34 742	27,0	8—35 cm	14—15 cm	300	80
Graf Spree	1915—§						
Ersatz Freya	1915—§						
A	1915—§						
Lützow † (ex Deutschland)	1929—33	15 900 bis 16 200	26,0	6—28 cm	8—15 cm	60 bis 80	40 bis 45
Admiral Scheer †	1931—34						
Admiral Graf Spee †	1932—36						
Scharnhorst †	1935—39	38 900	32,0	9—28 cm	12—15 cm	350	105
Gneisenau †	1935—38						
Bismarck †	1936—40	50 900 bis 52 600	29,0	8—38 cm	12—15 cm	320	120
Tirpitz †	1936—41						
H	1939—§	62 497	30,0	8—40,6 cm	12—15 cm	300	120
J	1939—§						

Register

Siegfried Breyer

Großkampfschiffe 1905–1970

Eine Bilddokumentation
über die Schlachtschiffe und Schlachtkreuzer
aller Seemächte der Welt

Band 2: USA und Japan

*Während zweier Weltkriege verloren mehr als
7000 Soldaten auf amerikanischen und
japanischen Großkampfschiffen ihr Leben.
Daß dies nicht vergessen wird, ist mit ein
Anliegen dieses Buches.*

Inhalt

Einführung

Großkampfschiffe in den USA und in Japan

Als sich das alte Jahrhundert seinem Ende zuneigte, blickten die USA auf den gerade siegreich zu Ende geführten Krieg gegen Spanien zurück, einem Krieg, bei dem die Entscheidungen größtenteils auf See gefallen waren, so am 1. Mai 1898 in dem Gefecht vor Manila und am 3. Juli gleichen Jahres in der Seeschlacht bei Santiago de Cuba. In beiden Fällen vernichteten die Amerikaner die ihnen gegenüberstehenden spanischen Einheiten. Dabei war das gegenseitige Kräfteverhältnis stets ungleich: Bei Manila kämpften vier modernere amerikanische Kreuzer gegen zwei veraltete spanische Kreuzer, und bei Santiago standen vier wenig kampfstarken spanischen Panzerkreuzern vier Linienschiffe und zwei Panzerkreuzer der Amerikaner gegenüber, wobei letztere ihre artilleristische Überlegenheit voll ausspielen konnten. Dieser Krieg brachte den USA beträchtlichen territorialen Zugewinn in der Karibik und im Pazifik und begründete überhaupt die amerikanische Weltmachtstellung. Damit wurden die Aufgaben der US Navy beträchtlich vergrößert, einer Marine, welche die Politiker nach dem Ende des Bürgerkrieges hatten regelrecht verkümmern lassen und die erst in den 80er Jahren ihre Wiedergeburt erlebt hatte. Die ihr jetzt erwachsenen Aufgaben verhalfen ihr zu einem bedeutenden Aufschwung: Als das neue Jahrhundert begann, verfügte sie zwar nur über fünf Linienschiffe, aber sieben weitere befanden sich im Bau, und bis 1905 wurden die Bauorder für weitere dreizehn erteilt.

Japan, das Inselreich auf der anderen Seite des Pazifischen Ozeans, hatte in den Jahren 1894/1895 einen Waffengang mit China erfolgreich hinter sich gebracht; auch dieser Krieg war zu einem wesentlichen Teil auf See ausgetragen worden. Begonnen worden war er von Japan aus der Erkenntnis heraus, daß es gegenüber China und Rußland in eine gefahrvolle Lage zu kommen drohte – gegenüber China durch dessen Aufstieg zu einer Seemacht, und gegenüber Rußland durch dessen Vordringen in Fernost auf der Suche nach eisfreien Häfen. Dieser Krieg endete mit der militärischen Besetzung Koreas und mit der Abtretung von Formosa, der Pescadoren-Inselgruppe und Port Arthur's an Japan; er war es auch, der Japans Seeherrschaft im Nordchinesischen Meer begründete.

Die Ergebnisse dieses Krieges brachten zwangsläufig den Konflikt mit Rußland, das sich in Ostasien neue Einflußzonen zu sichern anschickte. Durch diplomatischen

Druck wurde Japan aber bald darauf gezwungen, seine Truppen aus Korea abzuziehen und Port Arthur zu räumen. Von da ab begann Japan den Ausbau seiner Militärmacht (besonders aber der Flotte) rigoros voranzutreiben und sich auf einen Krieg mit Rußland vorzubereiten, dessen expansives Vorgehen Japan um die Früchte seines Sieges über China zu bringen drohte. Dieser Krieg begann im Februar 1904 mit dem japanischen Überfall auf Port Arthur, das die Russen kurz vor der Jahrhundertwende in Besitz genommen hatten. In diesem Krieg mußte die zahlenmäßig überlegene russische Fernostflotte empfindliche Schläge hinnehmen. Zum Höhepunkt kam es am 28. Mai 1905 in der Seeschlacht vor Tsushima, die mit der vernichtenden Niederlage der Russen zu Ende ging und diese zu Friedensverhandlungen zwang. Japan hatte damit sein Ziel erreicht: Rußlands Machtstellung in Ostasien war schwer erschüttert, seine Machtmittel fast gänzlich vernichtet – die japanische Hegemonialstellung war damit errungen. Als der Krieg zu Ende ging, verfügte Japan über vier fertige und zwei im Bau befindliche Linienschiffe und konnte zudem fünf russische Linienschiffe in Dienst stellen, die als Beute zugefallen waren, womit die eigenen Verluste – zwei Linienschiffe – mehr als ausgeglichen wurden.

Lehren und Erfahrungen dieser letzten Kriege gaben für die Weiterentwicklung des Linienschiffes zum „all big gun one caliber battleship" nur beschleunigende Impulse, aber nicht erst den Anstoß. Diese Entwicklung war sozusagen vorprogrammiert und bahnte sich unausweichlich an. Bereits 1903/ 1904 – noch vor dem Ausbruch des Krieges mit Rußland – arbeiteten die Japaner an Plänen für Linienschiffe, die mit einer Bewaffnung von acht 30,5 cm-Geschützen ihrer Zeit vorauseilten. Sie waren die Vorstufe zu der noch vor der Schlacht bei Tsushima in Bau gegebenen Einheiten der *Satsuma*-Klasse, die eigentlich die ersten „all big gun one caliber battleships" der Welt gewesen wären, hätte man sie nach den ursprünglichen Plänen fertig gebaut. Für sie war eine aus 30,5 cm-Geschützen bestehende Hauptartillerie vorgesehen, die von der Stückzahl her – zwölf Rohre – alles bisherige in den Schatten stellte. Die enormen Lasten des Krieges waren jedoch die Ursache dafür, daß an den Plänen nicht festgehalten werden konnte: Schwere Geschütze mußte Japan damals noch im Ausland kaufen, und die fast gänzlich leeren Kassen zwangen zu äußerster Sparsamkeit. So kam es, daß diese Schiffe nur vier 30,5 cm statt der vorgesehenen zwölf erhielten und an Stelle der übrigen zwölf 25,4 cm-Geschütze – damit fielen diese beiden Einheiten in die Entwicklungsstufe der Übergangs-Linienschiffe zurück.

Im März 1905 bewilligte der amerikanische Kongreß die Mittel für den Bau von zwei weiteren Linienschiffen, an deren Entwürfen seit 1904 gearbeitet wurde. Ihre Bewilligung allein wäre noch kein Grund zu besonderer Aufmerksamkeit gewesen, wenn nicht gleichzeitig bekannt geworden wäre, daß ihre Hauptartillerie gegenüber den bisherigen Linienschiffen stückzahlmäßig verdoppelt wird – sie waren damit die ersten „all big gun one caliber battleships", deren Bau von den politischen Gremien bewilligt wurde – noch vor der britischen *Dreadnought*. Aber die Konstruktionsarbeiten an diesen amerikanischen Schiffen – *South Carolina* und *Michigan* – zogen sich in die Länge, weil man dort um vieles sorgfältiger und ohne jede Hektik zu Werke ging. Für Großbritannien war diese Nachricht das Signal, die Entwurfsarbeiten für die *Dreadnought* beschleunigt zum Abschluß zu bringen und ihren Bau mit allen Mitteln voranzutreiben, wobei wohl in erster Linie Prestigedenken den Anstoß für diese Hektik gab. So kam es, daß die *Dreadnought* bereits zu dem Zeitpunkt fertiggestellt wurde, als die Amerikaner ihre ersten „all big gun battleships" erst auf Kiel legten. Als diese dann zu Beginn des Jahres 1910 in Dienst kamen, vollzog Großbritannien schon den zweiten Schritt, den Übergang zum „Super-Dreadnought", dessen Attribut die Kalibersteigerung der schweren Artillerie war.

Japan mußte in dieser Entwicklung wohl oder übel mithalten, um seine gerade eben errungene Vormachtstellung in Fernost zu wahren und zu sichern. Dort wurden 1909 die beiden ersten „all big gun battleships" auf Kiel gelegt, die jene Hauptbewaffnung erhielten, welche für die *Satsuma*-Klasse vorgesehen war. Zwar mußten auch jetzt noch die Geschütze und die Maschinen im Ausland gekauft werden, aber den Japanern gelang es außerordentlich schnell, sich den technologischen Standard der großen Industrienationen anzueignen und sich vom Ausland unabhängig zu machen. 1912 konnten sie ihre ersten Großkampfschiffe, *Settsu* und *Kawachi*, in Dienst stellen.

Damit hatte das Wettrüsten im Schlachtschiffbau, das „thinkung in battleships", auch auf die außereuropäische Welt übergegriffen. Die weitere Entwicklung bei diesen beiden Pazifik-Seemächten vollzog sich nahezu in kontinuierlichen Bahnen. Die USA gaben bis 1910 sechs weitere Großkampfschiffe in Bau und gingen ab 1911, dem britischen Vorgehen folgend, zum Typ des „Super-Dreadnought" über, die mit 35,6 cm-Geschützen bestückt wurden. Japan folgte sofort: 1911 wurde in Großbritannien der Schlachtkreuzer *Kongo* auf Kiel gelegt (er war das letzte Kriegsschiff, das Japan im Ausland bauen ließ), und nach seinem Entwurf entstanden mit nur geringem zeitlichen Verzug drei weitere Einheiten auf eigenen Werften – sie alle erhielten ebenfalls 35,6 cm-Geschütze. Dieses Kaliber wurde auch bei den vier Großkampfschiffen beibehalten, welche in den Jahren 1912 bis 1915 in Bau gegeben wurden. Während in Europa der Krieg den Großkampfschiffbau so gut wie völlig zum Erliegen gebracht hatte, konnten die beiden Pazifik-Seemächte – deren Verhältnis zueinander auf wachsende Gegnerschaft zusteuerte – ungehemmt ihre Arbeiten fortsetzten. Im Februar 1916 kam es in Japan zur Annahme des sogenannten „8/8-Planes", der den Bau von je acht Schlachtschiffen und Schlachtkreuzern vorsah. Dieser Plan war bereits 1910 formuliert vorgelegt worden, konnte aber aus finanziellen Gründen nicht verwirklicht werden. Vorläufig bewilligte das japanische Parlament nur Mittel für zwei Einheiten, *Nagato* und *Mutsu*, deren Inbaugabe sich jedoch verzögerte, weil ihre Pläne auf Grund der Lehren von Skagerrak geändert werden mußten. Sie waren die ersten Großkampfschiffe, die mit Geschützen von 40,6 cm Kaliber bewaffnet wurden, die man dort – unberührt vom Krieg – in aller Stille entwickelt und gebaut hatte.

Die amerikanische Antwort ließ nicht lange auf sich warten: Im Sommer 1916 bewilligte der Kongreß ein umfangreiches Flottenbauprogramm, das den Bau von zehn Schlachtschiffen und sechs Schlachtkreuzern ermöglichte. Hierbei gingen auch die Amerikaner zu 40,6 cm-Geschützen über. Zunächst aber konnte nur ein einziges dieser neuen Schlachtschiffe, die *Maryland*, begonnen werden. Die Ursache lag in der starken Belastung der amerikanischen Schiffbauindustrie durch den Bau zahlreicher Zerstörer, die im Atlantik gegen die deutschen U-Boote gebraucht wurden. So mußte der Bau von neun Schlachtschiffen zunächst zurückgestellt werden, und gleiches widerfuhr auch den sechs Schlachtkreuzern, deren Pläne auf Grund der Skagerrak-Erfahrungen ebenfalls geändert werden mußten.

Die Verwirklichung dieses Programms konnte daher in den USA erst nach Kriegsende in Angriff genommen werden. Verständlicherweise hegte man in Großbritannien wenig Sympathien für das amerikanische Flottenbauvorhaben, das – wenigstens aus britischer Sicht – darauf hinauslief, die Royal Navy zu überflügeln und ein neues Flottenwettrüsten auszulösen. Damit kam zwischen den beiden angelsächsischen Seemächten Verstimmung auf, die sich noch vertiefte, als die USA einsehen mußten, daß ihre bisherigen Verbündeten kaum geneigt waren, an der Schaffung der von dem amerikanischen Präsidenten postulierten absoluten Freiheit auf den Meeren mitzuwirken. Die amerikanische Reaktion darauf war eindeutig – es wurden nicht nur drei weitere Schlachtschiffe in Bau gegeben, sondern auch die Vorbereitungen getroffen, um 1920 die übrigen sechs Schlachtschiffe und die sechs Schlachtkreuzer zu beginnen. Dieser Schritt rief in Großbritannien Enttäuschung und Verbitterung hervor, zugleich aber auch Überlegungen, wie den amerikanischen Absichten durch ein eigenes Bauprogramm begegnet werden kann.

Weitaus mehr als Großbritannien fühlte sich aber Japan bedroht. Seine Reaktion war ein neues „8/8-Programm", das im Sommer 1920 bewilligt wurde und festlegte, daß die künftige aktive Schlachtflotte aus je acht Schlachtschiffen und Schlachtkreuzern zu bestehen hat, von denen kein Schiff älter als acht Jahre ist (gerechnet vom Zeitpunkt seiner Fertigstellung ab.) So wurden im gleichen Jahr die zwei Schlachtschiffe der *Tosa*-Klasse und zwei Schlachtkreuzer der *Akagi*-Klasse, im Jahr darauf zwei weitere Schlachtkreuzer der *Akagi*-Klasse auf Kiel gelegt, und ab 1922 war die Inbaugabe von weiteren acht Schlachtschiffen - die letzten vier davon mit 45,7 cm-Geschützen - zu erwarten.

In dieser Situation, dicht an der Schwelle eines Wettrüstens von gigantischen Ausmaßen, fanden die seit Kriegsende immer lautstärker formulierten Forderungen nach allgemeiner Abrüstung zunehmend Resonanz, und es kam schließlich - auf amerikanische Initiative hin - zu der Flottenkonferenz von Washington, die Ende 1921 zusammentrat und zwischen den drei Teilnehmern - Großbritannien, den USA und Japan - zur Einigung im Sinne der amerikanischen Vorschläge führte. Dieses Vertragswerk sah für die USA und Japan im einzelnen folgendes vor:

☐ Aufgabe der laufenden Bauprogramme und Abbruch aller im Bau befindlichen Großkampfschiffe, wobei jedem der beiden Staaten die Fertigstellung von je zwei Schlachtkreuzern als Flugzeugträger zugestanden wurde.

☐ Begrenzung der in Dienst zu behaltenden Großkampfschiffe auf 18 bzw. 10 Einheiten

☐ Aussonderung aller überzähligen Großkampfschiffe einschl. der noch vorhandenen Vor-Dreadnought-Linienschiffe.

☐ Zehnjährige Baupause für Großkampfschiffe.

☐ Qualitative Beschränkungen für Großkampfschiff-Neubauten*).

Beide Mächte hielten sich durchaus an diese Vertragsbestimmungen und mußten sich auf Jahre hinaus mit den vorhandenen Groß-

---

*) Einzelheiten bei Breyer, Schlachtschiffe und Schlachtkreuzer 1905-1970, München 1970, Seite 85ff.

15

kampfschiffen zufriedengeben. Das war für sie der Anlaß, diese nach und nach von Grund auf zu modernisieren.

Der 1930 zustandegekommene Londoner Flottenvertrag berührte zwar in der Hauptsache den Kreuzerbau, aber er hatte auch Auswirkung auf die Großkampfschiffe:
☐ Die Baupause wurde bis 1936 verlängert. Die Bestandszahlen wurden den schon im Washington-Abkommen zugrundegelegten Verhältniszahlen von 5:5:3 für Großbritannien:USA:Japan angeglichen – und das bedeutete die Verringerung auf 15 bzw. neun Einheiten und die Aussonderung der überzähligen Schiffe.

Dieses Flottenabkommen war das letzte, dem Japan beitrat. Seine Bestrebungen gingen von jetzt ab darauf hinaus, die durch die beiden Flottenverträge – in denen Japan eher eine Knebelung sah – stark eingeschränkte Vormachtstellung im Fernen Osten wiederzugewinnen.

Nach Ablauf der Baupause nahmen alle Großmächte den Schlachtschiffbau wieder auf, zuerst in Europa. Ende Oktober 1937 legten die Amerikaner ihren ersten Neubau – die *North Carolina* – auf Kiel, nur wenige Tage später folgte Japan mit der *Yamato*. Anders als die USA – die sich in bezug auf die qulita-

tiven Eigenschaften auch weiterhin an die Verträge gebunden fühlten – ging Japan vor: Nicht nur, daß es von jetzt an seinen Flottenbau unter striktester Geheimhaltung durchführte, nicht nur, daß es im Gegensatz zu fast allen anderen Groß-Seemächten keinerlei Informationen über seine Neubauten bekanntgab – es überschritt mit diesen Schlachtschiffen auch weitaus die zulässigen Werte von Wasserverdrängung und Hauptkaliber und schuf damit die stärksten Schlachtschiffe, die es jemals gegeben hatte. Nacheinander wurden vier Einheiten auf Kiel gelegt, der Bau eines fünften vorbereitet, und für zwei weitere, noch stärkere die Pläne vorbereitet. Auch zwei Schlachtkreuzer waren vorgesehen.

Die von den USA in Bau gegebenen Schlachtschiffe der *North Carolina*-Klasse und die ihr im Jahr 1939 folgenden Einheiten der *South Dakota*-Klasse galten als Ersatzbauten für die sechs ältesten Schlachtschiffe. Ihnen folgten sechs 45000 ts-Schlachtschiffe (*Iowa*-Klasse), die ab 1940 auf Kiel gelegt wurden, nachdem Mitte 1938 hierfür die vertragspolitischen Voraussetzungen geschaffen worden waren, durch die ein Hinaufgehen auf 45000 ts möglich wurde.

In dieser Zeit wuchsen diesseits und jenseits des Pazifiks zwei Schlachtschiff-Klassen der Superlative heran:

In der japanischen *Yamato*-Klasse entstanden die stärksten Schlachtschiffe der Welt,

in der amerikanischen *Iowa*-Klasse die schnellsten Schlachtschiffe, die es jemals gegeben hatte.

Ziel des japanischen Super-Schlachtschiffbaus war es, die USA unter massiven Druck zu setzen:

Den Kampfwert dieser Super-Schlachtschiffe hofften die Japaner derart gesteigert zu haben, daß es selbst den wirtschaftlich und industriell auf höchster Stufe stehenden USA schwerfallen mußte, dieser Entwicklung zu folgen.

Darüber hinaus sollte die US Navy dadurch gezwungen werden, etwaige „Antwortbauten" so groß zu bemessen, daß diese den strategisch wichtigen Panamakanal nicht benutzen konnten.

Mit dem im Sommer 1940 durchgebrachten „Zwei Ozean-Flottenbaugesetz" brachten die USA Japan um den Effekt seines Vorhabens: Dieses Gesetz ermöglichte den USA eine derart große Flottenvermehrung, daß die Frage nach Passagefähigkeit des Panamakanals kaum noch ins Gewicht fiel. Hatten die USA bei ihrem bisherigen Groß-Kriegsschiffbau grundsätzlich auf Erfüllung dieser Forderung Wert gelegt, so verzichteten sie darauf jetzt erstmals bei den 60000 ts-Super-Schlachtschiffen (*Montana*-Klasse), deren Bau durch dieses Gesetz ermöglicht wurde.

Als am 7. Dezember 1941 Japans Überfall auf Pearl Harbor den Krieg mit den USA auslöste, belief sich das Kräfteverhältnis an Schlachtschiffen auf 10:17 zu Gunsten der USA. Japan konnte nach dem Kriegsausbruch nur zwei Schlachtschiffe neu in Dienst stellen, die USA brachten es hingegen auf acht und zwei Schlachtkreuzer zusätzlich. Am Ende des Krieges hatten die Japaner alle ihre Schlachtschiffe bis auf ein einziges verloren, die Amerikaner nur zwei. Eine entscheidende Rolle hatten die Schlachtschiffe jedoch in diesem Krieg nicht mehr gespielt, weder auf der einen noch auf der anderen Seite. Ihr Zeitalter war inmitten des Krieges zu Ende gegangen.

Großkampfschiffe
der amerikanischen Marine

Der amerikanische Schritt zum „all big gun battleship"

In den Jahren 1901 bis 1905 wurden in den Vereinigten Staaten insgesamt 13 Linienschiffe auf Kiel gelegt, von denen jedes zusätzlich zu seiner schweren und mittleren Artillerie noch mit acht Geschützen eines Zwischenkalibers — 20,3 cm — bestückt war. Höhepunkt und Endpunkt zugleich jenes Entwicklungsabschnittes waren die sechs Einheiten der *Connecticut*-Klasse, von der hier die *New Hampshire* zu sehen ist, hier schon mit den charakteristischen Gittermasten, die vielfach auch als „paper basket masts" = Papierkorb-Masten bezeichnet wurden. Die Bezeichnung „Gittermast" war jedoch sachlich falsch: In Wirklichkeit handelte es sich nicht um eine Gitterkonstruktion, sondern um einen Vielrohrmast, der um die oben und unten haltenden Ringe gegeneinander verdreht war, so daß ein Rotations-Hyperboloid entstand. Diese Masten blieben teils bis in den zweiten Weltkrieg hinein ein kennzeichnendes Merkmal für amerikanische Schlachtschiffe. [USN (Sammlung Breyer)]

Nicht die britische *Dreadnought,* sondern sie wären die beiden ersten „all big gun battleships" gewesen, hätte man ihren Bau mit der gleichen Hektik wie in Großbritannien durchgeführt: die amerikanischen Schlachtschiffe *South Carolina* (BB 26) und *Michigan* (BB 27). Daß sie erst nach der *Dreadnought* fertiggestellt wurden, lag daran, daß man ihre Entwurfs- und Konstruktionsarbeiten sehr viel sorgfältiger durchführte. Vergleichsweise zu *Dreadnought* war sie überaus fortschrittlich; das zeigte sich sowohl in der Verteilung und Bemessung der Panzerung wie in der Aufstellung der schweren Artillerie, und zwar

nach einem Schema, das sich bis in die Gegenwart hinein als das günstigste erwiesen hat. Hier eine Aufnahme der *Michigan* vom 10. April 1913. Hinter dem achteren Schornstein sind Signalflaggen zum Trocknen aufgehängt. Die Ringe um die Schornsteine kennzeichnen die Divisionszugehörigkeit innerhalb der Schlachtflotte: Die *Michigan* gehörte derzeit der dritten Division (drei Ringe um den vorderen Schornstein) an und nahm innerhalb derer den zweiten Platz (zwei Ringe um den achteren Schornstein) ein. Diese Ringe hatten schwarze Farbe.

[USN (Sammlung Breyer)]

Als im April 1921 diese Aufnahme der *South Carolina* entstand, hatte sie nur noch wenige Monate aktive Dienstzeit vor sich. Schon im September darauf wurde sie außer Dienst gestellt und bald darauf gestrichen und abge-

wrackt. Insgesamt trennte sich die US Navy nach dem ersten Weltkrieg von 23 Vor-Dreadnought-Linienschiffen und vier Großkampfschiffen. [USN (BfZ)]

Überschreiten der 20.000 ts-Marke

Mit der 1907 begonnenen *Delaware*-Klasse überschritten die Amerikaner im Kriegsschiffbau erstmals die 20 000-ts-Marke. Beibehalten wurden sowohl das Kaliber der Hauptartillerie wie auch deren ideale Aufstellung, doch schob man noch einen fünften Turm ein, um — dem Trend jener Zeit folgend — die Rohrzahl zu steigern. Im Gegensatz zur *South-Carolina*-Klasse gab man diesen Schiffen wieder eine Mittelartillerie, zwar keine sechszölligen Geschütze wie allgemein üblich, sondern solche von 12,7 cm Kaliber — eine Größe, an der man im Schlachtschiffbau bis zuletzt festhielt. Hier ist die *Delaware* (BB 28) aus der Luft aufgenommen zu sehen. Zeitpunkt der Aufnahme: 1918 oder danach, keineswegs früher, und zwar deshalb, weil auf den erweiterten Plattformen der Kranpfosten bereits Flak postiert sind, wie hier deutlich zu sehen ist. Ganz achtern ist ein Sonnensegel gesetzt. [USN (BfZ)]

US-Schlachtschiffe bei der britischen Grand Fleet

Die *Delaware* war ab November 1917 zur VI. Battle Squadron der britischen Grand Fleet detachiert und in Scapa Flow stationiert. Anfang Juli 1918 verlegte sie nach Rosyth, wo diese Aufnahme entstanden ist. Ende Juli verließ die *Delaware* ihre britische Basis und kehrte — von den britischen Zerstörern *Restless* und *Rowena* gesichert — in die USA nach Hampton Roads zurück. Als der Krieg zu Ende ging, lag sie in der Marinewerft Boston zur Überholung. Wenige Jahre später ist sie dann abgewrackt worden. [I.W.M. (BfZ)]

Kriegsbedingte Änderungen auf amerikanischen Schlachtschiffen

Die *Florida* gehörte zur ersten Generation amerikanischer „all big gun battleships". Genau wie ihre Vorgänger *Delaware* und *North Dakota* hatte auch sie ihre schwere Artillerie in fünf Türmen, die auch im gleichen Schema aufgestellt waren. Äußerlich unterschied sich die *Florida* von ihren Vorgängern dadurch, daß ihre beiden Schornsteine zwischen den hohen Gittermasten standen. Das obere Bild zeigt die *Florida* nach ihrer von 1919 bis 1920 durchgeführten Überholung. Auf den Türmen B und C und auf der Decke des Kommandostandes befinden sich schon Entfernungsmeßgeräte, auch sind die 7,6-cm-Flak erkennbar, die auf den erweiterten Plattformen der Kranpfosten postiert wurden. Im Hintergrund ist das alte Lazarettschiff *Relief* zu sehen. Nächste Seite oben die *Utah* während des ersten Weltkrieges, versuchsweise ausgerüstet mit sog. „range finding baffles", wie sie zur gleichen Zeit vielfach auch auf britischen Großkampfschiffen vorhanden waren. Ihr Effekt sollte noch durch den eigenwilligen Tarnanstrich unterstützt werden, der so angelegt war, daß waagerechte Linien aufgelöst wurden. [USN (BfZ)]

Nach ihrem Umbau Mitte der 20er Jahre kehrten die Schlachtschiffe *Florida* und *Utah* wieder zur Atlantikflotte zurück. Bald darauf zeigten sie sich auch in Europa und liefen dabei auch Kiel an, wo diese Aufnahme der *Utah* am 5. Juli 1930 entstanden ist. Schon bald darauf wurden beide Schiffe außer Dienst gestellt. Die *Florida* verfiel den Schneidbrennern, aber die *Utah* wurde zum ferngelenkten Zielschiff umgebaut. Eines der eigenwilligsten Merkmale amerikanischer Schlachtschiffe aus jener Periode waren die auf den schweren Türmen aufgebauten Katapulte, auf denen bis zu zwei Bordflugzeuge in Zurrstellung gefahren wurden, wie auf diesem Bild zu sehen ist. [Schäfer (BfZ)]

Nachdem die *Utah* zum Zielschiff hergerichtet worden war, diente sie seit 1935 auch für die Ausbildung von Fla-Bedienungen an leichten Fla-Waffen und für diverse Fla-Waffenversuche. Die Erfolge von Flugzeugen gegen Kriegsschiffe schon in den beiden ersten Kriegsjahren führten in der US Navy dazu, die Ausrüstung ihrer Kriegsschiffe mit zusätzlichen Flak zu forcieren. Um die dafür notwendige Ausbildungskapazität herzustellen, wurde die *Utah* im Sommer 1941 in die Puget-Sound-Werft geschickt, wo sie jetzt auch mit schweren Flak ausgerüstet wurde. Dieses am 18. August 1941 aufgenommene Bild zeigt sie in dieser Werft bei der Nachrüstung. Man sieht hier noch die verbliebenen schweren Türme (von denen die Geschützrohre bereits zehn Jahre zuvor ausgebaut worden waren) und die Barbetten der übrigen Türme. Vorn und achtern sind auf ihnen 12,7-cm-Flak aufgebaut worden, weitere 12,7-cm-Flak befinden sich auf den seitlich überstehenden Erkern der früheren Mittelartillerie. Nur die hinteren 12,7-cm-Flak haben Turmschilde, alle anderen sind ungeschützt. Hier erhält die *Utah* gleichzeitig einen neuen Farbanstrich. Schon wenige Monate nach dieser Aufnahme sank sie in Pearl Harbour, nachdem sie von zwei japanischen Flugzeugtorpedos getroffen worden war. [USN (Sammlung Terzibaschitsch)]

Schlachtschiffe mit sechs schweren Türmen

Wyoming und *Arkansas* waren die letzten Vertreter der ersten Generation amerikanischer „all big gun battleships". Auch sie hatten noch 30,5-cm-Geschütze erhalten, doch war deren Stückzahl wiederum um zwei Rohre angehoben worden, so daß zusammen zwölf Rohre verfügbar waren. Die Silhouette dieser Schiffe entsprach derjenigen von *Florida* und *Utah,* aber mit dem Unterschied, daß die dicht zusammengedrängten Gittermasten und Schornsteine weiter vorn als bei jenen angeordnet waren, was durch die Zwischenschaltung eines weiteren schweren Turmes be- wirkt wurde. Von querab gesehen erweckten diese Schiffe den Eindruck, als gehöre das Achterschiff mit den beiden letzten Türmen gar nicht zu ihnen. Die Aufnahme der *Arkansas* macht dies deutlich. Sie befindet sich hier offen- bar noch auf einer Werftprobefahrt. Das Gerüst auf dem vorletzten Turm könnte für Meßzwecke errichtet worden sein. Das Bild der nächsten Seite zeigt die *Wyoming* am 25. Juli 1919 mit jenen Änderungen, die im Kriege vor- genommen worden waren.   [USN (BfZ)]

Die *Wyoming* diente seit Anfang der 30er Jahre als Schulschiff und hatte seither nur noch drei ihrer schweren Türme an Bord, zusammen sechs Rohre. Diese behielt sie bis in den zweiten Weltkrieg hinein. Von 1942 ab wurde das Schiff vornehmlich für die Ausbildung von Flak-Bedienungen herangezogen. Aus diesem Grunde erfolgte der Einbau von immer mehr neuzeitlichen Fla-Waffen, die im wesentlichen auf seitlichen Positionen aufgestellt wurden. Je länger der Krieg dauerte, um so mehr nahm die Bedrohung aus der Luft zu, und die Folge war eine stetige Steigerung des Bord-Luftabwehr-Potentials. Dies wiederum erforderte die Ausbildung einer ebenso stetig wachsenden Anzahl von Bedienungsmannschaften. So kam es dazu, daß auch die Positionen der schweren Türme für die Aufstellung von Fla-Waffen benötigt wurden. Aus diesem Grunde ersetzte man 1944 diese schweren Türme durch weitere 12,7-cm-Flak, und nur wenig später erfolgte auch der Ausbau des vorderen Gittermastes. An seine Stelle kam ein einfacher Pfahlmast. Im letzten Stadium ihrer Entwicklung zeigte die *Wyoming* eine asymmetrische Gestaltung: Nur an Steuerbord waren 12,7-cm-Türme postiert, während solche auf der Backbordseite (mit Ausnahme einiger 12,7-cm-Einzellafetten ohne Schutzschilde) fehlten. Das oberste Bild stammt von 1942 und zeigt die *Wyoming* mit den 12,7-cm-Einzel- und Zwillingstürmen an der Steuerbordseite, aber immer noch mit den drei schweren Türmen. Das nächste Bild ist am 17. Juni 1943 aufgenommen worden; hier bietet sich die *Wyoming* im gleichen Zustand dar wie zuvor, während das letzte Bild — dieses stammt von Ende 1944 — sie nach ihrem letzten Umbau zeigt, ohne die schweren Türme und an Stelle des Gittermastes nur noch mit einem einfachen Pfahlmast. Man sieht auch die auf den Positionen der schweren Türme postierten Fla-Waffen.
[USN (Sammlung Terzibaschitsch 2, Sammlung Breyer 1)]

28

Die *Arkansas* war während des zweiten Weltkrieges das älteste amerikanische Schlachtschiff, das noch operativ eingesetzt wurde, obwohl es keineswegs mehr in einem hinreichenden Erhaltungszustand war. Dennoch wurde es für „würdig" befunden, noch einmal modernisiert zu werden. Hierbei büßte es den alten Gittermast über der Brücke ein, an dessen Stelle ein Dreibeinmast errichtet wurde.

Darüber hinaus hatte man die Mittelartillerie reduziert und die Fla-Bewaffnung verstärkt. Beide Bilder zeigen die *Arkansas* nach diesem letzten Umbau, oben etwa 1942, darunter am 1. Juli 1943 im Atlantik, wo sie längere Zeit im Konvoi-Sicherungsdienst eingesetzt war.

[USN (Sammlung Terzibaschitsch, Sammlung Breyer)]

Die nächste Schlachtschiff-Generation

New York und *Texas* leiteten eine neue Generation im amerikanischen Schlachtschiffbau ein: Mit ihnen folgte die US Navy dem europäischen Trend der Kalibersteigerung: Sie erhielten 35,6-cm-Geschütze, aber nur zehn an der Zahl, nachdem zunächst ein Superlativ — fünfzehn 30,5 cm — zur Diskussion gestanden hatte. Diese beiden Schiffe läuteten damit in den USA die Periode von „Super-Dreadnought's" ein. Hier eine Probefahrtaufnahme der *Texas,* auf deren achterem Gittermast noch die Abschlußplattform fehlt. [USN (BfZ)]

Als in Europa der erste Weltkrieg ausbrach, waren *Texas* und *New York* die neuesten und stärksten Schlachtschiffe, über die die US Navy verfügte. Nachdem die USA am 6. April 1917 in den Krieg gegen die Mittelmächte eingetreten waren, stellten sie bald danach sechs ihrer Großkampfschiffe nach Europa zur britischen Grand Fleet ab, die dort die VI. Battle Squadron formierten. Drei weitere Großkampfschiffe wurden zum Schutze der nordatlantischen Seeverbindungen nach Südirland verlegt und stützten sich dort auf die Bantry Bay. Zur VI. Battle Squadron gehörten u. a. *New York* und *Texas.* Hier die *Texas,* 1918 aufgenommen, vermutlich in Rosyth. [IWM (BfZ)]

Als der erste Weltkrieg zu Ende gegangen war, erhielt die *Texas* auf den Türmen B und D je eine „flying-off platform" nach britischen Vorbildern. Mit dieser wurden Versuche mit Flugzeugen dreier verschiedener Fabrikate unternommen. Der erste Start erfolgte am 9. März 1919 mit einer britischen Sopwith „Camel". Eine gleiche Anlage erhielt nur noch das Schlachtschiff *Oklahoma*. Eine serienmäßige Einführung wurde jedoch abgelehnt, da sie von der US Navy für unzureichend gehalten wurde. Deshalb suchte man nach eigenen Wegen und leitete frühzeitig die Entwicklung von Katapulten ein. Die auf dem Turm B der *Texas* aufgebaute Startplattform zeigt das obere Bild; auf ihr ist eine Sopwith „Camel" abgestellt. Zwischen den beiden Scheinwerfern über der Brücke befindet sich eine der bis in die 30er Jahre für US-Schlachtschiffe charakteristisch gebliebenen „range clocks". Die untere Aufnahme zeigt die *Texas* mit beiden Plattformen und je einer Sopwith „Camel" auf ihnen.

[USN (BfZ, Sammlung Terzibaschitsch)]

Mitte der 20er Jahre wurden *Texas* und *New York* grundmodernisiert. Ihre Kessel erhielten Ölfeuerung, der De-
fensivschutz wurde u. a. durch den Anbau von Torpedowulsten verbessert, die alten Gittermasten gegen Dreibeinmasten ausgewechselt. Seitdem führten die Schiffe nur
noch einen einzigen Schornstein. Hinzu kamen diverse
Verbesserungen bei der Mittelartillerie und der Flak sowie neue Feuerleitanlagen. All dies brachte eine beträchtliche Gewichtsvermehrung mit sich. Dadurch verschlech-
terten sich ihre See-Eigenschaften erheblich — sie waren

nicht nur langsamer geworden, sondern auch härter in
den Ruderbewegungen und außerordentlich naß. Ihre Roll-
bewegungen waren nur schwer zu ertragen und brachten
es mit sich, daß oft Wasser in die Kasematten eindrang.
Beide Schiffe sind hier nach ihrer Modernisierung zu sehen, oben die *Texas* vor 1935 (weil die Fla-Plattformen
auf dem Mars des vorderen und auf der Saling des achteren Mastes noch fehlen), darunter die *New York,* und
zwar nach 1935 — bei ihr sind diese Plattformen schon
installiert.   [USN (BfZ und Sammlung Terzibaschitsch)]

Die *New York* war das erste amerikanische Schlachtschiff mit einer Radar-Anlage: Im Dezember 1938 erhielt sie zu Versuchszwecken die vom Naval Research Laboratory entwickelte großflächige XAF-Antenne, die über der Brücke eingebaut wurde, welche hier innerhalb des Kreises sichtbar ist.   [USN (BfZ)]

Von Verstärkungen der Fla-Bewaffnung und wechselnden Radar-Installationen abgesehen, änderte die *Texas* ihre seit der Modernisierung von 1925 bis 1927 gültige Erscheinungsform kaum noch. Das obere Bild zeigt sie am 15. März 1942 im Atlantik, nachdem sie seit 1941 zur Deckung von Konvois abgestellt worden war. Hier führt sie bereits den Zweifarbenanstrich jener Zeit. Unten eine Aufnahme etwa aus der gleichen Zeit. Man erkennt hier deutlich die „SC"-Radarantenne über dem Vormars, die auf dem oberen Bild kaum zum Vorschein kommt.

[USN (Sammlung Breyer),
IWM (Sammlung Terzibaschitsch)]

Übergang zur „all or nothing"-Panzerung

Die immer größer werdende Wirksamkeit schwerer Geschützkaliber, hauptsächlich durch verbesserte Feuerleitmittel und Schießverfahren, führte in den Vereinigten Staaten schon frühzeitig zu Überlegungen, inwieweit zukünftig zu bauende Großkampfschiffe in ihren lebenswichtigen Bereichen gegen verheerende Treffer immun gemacht werden können. Die Lösung dieses Problems versprachen sich die Amerikaner durch die „all or nothing protection"-These: Durch Einsparungen an gepanzerten Flächen sollten nur diejenigen Einrichtungen stärkstmöglichen Schutz erhalten, auf die es zur Erhaltung der Gefechtswerte unbedingt ankam, nicht zuletzt im horizontalen Bereich. Das verursachte selbstverständlich einen enormen Gewichtszuwachs: Belief sich bei *Texas* und *New York* das Gewicht des gesamten Horizontalpanzers auf

nur 1322 ts, so kletterte dieser Anteil bei den ersten „all or nothing protection"-Schlachtschiffen — *Nevada* und *Oklahoma* — auf 3291 ts (also auf fast 2000 ts mehr), und im Gesamt-Panzergewicht standen 8120 ts gegen nunmehr 11 162 ts. Gleichwohl wuchs das Deplacement nur geringfügig an: Auf diesen Schiffen kehrte man wieder zum Aufstellungsschema der *South-Carolina*-Klasse zurück, also zu je zwei Türmen vorn und achtern, wobei man für die Endpositionen Drillingstürme (die ersten, die auf amerikanischen Kriegsschiffen eingebaut wurden) wählte, so daß man zehn Rohre zur Verfügung hatte. Diese Aufnahme zeigt die beiden Schlachtschiffe der *Nevada*-Klasse, begleitet von weiteren Großkampfschiffen, während eines Manövers in stürmischer See. Aufgenommen wurde dieses Bild etwa 1919.   [Sammlung Breyer]

Von August bis Dezember 1918 war die *Oklahoma* zum Schutze der nordatlantischen Seeverbindungen in der Bantry Bay in Irland stationiert. Zu dieser Zeit führte sie diese eigenartig anmutende Tarnbemalung, die derjenigen von *Utah* sehr ähnlich war (siehe Seite 25). Das vorderste 12,7-cm-Geschütz war hier bereits ausgebaut. Die 12,7- cm-Geschütze dahinter sind gut erkennbar. Sie alle standen im Hauptdeck und hatten keinerlei Panzerschutz. Dort schossen sie aus Öffnungen heraus, die durch Klappen geschlossen wurden. Von den letzten vier sind hier die Klappen gefallen. Auf Turm C ist eine der 1918 eingebauten 7,6-cm-Flak zu sehen [USN (BfZ)]

In der zweiten Hälfte der 20er Jahre wurden alle älteren Schlachtschiffe bis einschließlich zur *Pennsylvania*-Klasse modernisiert. Zu diesen gehörten auch *Nevada* und *Oklahoma*. Als sie nach fast zweijähriger Umbauzeit wieder zur Flotte zurückkehrten, kannte man sie kaum mehr wieder: Ihr Äußeres wurde jetzt nicht mehr von den „paper basket"-Masten beherrscht, sondern von mächtigen, sehr breitspurig aufgestellten und betont wuchtig erscheinenden Dreibeinmasten. Außerdem hatten sie Torpedowulste erhalten, wodurch ihre Breite um knapp 4 m angewachsen

war. Diese Bilder wurden bei Manövern aufgenommen: Links die *Oklahoma* im Atlantik zusammen mit weiteren Schlachtschiffen, oben die *Nevada* vor Cuba. Auf beiden Schiffen haben die schweren Türme nach Steuerbord geschwenkt. Diese Aufnahmen sind Anfang der 30er Jahre entstanden, denn beide Schiffe führen ganz achtern noch den einfachen Ladebaum für das Anbordnehmen der Bordflugzeuge; erst später wurde dieser gegen den charakteristischen Wippkran ausgetauscht. [BfZ]

Weil nach gleichem Design modernisiert, unterschieden sich *Nevada* und *Oklahoma* nur in Nuancen voneinander: Im Bereich des Schornsteines, der Brückenaufbauten und auch der Masten. Auf größere Entfernungen waren sie von 1935 bis 1940 an der Fla-Waffen-Plattform zu unterscheiden, die nur *Nevada* über dem dreigeschossigen Marsleitstand des achteren Mastes erhalten hatte. Auf *Oklahoma* wurde eine solche Plattform erst 1940 errichtet. Das obere Bild zeigt die *Nevada* im Jahr 1937 mit der *Oklahoma* im Hintergrund. Ebenso schwierig war es, die

Nevada-Klasse von der *Pennsylvania*-Klasse auseinanderzuhalten, hauptsächlich bei Perspektiven wie diesen hier. Gezeigt wird auf dem unteren Bild die *Arizona,* ebenfalls in den 30er Jahren. Allein am vorderen Dreibeinmast findet sich ein auf größere Entfernungen hin brauchbares Unterscheidungsmerkmal, um das Schiff in die *Pennsylvania*-Klasse einzuordnen — gemeint ist der Plattformkranz dicht unterhalb des Marsleitstandes, den die Schiffe der *Nevada*-Klasse in dieser Form nie hatten.

[Sammlung Breyer und BfZ]

Einen völlig anderen Anblick bot die *Nevada,* nachdem ihre in Pearl Harbor erlittenen Schäden behoben und sie dabei gleichzeitig modernisiert worden war. Mit Ausnahme der Hauptbewaffnung war dabei über Oberdeck alles erneuert worden, die Aufbauten ebenso wie die Sekundärbewaffnung. Mit dem aus dem Schornsteinmantel herausragenden dicken und nach hinten geneigten Rauchrohr bot sie einen geradezu bizarren Anblick — interessant zwar, aber auch abnorm häßlich. Das obere Bild entstand am 15. Dezember 1942 in der Marinewerft Puget Sound, wenige Wochen vor der Wiederindienststel-lung. Schon bald danach war die *Nevada* wieder im Einsatz, zuerst bei der Operation „Landcrab", der Rück-eroberung der Aleuten-Insel Attu, bald danach im Mittel-atlantik-Konvoi-Sicherungsdienst. Das untere Bild ist im Juni 1944 vor der Normandieküste aufgenommen worden, wo die *Nevada* als eines jener drei amerikanischen Schlachtschiffe eingesetzt war, die mit ihrer schweren Artillerie die Landung unterstützten. Allein die *Nevada* feuerte dort mit ihrer schweren Artillerie 1216mal, mit ihren 12,7-cm-Geschützen gar 3531mal.

[USN (Sammlung Breyer, Sammlung Terzibaschitsch)]

Weiteres Anwachsen der Kampfkraft

Die nächsten beiden Schlachtschiffe, *Pennsylvania* und *Arizona,* entsprachen im wesentlichen der *Nevada*-Klasse. Aber abweichend von jenen war man dazu übergegangen, die gesamte schwere Artillerie in Drillingstürmen anzuordnen, wodurch die Stückzahl wieder auf zwölf Rohre erhöht werden konnte. Das Kaliber blieb das gleiche, die Schutzeinrichtungen im Prinzip ebenfalls. Dies sind die beiden achtersten Türme der *Pennsylvania,* dahinter der achtere Gittermast. Die auf den schweren Rohren aufgebauten kleinkalibrigen Geschütze dienten für Ausbildungszwecke. Dieses Bild dürfte bald nach der Indienststellung entstanden sein, da sich der achtere Mast noch im Original-Zustand befindet. [BfZ]

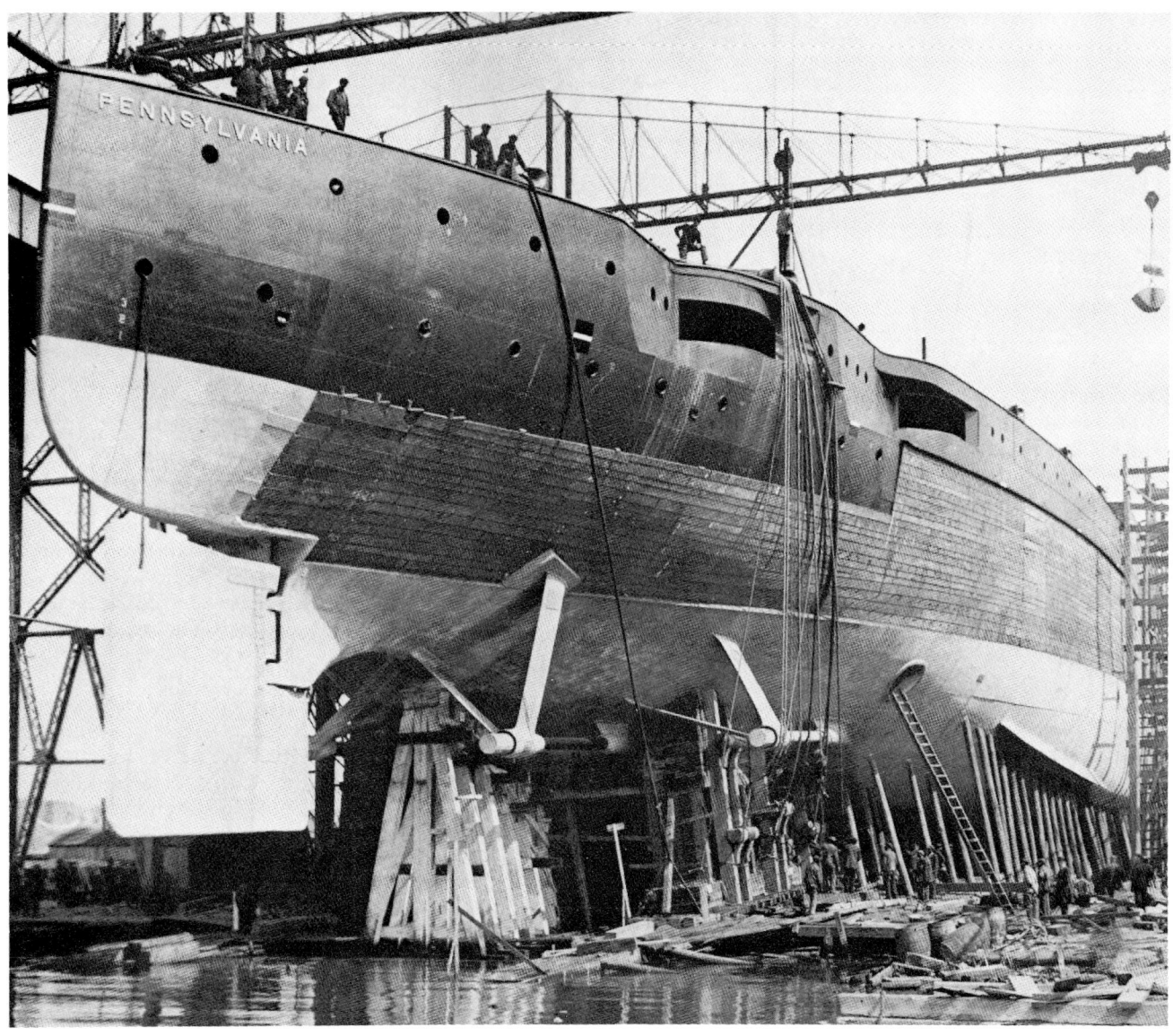

Als die Newport News Shipbuilding & Dry Dock Co. in Newport News/Virginia der Erteilung des Bauauftrages für ihre Baunummer 171 — dem Schlachtschiff *Pennsylvania* — entgegensah, galt dieses im Pressevokabularium als „the most powerful battleship of the world". Aber das beruhte auf einem Irrtum: Inzwischen war Großbritannien zu einem noch stärkeren Geschützkaliber übergegangen und hatte die Schlachtschiffe der *Queen-Elizabeth*-Klasse in Auftrag gegeben (siehe Band 1 dieser Reihe, Seiten 50—52). Als die *Pennsylvania* am 16. März 1915 vom Stapel lief, befand sich die *Queen Elizabeth* schon seit zwei Monaten im Dienst. Dieses Bild wurde am 16. März 1916 aufgenommen, wenige Stunden bevor die *Pennsylvania* zu Wasser gelassen wurde. An den Wellen fehlen noch die Propeller, während das großdimensionierte Halbschweberuder bereits montiert ist. Der Außenpanzer fehlt noch ganz; wo er vorgesehen ist, läßt sich hier gut erkennen. Sichtbar ist hier auch eines der Unterwasser-Torpedorohre (gegen seine Mündung ist eine Leiter gelehnt). Gleich dahinter beginnt der Schlingerkiel. An den Öffnungen für die beiden steuerbordhintersten 12,7-cm-Geschütze fehlen noch die Blenden. [Sammlung Breyer]

43

Glimpflich davongekommen war die *Pennsylvania* bei dem Überfall auf Pearl Harbor. Sie lag dort gerade in einem Trockendock und wurde nur von einer einzigen Bombe getroffen, die jedoch keine allzu großen Schäden verursachte. Sie konnte rasch instand gesetzt werden und war im April 1942 wieder einsatzbereit. Ihr Äußeres war weitgehend unverändert geblieben, wenn man von der Nachrüstung an Fla-Waffen absieht. Aber dann ist auch sie modernisiert worden, und zwar beginnend im Herbst 1942 bis Februar 1943. Als sie die Marinewerft Mare Island verließ, war sie kaum wiederzuerkennen: Der vordere Dreibeinmast war drastisch gekürzt, der achtere ganz ausgebaut, die Brückenaufbauten modifiziert worden. Vor allem war die Nebenbewaffnung völlig neu, außerdem hatte man neue Feuerleitanlagen und Radargeräte installiert. All dies wurde in einer wahrhaften Rekordzeit erreicht — der gesamte Umbau dauerte nur wenig länger als ein Vierteljahr. Unter friedensmäßigen Bedingungen wäre solches kaum unter zwei Jahren erreichbar gewesen. Diese Gesamtaufnahme zeigt die *Pennsylvania* vermutlich im Sommer 1943 oder danach, weil der achtere Mast von diesem Zeitpunkt ab mit der großen CXAM-Radarantenne bestückt war. [Sammlung Breyer]

Für die Verteidigung von Oahu, der wichtigsten Insel der Hawaii-Gruppe, wurden während des zweiten Weltkrieges eine Anzahl schwerer Schiffsgeschütze der Armee übergeben und in Küstenstellungen eingebaut, so die acht 20,3-cm-Zwillingstürme der Flugzeugträger *Lexington* und *Saratoga*. Eine wesentliche Verstärkung waren dann zwei 35,6-cm-Drillingstürme, die von der gesunkenen *Arizona* geborgen und dann ebenfalls auf Oahu aufgestellt wurden. Hier ist einer der *Arizona*-Türme an Land aufgebaut bei einer Schießübung im August 1945 zu sehen. [United States Naval Institute Proceedings]

Ihre alten Schlachtschiffe hatten die Amerikaner während des Krieges zu sogenannten „Fire Support Groups" zusammengefaßt: Mit ihrer präzise feuernden Artillerie pflügten sie das feindliche Terrain buchstäblich quadratmeterweise um, bevor die Truppe landete. Meist fand diese dann nur noch geringen Widerstand vor und konnte schnell Fuß fassen. Wo aber die Schiffsartillerie nicht mehr hinreichte, versteifte sich der feindliche Widerstand zusehends — und dann mußte er gewöhnlich aus der Luft niedergekämpft werden. Diese „Fire Support Groups" boten schon einen imposanten Anblick, wenn sie — wie hier — andampften. Im Vordergrund die modernisierte *Pennsylvania,* dahinter *West Virginia* und *Colorado.*

[Sammlung Breyer]

Die *Pennsylvania* galt innerhalb der US Navy als das Schlachtschiff mit dem höchsten Munitionsverbrauch innerhalb einer einzigen Operation: Im Zuge des Angriffs auf Guam feuerte ihre schwere Artillerie 1800 Salven, und ihre Mittelartillerie brachte es sogar auf 10 000. Dabei blieb es für sie keineswegs die einzige derartige Operation: Bei weiteren Unternehmungen im Zuge des großen „Inselspringens" ebnete ihre Artillerie noch oft genug der landenden Truppe den Weg. Solchen hohen Beanspruchungen war selbstverständlich auf die Dauer kein Geschützrohr gewachsen — je stärker es ausgeschossen war, um so mehr verringerten sich die Reichweite und die Treffgenauigkeit. Als die *Pennsylvania* Anfang 1945 zur Grundüberholung in der Marinewerft Puget Sound eingetroffen war, erhielt sie dort neue 35,6-cm-Rohre, die übrigens aus den Reservebeständen für *Oklahoma* und *Nevada* stammten. Aus jener Zeit stammt dieses Bild, das die *Pennsylvania* in einem Schwimmdock liegend zeigt. Im Vordergrund der bei der Modernisierung errichtete Fla-Waffen-Heckstand.   [Newport News Dry Dock Co.]

Konsequente Weiterentwicklung

Mit den drei Einheiten der *New-Mexico*-Klasse ging die amerikanische Marine auf dem seit der *Nevada*-Klasse beschrittenen Weg konsequent weiter: Standkraft, Schlagkraft und Antrieb entsprachen im wesentlichen den Vorgängern. Bei der Hauptartillerie — diese bestand wie bei der *Pennsylvania*-Klasse aus zwölf Rohren in Drillingstürmen — war man zu einem längeren Rohr übergegangen, wodurch ihre Mündungsarbeit gegenüber dem bisherigen Modell beträchtlich gesteigert wurde. Neu war auch die Bugform, die im Schlachtschiffbau bis zuletzt beibehalten und eine Zeitlang auch auf Kreuzer-Neubauten praktiziert wurde. Dieses Bild zeigt die *New Mexico* nach 1922, wie sich auf Grund mannigfaltiger Änderungen in Detailbereichen unschwer erkennen läßt, so an den die Masten umrundenden Plattformen und auch an den bereits installierten Katapulten. Die vordersten 12,7-cm-Kasemattgeschütze fehlen bereits, ihre Vonbordgabe war bereits 1920 erfolgt. Die vorderen Kasematten litten an dem gleichen Grundübel wie viele Schlachtschiffe anderer Nationen — sie waren zu naß, und zwar um so mehr, je höher die Fahrtstufe war. Das große „E" an der Außenfront des Kommandostandes bedeutet „Efficiency", eine Auszeichnung für Schiffe mit besonders hohem Ausbildungsniveau ihrer Besatzungen. Deutlich sieht man hier auch die auf den Katapulten in Zurrstellung gefahrenen Bordflugzeuge, ein Bild, das für amerikanische Schlachtschiffe in der Zwischenkriegszeit, teilweise sogar bis Kriegsende, charakteristisch war. Übrigens waren die Turm-Katapulte nicht selbständig schwenkbar, sondern nur mit ihren Türmen zusammen.

[Sammlung Breyer]

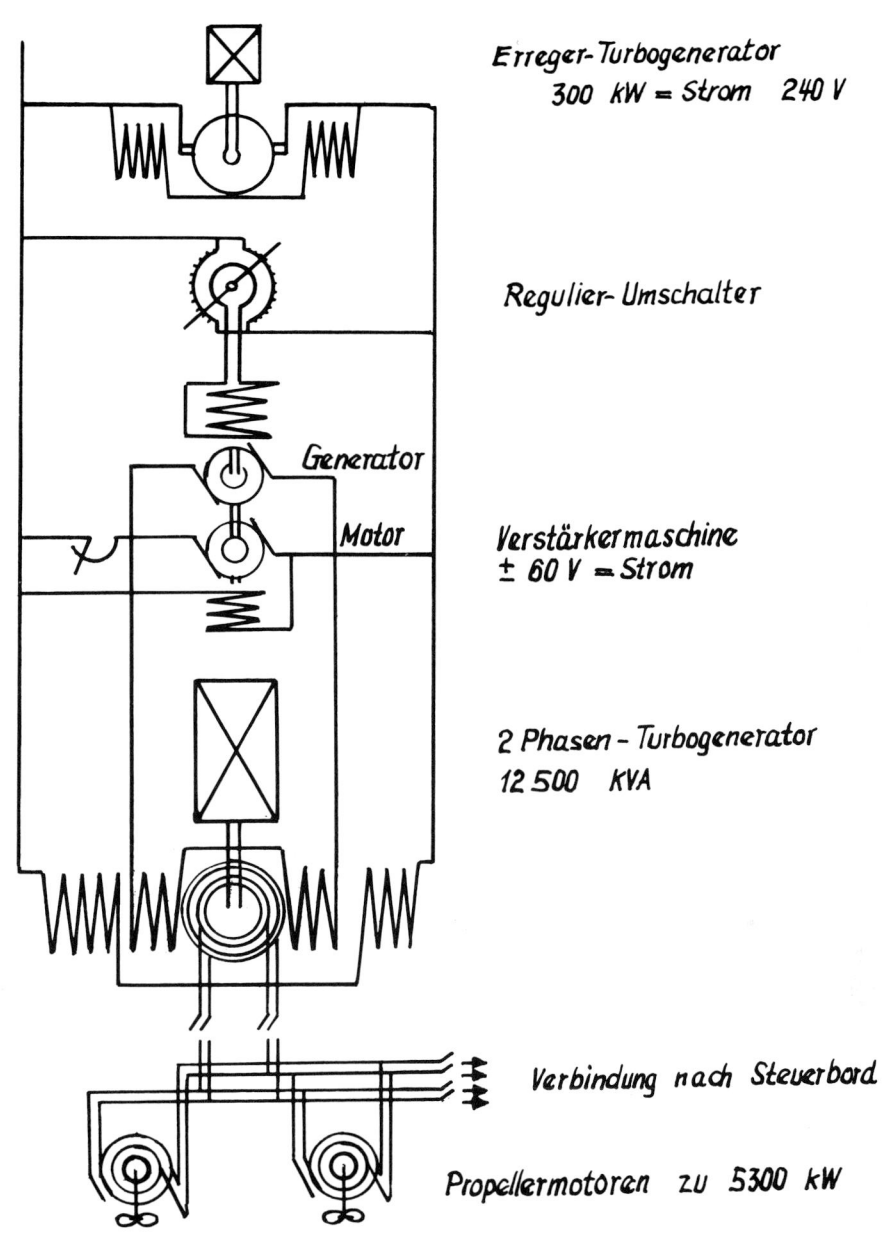

Erreger-Turbogenerator
300 kW = Strom 240 V

Regulier-Umschalter

Generator

Motor

Verstärkermaschine
± 60 V = Strom

2 Phasen - Turbogenerator
12500 KVA

Verbindung nach Steuerbord

Propellermotoren zu 5300 kW

Das Typschiff *New Mexico* sollte zuerst wie seine Schwesterschiffe direkt wirkenden Turbinenantrieb erhalten. Da man zum Zeitpunkt seiner Inbaugabe jedoch schon über recht zufriedenstellende Erfahrungen mit dem elektrischen Melville-Mecalpine-Untersetzungssystem verfügte, entschloß man sich zu Turbinen mit elektrischer Untersetzung. Wie dieses System geschaltet war, verdeutlicht diese schematische Darstellung, die einer amerikanischen Veröffentlichung aus den 20er Jahren entnommen wurde.

[Zeichnung: Verfasser]

Nachdem in der zweiten Hälfte der 20er Jahre die älteren Schlachtschiffe bis einschließlich *Pennsylvania*-Klasse modernisiert worden waren, folgten ab Anfang der 30er Jahre die drei Einheiten der *New-Mexico*-Klasse. Für sie wurden jedoch nicht Dreibeinmasten (wohl waren solche bei den ersten Umbau-Entwürfen vorgesehen!) kennzeichnend, sondern eine sehr hohe, turmförmige Kompakt-brücke. Diese und der jetzt achtern neu errichtete Pfahlmast bestimmten nunmehr das Erscheinungsbild dieser Klasse. Diese Aufnahme stammt vom Sommer 1937 und zeigt zwei Schiffe von ihr in San Pedro/California vor Anker liegend, vorn die *Idaho*. Ganz hinten ist die *Texas* zu sehen, als solche erkennbar an der 1935 aufgesetzten Fla-Waffenplattform über dem Vormars.   [BfZ]

Das charakteristische Bild einer amerikanischen Flottenschau der 30er Jahre, die gewöhnlich im Anschluß an Seemanöver stattfanden. Diese Aufnahme datiert vom 31. Mai 1934 und zeigt einen Teil der Schlachtflotte mit der *Mississippi* im Vordergrund, deren Besatzung an Deck parademäßig angetreten ist. Neben einigen Troßschiffen sind im Hintergrund auch die Flugzeugträger *Lexington* und *Saratoga* zu erkennen. Vergleicht man dieses Bild mit dem der *New-Mexico*-Klasse in ihrem Urzustand, so wird deutlich, wie umfassend dieser Umbau gewesen ist.
[USN (Sammlung Terzibaschitsch)]

Im Juli 1941 lösten amerikanische Streitkräfte die auf Island stationierten britischen Einheiten ab. Zu den amerikanischen Kriegsschiffen, die von diesem Zeitpunkt ab im Hvalfjord bei Reykjavik zur Sicherung der Dänemarkstraße gegen Ausbruchsversuche deutscher Überwasserstreitkräfte zusammengezogen wurden, gehörte neben dem Flugzeugträger *Wasp*, drei Kreuzern und einer Anzahl von Zerstörern auch das Schlachtschiff *Mississippi*. Hier eine Aufnahme von ihr aus jenen Wochen. Im Hintergrund die charakteristische Landschaft Islands. Zu diesem Zeitpunkt waren die 12,7-cm-Flak bereits durch Splitterschutzwände geschützt, die hier deutlich zu sehen sind. Sonst hat sich an dem äußeren Bild des Schlachtschiffes noch nicht viel geändert. [BfZ]

Die *Idaho* am 24. Dezember 1942 vor der Puget Sound-Werft kurz vor Abschluß einer Überholung. Man sieht auf ihr neue Feuerleitgeräte (vorn und achtern), diverse Flak-Verstärkungen sowie das Fehlen des Katapultes auf Turm C, an dessen Stelle man eine Plattform mit einigen leichten Flak errichtet hat. Außerdem fehlen die 12,7-cm-Kasemattgeschütze der Mittelartillerie, die beiderseits neben dem Schornstein installierten schweren Kräne sowie die zahlreichen Beiboote, deren Plätze ebenfalls von Fla-Waffen belegt worden sind. Dieses Bild läßt auch die ungewöhnlich große Höhe des Schornsteines deutlich werden, die einen ungehinderten und schnellen Abzug der Rauchgase sicherstellen und Störeffekte auf der Brücke und auf den Leitständen vermeiden sollte. [BfZ]

Die letzte „klassische" Seeschlacht — Schlachtschiffe gegen Schlachtschiffe — wurde im Oktober 1944 geschlagen. Diese entwickelte sich während der Operationen um Leyte, als zwei von Süden her im Anmarsch befindliche japanische Kampfgruppen von amerikanischen Flugzeugen erfaßt wurden. Gegen diese konzentrierten die Amerikaner am nördlichen Zugang der Surigao-Straße starke Flottenstreitkräfte, darunter sechs alte Schlachtschiffe. In ihrem zusammengefaßten Feuer sank dabei das japanische Schlachtschiff *Yamashiro* (siehe Seite 129). Dies war der letzte Schlagabtausch von Schlachtschiffen untereinander! Zu jenen sechs alten amerikanischen „battle waggons" gehörte auch die *Mississippi,* die hier im Oktober 1944 — kurz vor dieser Schlacht — vor Manus (Admiralitätsinseln) vor Anker liegt. Im Hintergrund zwei Geleitflugzeugträger und zahlreiche amphibische Transporter und Versorgungsschiffe. Zu dieser Zeit hatte die *Mississippi* auf dem Schornstein eine Schrägkappe. [BfZ]

Die letzte „klassische" Seeschlacht

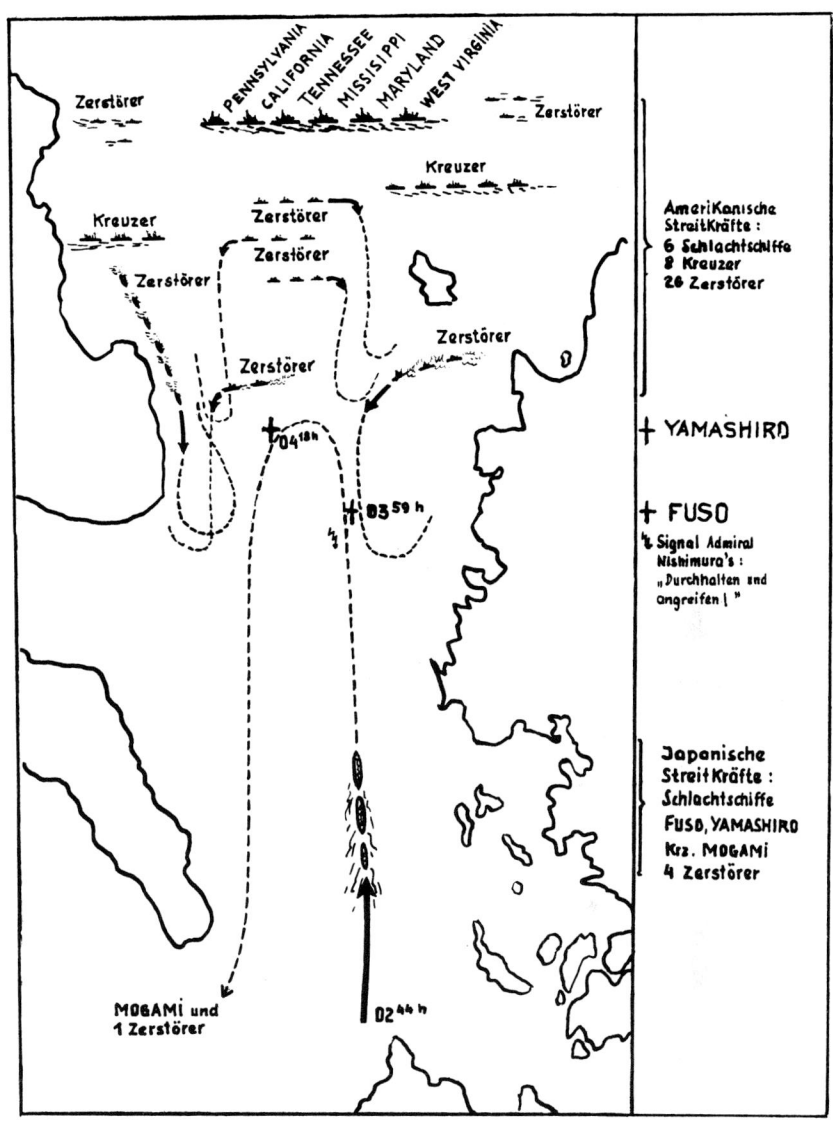

Die Seeschlacht in der Surigao-Straße in ihrem zeitlichen Ablauf. Im Norden die Support Force der 7. US-Flotte mit acht Kreuzern und 26 Zerstörern sowie — als Rückhalt — sechs alte Schlachtschiffe; im Süden zwei anmarschierende japanische Kampfgruppen, die eine unter Vizeadmiral Nishimura mit zwei Schlachtschiffen, einem Kreuzer und vier Zerstörern, die andere unter Vizeadmiral Shima mit drei Kreuzern und sieben Zerstörern. Um 2.44 Uhr erreichen die Japaner den Südzugang zur Surigao-Straße und werden bald von zahlreichen amerikanischen Torpedo-Schnellbooten angegriffen, doch können sie diese meist abwehren. Als dann US-Zerstörer angreifen und auf beiden japanischen Schlachtschiffen Torpedotreffer erzielen, gibt Vizeadmiral Nishimura den Befehl „Durchhalten und angreifen!" Eines seiner getroffenen Schlachtschiffe, die *Fuso*, bleibt um 3.59 Uhr sinkend liegen, kurz nachdem zunächst die US-Kreuzer und dann auch die Schlachtschiffe eingriffen. Ihr Feuer konzentriert sich auf das übriggebliebene japanische Schlachtschiff *Yamashiro*, die um 4.18 Uhr sinkt. Der Rest der Japaner macht kehrt. Um etwa 5.00 Uhr war die *Fuso* von der Wasseroberfläche verschwunden. [Zeichnung: Verfasser]

Hochkonjunktur
bei der Schrottindustrie

Bald nach dem Ende des zweiten Weltkrieges reduzierten die Amerikaner ihren Flottenbestand rigoros. Hunderte von Schiffen wurden außer Dienst gestellt, viele davon gestrichen und abgewrackt, insbesondere jenes Material, das veraltet war. Was nicht für Versuche aufgebraucht worden ist, wurde zu Schrott verarbeitet. Damals herrschte bei den Abwrackbetrieben Hochkonjunktur, wie auf diesem Bild zu sehen ist, das den Abbruch von gleich drei Großkampfschiffen zeigt. Entstanden ist das Bild im Frühjahr 1946 in Port Newark, New Jersey. Im Vordergrund die *New Mexico* (schon bis auf das Panzerdeck abgebrochen), dahinter ihr Schwesterschiff *Idaho* und diesem gegenüber die *Wyoming*.   [Sammlung Breyer]

Für die *Mississippi* brachte die Nachkriegszeit eine neue Verwendung. Sie wurde 1946/47 zum Artillerieschul- und Versuchsschiff umgebaut und trat somit die Nachfolge der *Wyoming* an. Mit Ausnahme des Endturmes verlor sie dabei die übrigen schweren Türme. Dafür erhielt sie eine Anzahl von 12,7-cm-Flak in Einzel- und Zwillingstürmen, deren Aufstellungsschema übrigens gänzlich unsymmetrisch war. Dieses Bild zeigt das Schiff etwa 1947, noch in der Werft im Umbau. Man sieht vorn die Barbetten der ausgebauten 35,6-cm-Drillingstürme, an Steuerbord einen 12,7-cm-L/38-Zwillingsturm und an Backbord zwei in gestaffelter Anordnung postierte 12,7-cm-L/54-Einzeltürme. Später hat man auf der Position des einstmaligen vorderen Turmes einen der neuen, für die Fla-Kreuzer der *Worcester*-Klasse bestimmten 15,2-cm-L/47-Doppelturm aufgesetzt, und wiederum einige Zeit danach wurde die *Mississippi* zum Testschiff für das „Terrier"-Schiff/Luft-FK-Waffensystem hergerichtet. Als solches beschloß sie am 31. Juli 1956 mit ihrer Außerdienststellung ihre nahezu 40 Jahre lange Dienstzeit [Sammlung Breyer]

Neues Antriebssystem eingeführt

Mit der *Tennessee*-Klasse kehrten die Amerikaner zu Zwei-Schornstein-Schlachtschiffen zurück — dies war der wichtigste sichtbare Unterschied zu den vorausgegangenen Schlachtschiff-Klassen. Mit ihren Vorfahren, den Schiffen der *New-Mexico*-Klasse, hatten *Tennessee* und *California* vieles gemeinsam, hauptsächlich die Artilleriebewaffnung und das Schutzsystem. Was auf dem Klassenschiff *New Mexico* zunächst nur als Prototyp-Anlage gegolten hatte, erhielten diese Neubauten serienmäßig: Die elektrisch betriebene Untersetzung der Turbinen. Für sie hatte man sich trotz erheblicher Nachteile (u. a. größerer Gewichts- und Raumbedarf, schwierige Isolierung gegen Nässe, gefährlich hohe Stromspannungen) entschieden, da ihre Vorteile (besondere Rückwärts-Turbinen überflüssig, Rückwärtsleistung gleich der vollen Vorwärtsleistung, schnelleres Umschalten u. a. m.) einen höheren Stellenwert zu haben schienen. Dies ist die *Tennessee*. Auf dem Turm-Katapult zwei Curtiss-SOC 3-Bordflugzeuge. [BfZ]

Auch die *Tennessee* war durch den japanischen Angriff stark mitgenommen worden, wenn auch nicht in jenem Maße wie ihr Schwesterschiff *California*. Ihre Reparatur wurde unverzüglich begonnen, im März 1942 war sie wieder einsatzbereit. Den achteren Gittermast hatte man dabei abgebaut, an seiner Stelle wurde ein turmähnlicher Aufbau mit einem einfachen Pfahlmast dahinter errichtet. Das obere Bild zeigt die *Tennessee* in jenem Zustand, in dem sie bis zum Spätsommer 1942 blieb. Ihr Turm C hat hier nach Backbord geschwenkt. Die 12,7-cm-Flak stehen hinter Splitterschutzwänden. Die *California* hingegen konnte erst im März 1942 geborgen werden und verlegte im Juni darauf, nach provisorischer Reparatur, mit eigener Kraft in die Marinewerft Puget Sound. Auf dem unteren Bild ist sie beim Verlassen von Pearl Harbor zu sehen. Auf ihr fehlen beide Gittermasten. Nur provisorischen Charakter hatte der über den Brückenaufbauten errichtete Signalmast.

[Sammlung Breyer, Sammlung Terzibaschitsch]

Hätten sie bei ihrer Modernisierung auch noch einen neuen Vorsteven erhalten, würde man sie überhaupt nicht mehr wiedererkannt haben — aber auch so war es 1943 schwer genug, die *Tennessee* wiederzuerkennen, als sie erstmalig nach ihrer tiefgreifenden Modernisierung aus der Werft zurückkam. Bei dieser Modernisierung waren die Amerikaner höchst radikal vorgegangen: Sie schufen aus dem alten „battle waggon" ein nahezu neues Schlachtschiff, von dem eigentlich nur der Rumpf, die Antriebsanlage und die Hauptbewaffnung „alt" waren. Ein wenig erinnerten die *Tennessee* und die *California* — die nach gleichem Design modernisiert worden war — an die neuen Schlachtschiffe der *South-Dakota*-Klasse, besonders wenn man sie von querab zu sehen bekam. Diese beiden Bilder zeigen die *Tennessee* aus verschiedenen Perspektiven, oben am 8. Mai 1943, gerade als sie die Umbauwerft verläßt. Hier fehlt noch ein Teil ihrer Radarausstattung. Die untere Aufnahme zeigt die *Tennessee* bereits im Einsatz.

[USN (Sammlung Breyer, Sammlung Terzibaschitsch)]

Überaus wertvolle Dienste konnten die alten Schlacht-schiffe noch leisten, nachdem die Amerikaner ihren Schock über die japanischen Anfangserfolge überwunden hatten und von der Defensive in die Offensive übergegangen waren. Mit dem massierten Feuer ihrer präzise schießen-den Artillerie machten sie eine Bastion nach der anderen sturmreif. Bei der Niederkämpfung von Punktzielen war es oftmals so, daß man hierfür überhaupt Schiffsartillerie einsetzen mußte, weil Angriffe aus der Luft nicht zum ge-wünschten Erfolg führten. Es ist daher unstrittig, daß ge-rade den alten Schlachtschiffen ein erheblicher Anteil an den Erfolgen der amerikanischen amphibischen Kriegfüh-

rung gebührt. Hier erfüllten sie eine Aufgabe, für die sie von ihrer Entwicklung her ganz und gar nicht ausersehen waren. Noch wenige Jahre zuvor hätte man in den Flot-tenstäben nur ein mitleidiges Lächeln für jene übrig ge-habt, die einen solchen Wandel vorauszusagen gewagt hätten. Küstenbeschießungen — das waren bis dahin Auf-gaben, die nur gelegentlich und nur in Ausnahmefällen gestellt werden durften. Diese Aufnahme zeigt die *Ten-nessee* im Einsatz, offenbar auf Bombardementsposition, mit allen schweren Türmen nach Backbord geschwenkt.
[BfZ]

Der Übergang zum 40,6 cm-Kaliber

Mit der *Maryland*-Klasse schufen die Amerikaner ihren ersten „non plus ultra"-Typ im Schlachtschiffbau. Damit reagierten sie auf eine japanische Herausforderung: In dem erstarkenden fernöstlichen Inselreich hatte man eine weitere Kalibersteigerung herbeigeführt und ein 40,6-cm-Geschütz entwickelt, mit dem zwei erste Schlachtschiffe bewaffnet werden sollten. Es war dies das stärkste Kaliber für ein neuzeitliches Schiffsgeschütz, das bis dahin entstanden war. So ging man auch in den USA zu diesem Kaliber über, für das die *Maryland*-Klasse konzipiert wurde. Äußerlich wurde sie das genaue Abbild der *Tennessee*-Klasse. Ursprünglich bestand diese aus vier Einheiten, aber von ihnen wurden nur drei fertiggestellt. Das bereits recht weit vorangekommene vierte Schiff, die *Washington,* fiel jedoch den Bestimmungen des 1922 abgeschlossenen Flottenabkommens zum Opfer und wurde von der Fertigstellung ausgeschlossen. Den Amerikanern diente es deshalb als willkommene Testplattform für An-

sprengversuche, gegen die sie sich als äußerst resistent erwies: Nachdem sie bei den Versuchen durch eine Reihe von Nah-Explosionen regelrecht „geschockt" worden war und dennoch ihre Schwimmfähigkeit nicht eingebüßt hatte, machten 14 Treffer von 35,6-cm-Granaten ihrem Dasein ein Ende. Wie weit die *Washington* gediehen war, als sie vom Baustopp betroffen wurde, macht das obere Bild deutlich, das am 5. April 1922 entstanden ist: Schornstein und Brückenaufbauten stehen bereits, der hintere Gittermast befindet sich in der Anfangsmontage. Die Barbetten der schweren Türme hat man hier provisorisch geschlossen. Deutlich sichtbar ist der schwere Seitenpanzer. Im Hintergrund ist eine geschlossene Helling der Bauwerft erkennbar. Die Aufnahme rechts stammt aus den frühen 30er Jahren: Hier läuft die *West Virginia* — von Schleppern bugsiert — in ihren Stützpunkt ein. Die kantigen 40,6-cm-Zwillingstürme beherrschen aus dieser Perspektive das Bild. [BfZ]

Die *Maryland* verlegte nach dem Angriff auf Pearl Harbor Ende Dezember 1941 mit eigener Kraft in die Puget Sound-Marinewerft nach Bremerton (Washington) zur Reparatur. Dort befand sich bereits seit dem Sommer die *Colorado* zu einer Grundüberholung. Im Frühjahr 1942 wurden beide Schiffe wieder einsatzbereit. Ihr äußeres Erscheinungsbild hatte sich jetzt gewandelt: Die obere Hälfte des achteren Gittermastes hatte man gekappt, zahlreiche zusätzliche Fla-Waffen waren aufgestellt worden. 1943 wurden beide Schiffe nochmals modernisiert:

Hierbei verloren sie auch die untere Hälfte ihres achteren Gittermastes, an seiner Stelle wurde ein mehrgeschossiger, turmförmiger Aufbau mit einem einfachen Pfahlmast davor errichtet. Außerdem erfolgten noch einmal diverse Verstärkungen, zum Teil auch Umgruppierungen bei der Fla-Bewaffnung. Hier drei Aufnahmen dieser Schiffe, sämtlich vom 11. August 1942 datierend: Oben die *Maryland*, darunter die *Colorado* und noch einmal die *Colorado* genau von oben.

[Sammlung Breyer]

Die *West Virginia* wurde im Frühjahr 1942 geborgen und danach einem Totalumbau nach dem Vorbild von *Tennessee* und *California* unterzogen. Im Sommer 1944 wurde die *West Virginia* dann wieder einsatzbereit. Von da ab war sie nur noch an ihren Zwillingstürmen von *Tennessee* und *California* zu unterscheiden, wenn man von kleineren Unterschieden in der leichten Flak-Bewaffnung einmal absieht. Auf dem oberen Bild ist die *West Virginia* kurz nach ihrer Wiederindienststellung zu sehen, in der Nähe der Puget Sound-Werft in Bremerton liegend, äußerlich noch ohne Einsatzspuren. Das untere Bild stammt vom 22. Juli 1945. Hier hat der Zensor die Radarantennen wegretuschieren lassen — ein gar seltener Fall innerhalb der US Navy, die auch im Krieg sehr informationsfreudig war. [USN (Sammlung Terzibaschitsch)]

So sah die *Maryland* bei Kriegsende aus. Von einem Totalumbau hatte man bei ihr abgesehen, weil die seinerzeit
in Pearl Harbor erlittenen Schäden nicht so schwer waren, als daß sie längere Zeit zur Reparatur in der Werft
hätte zubringen müssen, was — wie in anderen Fällen —
gleichzeitig einen Totalumbau ermöglicht hätte. So änderte das Schiff seine frühere Erscheinungsform nur geringfügig. Gleiches galt auch für ihr Schwesterschiff *Colorado*.
[USN (Sammlung Terzibaschitsch)]

Neue Super-Schlachtschiffe
werden nicht fertiggestellt

Kaum war der erste Weltkrieg zu Ende gegangen, setzte zwischen Japan und den Vereinigten Staaten ein bedrohliches Wettrüsten zur See ein, das auch auf andere Staaten überzugreifen begann. Höhepunkt war auf amerikanischer Seite eine Sechserserie von Schlachtschiffen, die alles bisher Gewesene in den Schatten stellen sollten: Bei 43 200 ts Konstruktionsverdrängung waren für sie neben stärkster Panzerung zwölf 40,6-cm-Geschütze in Drillingstürmen vorgesehen, dazu erstmals nach mehr als zwanzigjähriger Unterbrechung wieder eine aus 15,2-cm-Geschützen bestehende vollwertige Mittelartillerie. Zur Fertigstellung dieser Super-Schlachtschiffe ist es allerdings nicht mehr gekommen. Man opferte sie dem allgemeinen Abrüstungsbedürfnis, indem man auf sie — gestützt auf den 1922 in Washington abgeschlossenen Flottenvertrag — verzichtete. Zu dieser Sechserserie gehörte die *Montana*, deren Kiellegung am 1. September 1920 auf der Marinewerft Mare Island erfolgt war. Als über sie der Baustopp verhängt wurde, waren die Arbeiten an ihr zu 28 % vorangekommen. Die Aufnahme rechts ist im Frühjahr 1922 gemacht worden, einem Zeitpunkt, da schon nicht mehr an dem Neubau gearbeitet wurde. Im Jahr darauf ist er an Ort und Stelle abgebrochen worden. Auf dem Bild auf Seite 64 oben eine künstlerische Darstellung eines Schiffes dieser Klasse, wie es hätte aussehen sollen.
[Sammlung Breyer]

Dem Typ des Schlachtkreuzers stand die amerikanische Marine zunächst ablehnend gegenüber. Erst unter dem Eindruck der vermeintlich guten Kriegserfahrungen mit ihm entschloß sie sich ebenfalls zum Bau solcher Schiffe, zumal in der Zwischenzeit sowohl in England als auch im Deutschland an Schlachtkreuzer-Neubauten gearbeitet wurde. So wurden dann im Rahmen des Flottenbauprogramms für 1916 sechs solcher Schiffe bewilligt. Jedes von ihnen sollte rund 35 000 ts verdrängen, 34 kn schnell sein und mit zehn 35,6-cm-Geschützen bewaffnet werden. Als die Pläne fertig waren, kam es zu der Seeschlacht vor dem Skagerrak, in deren Verlauf die Engländer drei und die Deutschen einen Schlachtkreuzer verloren. Deshalb entschloß man sich in Verkennung der wahren Verlustursachen — soweit es die britischen Schiffe betraf — zu einer stärkeren Hauptbewaffnung und damit zu einer Umkonstruktion. Nunmehr waren für sie je acht 40,6-cm-Ge-

schütze vorgesehen, während die Schutzeinrichtungen im wesentlichen so blieben, wie sie zuerst vorgesehen waren. Zur Verwirklichung dieses neuen Entwurfes kam es indessen nicht. Statt dessen entschloß man sich nochmals zu einer völlig neuen Entwurfsbearbeitung, denn eine gründliche Analysierung der Kriegserfahrungen hatte mittlerweile eindeutig ergeben, daß das rasche Ende der drei britischen Schlachtkreuzer letztlich auf ihre allzuschwachen Schutzeinrichtungen und damit auf mangelnde Standfestigkeit zurückzuführen war. Die Neubearbeitung dieses dritten Entwurfes wurde erst 1920 abgeschlossen, und unverzüglich danach erfolgte die Inbaugabe der sechs Schiffe, deren Verdrängung jetzt auf über 43 000 ts angestiegen war. Wie diese in der endgültigen Version gestaltet werden sollten, zeigt diese „artist impression" aus jener Zeit (unten). [Sammlung Breyer]

Die für die Schlachtschiffe der *South-Dakota*-Klasse und die Schlachtkreuzer der *Lexington*-Klasse gebauten 40,6-cm-Geschütze des Modells Mark II lagerten erst jahrelang in den Arsenalen, bevor über ihre weitere Verwendung entschieden wurde. Im Zuge des Harbor Defense Program von 1940 wurden mit ihnen 38 neue Batterien aufgestellt, die meisten davon auf dem amerikanischen Kontinent selbst, einige auf Stützpunkten im Pazifik und im Atlantik sowie in der Panamakanal-Zone. Sie schossen rund 40 km weit, ihre Geschosse hatten ein Gewicht von knapp 1000 kg. Hier ist der Einbau eines solchen Geschützes in ein verbunkertes Stellungssystem zu sehen. Die Zeichnung darunter vermittelt einen Querschnitt eines solchen Artilleriebunkers.

[United States Naval Institute Proceedings]

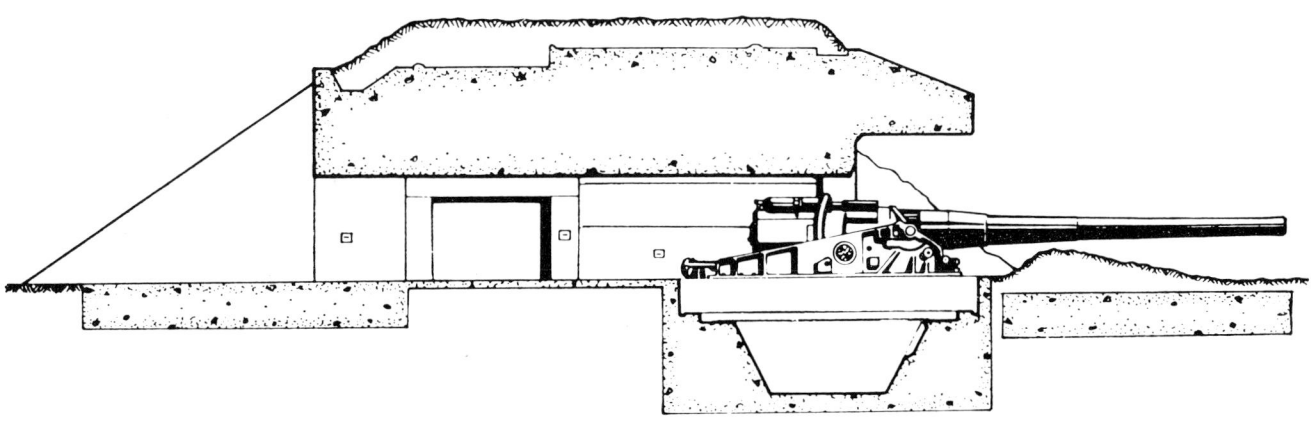

Aus Schlachtkreuzern werden Flugzeugträger

Auf Grund des 1922 in Washington abgeschlossenen Flottenabkommens verzichteten die Vereinigten Staaten auch auf die sechs im Bau befindlichen Schlachtkreuzer. Den USA wurde aber zugestanden, zwei dieser Schlachtkreuzer als Flugzeugträger fertigzustellen. Es waren dies *Lexington* und *Saratoga,* deren Bau am weitesten vorangekommen war. 1927 wurden sie dann als solche vollendet. Bis in den zweiten Weltkrieg hinein blieben sie die größten Träger der Welt, und sie waren auch die schnellsten. Dieses Bild zeigt die *Lexington* in den frühen 30er Jahren. Kennzeichnend für diese Klasse war der ungewöhnlich großdimensionierte Schornstein. Die vier 20,3-cm-Zwillingstürme an den beiden Enden der Aufbauteninsel waren indessen von vornherein verfehlt und ohne jeden praktischen Wert. Damals fehlte es ganz offenbar an der Einsicht, daß sich ein Flugzeugträger nicht auf ein Artillerieduell mit anderen Kriegsschiffen einlassen darf, da schon ein einziger, nicht einmal schwerer Treffer genügen konnte, seine Hauptwaffe — die Flugzeuge — auszuschalten, wenn das Flugdeck Schäden erlitt, ganz abgesehen von den zwangsläufig an Bord unterzubringenden großen Vorräten von Flugbenzin, deren Hochgehen katastrophale Folgen bringen konnte. Beim Anblick dieses Bildes wird man sich in der heutigen älteren Generation vielleicht noch an den 1937 in Deutschland gezeigten amerikanischen Spielfilm „Wolkenstürmer" erinnern, in dem diese beiden Flugzeugträger „mitspielten".

[BfZ]

Saratoga: Glückhaft trotz vieler Blessuren

Wenige Monate nach Kriegsbeginn im Pazifik ging die *Lexington* verloren. Ihr Schwesterschiff *Saratoga* überlebte den Krieg, blieb aber nicht von Blessuren verschont: Zweimal wurde sie von einem U-Boottorpedo getroffen, dreimal von Bomben und dreimal von „Kamikaze"-Flugzeugen. Ihr Schicksal erfüllte sich erst 1946 vor dem Bikini-Atoll, wo sie als Zielschiff für die Atombombenversuche „Able" und „Baker" diente. Hier ist sie mit 9,5° Backbord-Schlagseite nach dem am 31. August 1942 er-

haltenen Torpedotreffer zu sehen, den das japanische U-Boot *I 26* in der Nähe der Salomonen erzielt hatte. Der Träger ist dann von dem Kreuzer *Minneapolis* nach Tongatabu geschleppt worden, wo zunächst eine Notreparatur erfolgte. Von da aus ging es weiter nach Pearl Harbor zur endgültigen Wiederherstellung. Anfang 1943 war der Träger wieder einsatzbereit. Hier hatte er schon die 12,7-cm-Zwillingsflak auf den Positionen der nutzlosen 20,3-cm-Türme. (BfZ)

Wiederaufnahme des Schlachtschiffbaus

1933 begann man in den USA mit eingehenden Vorarbeiten und Projektstudien von Schlachtschiffen. Bis 1935 wurden mehr als fünfzig Entwürfe durchgearbeitet; die USA legten sich dabei auf einen Typ fest, der in bezug auf die Standardverdrängung den Vertragsbestimmungen — also nicht mehr als 35 000 ts — entsprach. Gleichzeitig forderten sie, die äußeren Abmessungen und den Tiefgang so zu bemessen, daß die Passage des Panamakanals gewährleistet wird. Der Kontraktentwurf sah zunächst eine aus zwölf 35,6-cm-Geschützen in drei Vierlingstürmen (zwei vorn, einer achtern) bestehende Hauptartillerie vor. Aber unter dem Eindruck des japanischen Stillschweigens über die dort heranwachsenden Schlachtschiff-Neubauten ist dann am 21. Juni 1937 die Entscheidung gefallen, anstatt der geplanten zwölf 35,6-cm-Geschütze neue 40,6-cm-Geschütze einzubauen. Ende Oktober 1937 wurde auf der Marinewerft New York der Kiel des ersten Schiffes, der *North Carolina,* gelegt, ein dreiviertel Jahr später auf der Marinewerft Philadelphia der Kiel des zweiten Schiffes, der *Washington.* Trotz dieses Zeitunterschiedes kamen beide Schiffe fast zum selben Zeitpunkt zu Wasser: die *North Carolina* am 13. Juni 1940, die viel später begonnene *Washington* sogar noch zwei Wochen früher, nämlich schon am 1. Juni 1940. Den Stapellauf der *Washington* erleben wir auf diesen beiden Bildern mit: Oben der kritischste Moment eines Stapellaufes überhaupt: Während das Hinterschiff schon aufgeschwommen ist, befindet sich die vordere Schiffshälfte noch auf der Helling, wodurch der Rumpf einer ganz erheblichen Biegebeanspruchung ausgesetzt wird, in einem Ausmaß, wie es nicht einmal bei schwerstem Seegang erfolgt. Hier hat also ein Schiff grundsätzlich eine extrem hohe Belastungsprobe zu bestehen. Das Bild auf der rechten Seite oben zeigt den jetzt ganz aufgeschwommenen Rumpf. Gut erkennbar sind hier die Barbetten der schweren Türme und die ersten Aufbauten. [BfZ]

Vom 29. Januar 1944 ab griff die von Vizeadmiral Mitscher befehligte Task Force 58 zur Vorbereitung der Landung auf dem Kwajalein-Atoll japanische Stützpunkte in den Marshall-Inseln an. Am 1. Februar rammte dabei die *Washington* in totaler Dunkelheit das Schlachtschiff *Indiana*. Sie bohrte sich 6 m tief in die Steuerbordseite der Indiana hinein, deren Rumpf auf einer Länge von 60 m aufgerissen wurde. Das Vorschiff der *Washington* erlitt auf einer Länge von 18 m erhebliche Beschädigungen und wurde stark deformiert. Beide Schlachtschiffe wurden zunächst in der Majuro-Lagune provisorisch abgedichtet und verlegten dann nach Pearl Harbor. Dort schnitt man der *Washington* das beschädigte Vorschiff ab und baute ihr einen Notbug an, der auf dieser am 4. März 1944 entstandenen Aufnahme zu sehen ist. Die endgültige Reparatur erfolgte in der Marinewerft Puget Sound; bereits Anfang Juni stand die *Washington* wieder im Einsatz.

[BfZ]

Die *Washington,* aufgenommen am 20. April 1944, schon mit dem neuen Vorschiff, auf einer Probefahrt während der Reparaturzeit in der Puget Sound-Werft. Der Rumpf ist mit dem Zweifarben-Anstrich (Measure 22) versehen, der damals üblich war. Auf der Stenge hinter dem Turmmast ist das großflächige „SK"-Radar zu erkennen.

[BfZ]

Die *North Carolina* blieb nach Kriegsende nur noch zwei Jahre im aktiven Dienst und wurde 1960 gestrichen. Im darauffolgenden Jahr ist sie dann der Historic Naval Ships Association zur Erhaltung als schwimmendes Denkmal übergeben worden. Seit dem 2. Oktober 1961 liegt sie in einem ausgebaggerten Seitenarm des Cape Fear River in Wilmington, North Carolina. Von dort stammt dieses Bild, welches ihr Mittelschiff zeigt. Hier ist das einzige, auch aus größerer Entfernung auszumachende Unterscheidungsmerkmal zu ihrem Schwesterschiff *Washington* zu sehen: der Plattformkranz um den Turmmast in etwa halber Höhe. Auf dem Top des vorderen Mastes die „SK-2"-Radarantenne, auf dem Turmmast das Mark-38-Feuerleitgerät der schweren Artillerie, davor ein Mark-37-Feuerleitgerät, weiter hinten auf gleicher Höhe eine der wannenförmigen Plattformen mit einem 40-mm-Fla-Vierling. Beiderseits des vorderen Schornsteines je ein Mark-37-Feuerleitgerät für die 12,7-cm-Geschütze, unterhalb davon und auf dem Aufbaudeck vor dem vordersten 12,7-cm-Zwillingsturm weitere Wannenplattformen mit 40-mm-Fla-Vierlingen.

[USS North Carolina Battleship Commission]

Die vier „short hull"-Schlachtschiffe

◁ Im Gegensatz zu den Einheiten der *North-Carolina*-Klasse waren die „short hull battleships" der *South-Dakota*-Klasse bei gleicher Verdrängung und gleicher Breite um knapp 15 m kürzer. Zurückzuführen war dies auf rigorose Raumeinsparungen, hauptsächlich bei der Antriebsanlage, wodurch die Längsausdehnung der Zitadelle gegenüber der *North-Carolina*-Klasse um gut 17 m verkürzt werden konnte. Dafür ließen sich die Schutzeinrichtungen verbessern, insbesondere aber die Panzerdicken steigern, weniger im vertikalen Bereich als vielmehr bei den horizontalen Lagen, den Panzerdecks. An der Bewaffnung änderte sich hingegen so gut wie nichts. Die Antriebsanlage war zwar um 9000 PS leistungsstärker ausgelegt, dennoch blieb die Geschwindigkeit um 1 kn hinter der *North-Carolina*-Klasse zurück. Verursacht wurde dies durch den zwangsläufig weniger günstigen Formwert von Länge zu Breite = 6,16 (*North-Carolina*-Klasse: 6,82). Typschiff dieser Klasse war die *South Dakota*, die — begonnen im Juli 1939 — am 7. Juni 1941 bei der New York Shipbuilding Corporation, Camden, New Jersey, zu Wasser kam (Bild). Knapp zehn Monate später ist sie dann in Dienst gestellt worden, im darauffolgenden August wurde sie als „operational" gemeldet. Dies stellte sie schon bald darauf unter Beweis: Bei den Operationen um Guadalcanal im November 1942 war sie zusammen mit der *Washington* und vier Zerstörern gegen einen japanischen Flottenverband mit dem Schlachtschiff *Kirishima*, zwei Schweren und zwei Leichten Kreuzern und neun Zerstörern angesetzt worden. Dabei wurden die Amerikaner überraschend von zwei Seiten angegriffen und verloren drei ihrer Zerstörer, während der vierte schwer beschädigt wurde. Beim Ausweichversuch stieß die *South Dakota* — deren Radar nicht intakt war — auf die *Kirishima* und die beiden Schweren Kreuzer, wobei sich ein heftiges Artillerieduell entwickelte; dabei erhielt die *South Dakota* 27 zum Teil ernsthafte Treffer (ältere Quellen sprechen sogar von 42 Treffern), hauptsächlich von 20,3-cm-Granaten. Dabei sind vor allem ihre Aufbauten stark in Mitleidenschaft gezogen worden. Trotzdem konnte sie dabei noch einen Torpedoangriff japanischer Zerstörer abwehren. Entlastung erhielt sie von der *Washington,* die auf japanischer Seite unbemerkt geblieben war und jetzt überraschend eingriff. Innerhalb von sieben Minuten schoß sie die *Kirishima* auf eine Entfernung von weniger als 8000 m zusammen, die brennend liegen blieb und bald danach unterging. Die *Washington* selbst hatte weder Beschädigungen noch Personalverluste erlitten, aber auf der *South Dakota* hatten 38 Männer den Tod gefunden und weitere 60 waren verwundet worden. Zur Behebung ihrer Schäden mußte sie für 68 Tage in die Werft. [USN (BfZ)]

72

Der Kriegsbeginn im Pazifik gab den Amerikanern den Anstoß, die Arbeiten an ihren Schlachtschiff-Neubauten zu forcieren. In der Marinewerft Norfolk ist im Frühjahr 1942 diese Aufnahme von der *Alabama* in der Endausrüstung entstanden. Auf Kiel gelegt worden war sie am 1. Februar 1940, zu Wasser kam sie zwei Jahre später, und schon im August 1942 konnte sie in Dienst gestellt werden — mithin betrug ihre Bauzeit 30½ Monate, also 1½ Jahre weniger, als im Normalfall nötig gewesen wären. Hier sieht man ihre Aufbauten bereits montiert, auch die Türme der schweren Artillerie sind schon an

Bord, während ihre Rohre noch fehlen. Umgekehrt ist es bei der Mittelartillerie: Die 12,7-cm-Doppellafetten stehen bereits auf ihren Plätzen, aber es fehlen noch die Turmschilde. Der aus dem Schornstein entweichende Rauch läßt darauf schließen, daß man bei den Kesselstandproben ist. Längsseits der *Alabama* liegt das *Craneship No. 1.* Seine Aufgabe ist die Anbordgabe der 40,6-cm-Geschützrohre. Bei ihm handelt es sich um das Vordreadnought-Linienschiff *Kearsarge,* das 1920 zum Kranschiff umgebaut worden war. Die Hubkraft seines Kranes reichte aus, um Gewichte bis zu 250 ts zu liften. [BfZ]

◁ Der Entwurf von *South Dakota* ging auf das „Schema V" jener Projektstudien zurück, die 1935—37 im Zuge der Planungsarbeiten für die *North-Carolina*-Klasse entstanden waren. Dieses Schema sah ein Schiff von rund 200 m Länge und 32,7 m Breite vor, dessen Hauptbewaffnung aus zehn 40,6-cm-Geschützen in zwei Drillingstürmen vorn und zwei Zwillingstürmen achtern bestehen und das mit einer Maschinenleistung von 130 000 PS 27 kn Höchstfahrt erreichen sollte. Auf dieser Basis gelangte man dann zu dem endgültigen Entwurf der *South Dakota* allerdings mit einer auf neun 40,6-cm-Geschütze reduzierten schweren Artillerie. Die drei folgenden Schiffe — damals marineintern als „Battleships 1939" im Gespräch — wichen in einigen wenigen Detailbereichen von ihrer Vorgängerin

ab. Äußerlich war das an der auf zwanzig Rohren verstärkten Mittelartillerie zu sehen, wogegen die *South Dakota* nur sechzehn Rohre erhalten hatte. Die Serie der „Battleships 1939" wurde von der *Indiana* eröffnet, die schon wenige Wochen nach der *South Dakota* in Dienst gestellt wurde. Hier ist sie vor Hampton Roads zu sehen, aufgenommen am 8. September 1942, einen Tag bevor sie zu ihrem ersten Einsatz auslief. Ihr Kurs: Guadalcanal. Dort traf sie gerade rechtzeitig ein, um die Lücke zu schließen, die durch den Ausfall der *South Dakota* entstanden war. Hier hat die *Indiana* noch die beiden Bordkräne, von denen der an Backbord später ausgebaut wurde.

[USN (BfZ)]

Image der *South-Dakota*-Klasse: Bestmöglicher 35.000 ts-Schlachtschifftyp

Die *South-Dakota*-Klasse galt als der bestmögliche der unter den Vertragsbedingungen erreichbaren Schlachtschiff-Typen: Hohe Standkraft durch ein gut durchdachtes Unterwasserschutzsystem und starke Panzerung, optimale Schlagkraft hinsichtlich Kaliber und Rohrzahl und eine akzeptable Geschwindigkeit waren ihre Prämissen. Aber auch bei ihr war die 35 000-ts-Grenze nicht eingehalten worden, so wie es in nahezu allen Marinen der Fall war, die in den 30er Jahren den Bau von Schlachtschiffen wieder aufgenommen hatten. Im Grunde genommen hatte sich eigentlich nur Großbritannien an die Vertragsbestim-mungen gehalten, aber auch nur mit der *Nelson*-Klasse, wobei die 35 000-ts-Grenze sogar noch unterschritten worden war (siehe Band I dieser Reihe). Bei den Einheiten der *South-Dakota*-Klasse belief sich die tatsächliche Standardverdrängung auf 38 900 bis 39 600 ts, als sie fertiggestellt waren. Äußerlich stellten sich diese Schlachtschiffe als sehr kompakt dar, wie es besonders aus der Perspektive von oben deutlich wird. Hier ist die *Alabama* am 1. Dezember 1942 zu sehen, wenige Monate nach ihrer Indienststellung als letztes Schiff der Klasse. Ein Teil der leichten Fla-Bewaffnung fehlt noch. [BfZ]

Die *Massachusetts* gab ihr Einsatzdebüt auf dem europäischen Kriegsschauplatz. Sie war im November 1942 als Flaggschiff der von der US-Marine gestellten Western Naval Task Force eingesetzt, zu der außer dem alten Schlachtschiff *Texas* noch der Flugzeugträger *Ranger,* vier Geleitträger, drei Schwere und vier Leichte Kreuzer, 38 Zerstörer, drei Minenleger, acht Minensucher, ein Flugboottender, vier U-Boote, 23 Truppentransporter, acht Materialtransporter und fünf Tanker gehörten. Dieser Streitmacht war im Rahmen der Operation „Torch" — der alliierten Landung in Französisch-Nordafrika — die Westküste Marokkos mit dem Hauptziel Casablanca zu-

gewiesen. Dabei kam es zu einem Gefecht mit den im Hafen von Casablanca liegenden französischen Kriegsschiffen, unter denen sich auch das noch nicht fertige Schlachtschiff *Jean Bart* befand. Allein die *Massachusetts* verschoß dabei 786 40,6-cm-Granaten und 221 vom Kaliber 12,7 cm. Dabei erhielt sie auch selbst einige Treffer leichten Kalibers, die jedoch keine nennenswerten Ausfälle verursachten. Dieses Bild zeigt die *Massachusetts* im Jahr 1944, schon mit dem verlängerten Mast hinter dem Schornstein und mit dem „SK"-Radar über dem Turmmast. [BfZ]

Weniger bekanntgeworden ist das Diversionsunternehmen der britischen Home Fleet im Juli 1943, bei dem auch eine amerikanische Task Force mit den Schlachtschiffen *South Dakota* und *Alabama,* zwei Schweren Kreuzern und fünf Zerstörern eingesetzt war. Ihre Bewegung richtete sich gegen Nordnorwegen, wodurch von der bevorstehenden Landung auf Sizilien abgelenkt werden sollte. Da die deutsche Aufklärung die Home Fleet nicht erfaßte, mißlang diese Absicht. Beteiligt waren auf britischer Seite die Schlachtschiffe *Anson, Duke of York* und *Malaya,* der Flugzeugträger *Furious* sowie mehrere Kreuzer und Zerstörer. Die obere Aufnahme ist während dieses Einsatzes entstanden: Auf der linken Seite die *South Dakota* und dahinter die *Alabama* mit dem Flugzeugträger *Furious.* Schon ein Jahr zuvor, im März 1942, war eines der neuen US-Schlachtschiffe, die *Washington,* zusammen mit dem Flugzeugträger *Wasp,* zwei Schweren Kreuzern und einigen Zerstörern auf den europäischen Kriegsschauplatz verlegt worden, wobei sie von Scapa Flow aus operierten. Für die Royal Navy wurde dadurch die Möglichkeit geschaffen, Einheiten ihrer Home Fleet für die am 4. Mai 1942 begonnenen Operationen gegen Madagaskar abzuziehen. Höhepunkt dieses ersten amerikanischen „Flotten-Gastspieles" waren die Operationen zur Sicherung zweier wertvoller Geleitzüge („PQ-15" und „QP-11") vom 26. April bis 12. Mai 1942 gegen deutsche See- und Luftstreitkräfte. Die *Washington* gehörte dabei dem Flottenverband an, der die Fernsicherung zur Aufgabe hatte. Auf dem unteren Bild ist sie zusammen mit der britischen *King George V.* während dieser Operation zu sehen. Voraus der Kreuzer *Kenya.*

[USN (Sammlung Terzibaschitsch und BfZ)]

Als Handikap sowohl der *North-Carolina*- wie auch der *South-Dakota*-Klasse empfunden — aber erst im letzten Stadium des Krieges — wurde deren begrenzte Geschwindigkeit, insbesondere bei den gemeinsamen Operationen mit Flotten-Flugzeugträgern, deren Geschwindigkeit in der Regel 5 bis 6 kn höher war als ihre eigene. Aus diesem Grunde wurden noch 1954 Überlegungen angestellt, wie ihre Geschwindigkeit gesteigert werden könnte. Der erforderliche Raum dafür konnte grundsätzlich nur durch den Ausbau des achteren 40,6-cm-Turmes beschafft werden. Rechnerisch hätte ein Leistungsaufkommen von 256 000 PS zur Verfügung stehen müssen, um 31 kn Höchstfahrt zu erreichen, wobei sich zwei Alternativen anboten: Entweder durch eine völlig neue Hochleistungsanlage herkömmlicher Art oder zusätzlich durch ein System von Gasturbinen als „booster" für Spitzenfahrt, die

dann den mit voller Leistung arbeitenden vorhandenen Dampfturbinen hätten zugeschaltet werden müssen. In jedem Fall wären noch mannigfaltige Änderungen am Schiffskörper, an den Wellen, Propellern und anderen Bereichen erforderlich gewesen. Die Kosten für einen derartigen Umbau wurden mit rund 40 Millionen Dollar pro Schiff kalkuliert, wobei die Beträge für zwangsläufig entstehende Änderungen an der Elektronik und am Schiffssicherungssystem noch gar nicht berücksichtigt waren. Diese Größenordnung wurde jedoch als nicht vertretbar angesehen, und so mußte die Marine auf eine Realisierung des Projekts verzichten. Hier eine Aufnahme vom Oktober 1944 im Pazifik bei den Operationen um Leyte: Schlachtschiffe und Flugzeugträger gemeinsam im Verband, vorn die *Alabama*, rechts der Leichte Träger *Cowpens*, ganz im Hintergrund die *South Dakota*. [BfZ]

Der Übergang zum „high speed battleship"

Ab Ende 1937 begann die US Navy zunächst rein akademisch mit der Erarbeitung und Untersuchung von Projekten für 45 000-ts-Schlachtschiffe. Als Ausgangspunkt diente eine auf dem Schlachtschiff *South Dakota* fundierende Version mit einem vierten 40,6-cm-Drillingsturm, bei der die Antriebsleistung auf 170 000 PS gesteigert war, um 27 kn Fahrt zu erreichen. Aber schon lange genug stand die US Navy dem „high-speed battleship"-Konzept zu aufgeschlossen gegenüber, als daß sie unbesehen einer Fortführung des Baus von „Vertrags-Schlachtschiffen" ihre Zustimmung hätte geben können. So entstanden ab Anfang 1938 eine Reihe von Entwürfen für „high-speed battleships" von knapp 300 m Länge und einer ungewöhnlich hohen Geschwindigkeit von 35,5 kn. Ihre Defensiveigenschaften waren hingegen so bemessen, daß sie nur vor Geschossen bis zu 20,3 cm Kaliber Schutz boten, so daß im Grunde genommen nichts anderes als der Ge-

danke des Schlachtkreuzers britischer Prägung wieder erstanden war. Eine solche Entwicklung lag jedoch auch nicht im Sinn der amerikanischen Marine. Vorübergehend kehrte sie wieder zum Konzept des sehr standfesten „slow battleship" zurück, wobei sogar Kalibersteigerungen bis auf 45,7 cm untersucht wurden. Mittlerweile ließ die vertragspolitische Entwicklung erwarten, daß die durch die bisherigen Verträge geknebelte Entwicklung des Schlachtschiffes in Kürze wesentlich gelockert würde; bevor es noch soweit war, entschied sich die Marine im Mai 1938 endgültig für das 45 000-ts-„high-speed battleship", jedoch mit akzeptablen Schutzwerten. Daraus entstand die *Iowa*-Klasse; sechs Schiffe wurden bewilligt und begonnen, vier davon fertiggestellt, als letztes die *Wisconsin,* die am 7. Dezember 1943 auf der Marinewerft Philadelphia zu Wasser kam. Hier ist sie kurz vor dem Stapellauf zu sehen. [BfZ]

Als erstes Schiff dieser Klasse ist am 22. Februar 1943 die *Iowa* in Dienst gestellt worden. Ihre Einsatzbereitschaft meldete sie am 27. August 1943. Aber zuvor — am 16. Juli — erlitt sie erst noch Schäden durch eine Grundberührung auf dem Weg von New York nach Casco Bay, Maine. Sechzehn Brennstoffzellen waren dabei aufgerissen worden, achtzehn Bodenplatten mußten ersetzt werden. Ihr Debüt gab die *Iowa* indessen nicht mit einem Kampfeinsatz, sondern mit einer politischen Mission: Auf ihr schiffte sich am 13. November 1943 Präsident Roosevelt

ein, um an den Konferenzen von Kairo und Teheran teilzunehmen. Fast wäre die *Iowa* dabei auf dem Weg nach Nordafrika torpediert worden, nicht vom Feind, sondern von einem eigenen Begleitzerstörer, auf dem sich durch einen technischen Defekt ein Torpedo gelöst hatte. Ihm konnte das Schiff gerade noch rechtzeitig ausweichen. Hier ist es wenige Wochen danach zu sehen, am 24. Januar 1944, mit Kurs auf den West-Pazifik, um sich dort in die 5. US-Flotte einzureihen. [BfZ]

Die *New Jersey*, das zweite Schiff der *Iowa*-Klasse, mit dem französischen Schlachtschiff *Richelieu*, etwa im Spätsommer 1943, noch während der Einfahrzeit. Entstanden ist diese Aufnahme vor New York oder Philadelphia. Die *Richelieu* befand sich dort zu dieser Zeit in Grundüberholung. Aus dieser Perspektive kommen die fast völlig glatten Flächen des Schiffskörpers der *New Jersey* zum Vorschein, anders als man es bis dahin bei einem Schlachtschiff mit dem stets auffallenden schweren Seitenpanzer kannte. Auf den Einheiten der *Iowa*-Klasse war jedoch der schwere Seitenpanzer nicht außen angebracht, sondern im Innenschiff, in einem bestimmten Abstand zur Außenhaut. Dort erfüllte er — um 19 Grad von der Senkrechten jeweils nach außen geneigt — zugleich die Funktion eines Torpedoschotts. Der Seitenpanzer war auf der *Iowa*-Klasse übrigens kaum dicker als auf den „Vertrags-Schlachtschiffen" der *North-Carolina*- und der *South-Dakota*-Klasse. Daß man den Seitenpanzer innen anordnete und nicht außen, war wohl auch darauf zurückzuführen, daß man zum Erreichen der geforderten 33 kn Höchstfahrt möglichst auf widerstandsvermehrende Anhänge am Schiffskörper verzichten wollte. [BfZ]

Die *Iowa*-Klasse:
Auf Schnelligkeit getrimmt

Aus der Fliegerperspektive wird deutlich, daß Bewaffnung und Aufbautenfolge bei der *North-Carolina*- und bei der *Iowa*-Klasse nahezu miteinander identisch sind. Ihre Schiffskörper waren jedoch sehr unterschiedlich geformt. Während dieser bei der *North-Carolina*-Klasse nach „klassischem" Design gestaltet war, stellt er sich bei der *Iowa*-Klasse viel schlanker dar, gewissermaßen auf Schnelligkeit getrimmt, wie allein schon das auf optimale See-Eigenschaften modellierte Vorschiff erkennbar macht. Bei ihr entsprach der Formwert von Länge zu Breite mit 7,97 den Normen schnellster Schiffe. Bei der *North-Carolina*-Klasse hingegen erreichte dieser Formwert nur die Zahl 6,82. Die Bilder zeigen oben die *North Carolina*

(aufgenommen am 4. Juni 1942) und unten die *New Jersey* (aufgenommen etwa in der Mitte des Jahres 1943). Beiden Klassen ist gemeinsam, daß der Rumpf seine größte Breite nicht in der Schiffsmitte erreicht, sondern erst dahinter — bewirkt wurde dies durch das Arrangement der Antriebsanlage. Hier werden auch die zahlreichen Positionen an leichten Fla-Waffen deutlich. Unschwer erkennt man in den kreisrunden Wannen die 40-mm-Vierlinge und die in Gruppen zusammengefaßten 20-mm-Waffen, die ebenfalls gegen Splitterwirkung geschützt sind.   [Sammlung Breyer]

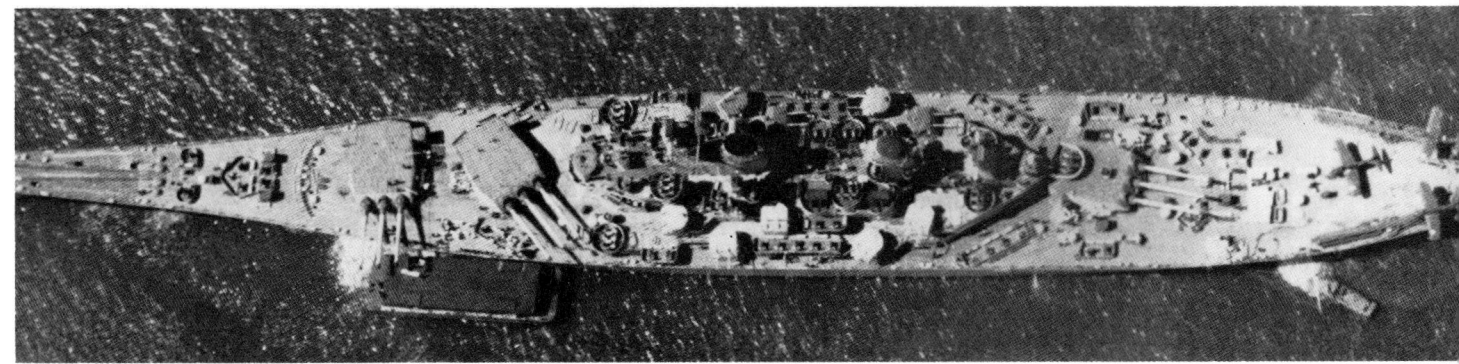

Als die *Missouri* am 29. Januar 1944 auf der Marinewerft New York vom Stapel lief, konnte noch niemand ahnen, daß sie nur 1½ Jahre später eine weltgeschichtliche Rolle spielen sollte: Am 2. September 1945 unterzeichneten auf ihr die japanischen Unterhändler die Kapitulation ihres Vaterlandes — und damit hatte der zweite Weltkrieg sein endgültiges Ende gefunden. Dieses Bild macht die Harmonie in der Rumpfgestaltung dieser Klasse überdeutlich: Unten läuft der Vorsteven in eine Taylor-Birne aus, oben endet er glockenförmig, wobei er durch eine an beiden Seiten leicht überstehende Fla-Waffenplattform seinen Abschluß findet. [Sammlung Breyer]

Nach ihrer am 11. Juni 1944 erfolgten Indienststellung blieb die *Missouri* zunächst an der amerikanischen Ostküste zum Einfahren von Schiff und Besatzung und Restarbeiten in der Werft. Am 22. Oktober 1944 ist diese Aufnahme von einem Flugzeug aus geschossen worden, und zwar in der Chesapeake Bay, fast genau von vorn gesehen. Die *Missouri* hatte von Anfang an das „SK-2"-Radar (über dem Turmmast gut erkennbar). Ihre Tarnbemalung entsprach der Measure 12, der marineseitigen Vorschrift über Farbanstriche und Bemalungen. Im Hintergrund ein Geleitflugzeugträger.　　　　[BfZ]

Die *Wisconsin* unmittelbar nach dem Stapellauf. Ihre Aufbauten sind zum größten Teil bereits montiert, die Maschinen und Kessel offenbar schon eingebaut. Von der Kiellegung bis zum Stapellauf hatte man 1046 Tage benötig, also etwas weniger als drei Jahre, und von da ab dauerte es nur noch 130 Tage bis zur Indienststellung — Bauzeit also ingesamt 1176 Tage oder etwas mehr als 39 Monate. Gemessen an den Bauzeiten anderer Schlacht-schiffe — zum Beispiel derer der *Alabama* (siehe Seite 74) — war das lang, aber in diesem Stadium des Krieges hatte bereits der Bau von Flugzeugträgern den Vorrang. Gleichzeitig mit der *Wisconsin* wurde auf der Marinewerft Philadelphia noch an zwei großen Flugzeugträgern (und bald darauf noch an einem dritten) gearbeitet, außerdem an zwei Schweren Kreuzern, fünfzehn Geleitzerstörern und einigen kleinen Einheiten. [BfZ]

Sie sind die schnellsten Schlachtschiffe der Welt geblieben, die *Iowa's:* Ihre Maschinen geben maximal 212 000 PS (gemessen an den Wellen) her, ihre Höchstgeschwindigkeit liegt konstruktionsmäßig bei 33 kn. Ungewöhnlich ist auch ihre Propelleranordnung: Innen Fünfblatt-Propeller von jeweils 5,18 m Durchmesser, außen vierblättrige von 5,56 m Durchmesser. Mit ihrer enormen Schnelligkeit waren sie damals für ein Zusammenwirken mit schnellen Flugzeugträgern geradezu prädestiniert, um mit ihnen Kampfgruppen zu bilden. Hier begleitet die *New Jersey* am 18. Dezember 1944 mit hoher Fahrt einen Flugzeugträger der *Essex*-Klasse. Ihre weißschäumende Bugsee schlägt über dem Vorschiff zusammen und scheint dieses zu überfluten. [BfZ]

Auch aus dieser Perspektive wurde die fast einheitliche architektonische Gestaltung aller amerikanischen Schlachtschiff-Neubauten deutlich: Ganz achtern zwei Katapulte, hinter ihnen je eine Wanne mit einem 40-mm-Fla-Vierling, dazwischen ein Wippkran für die Wiederanbordnahme der Flugzeuge, dann der achtere 40,6-cm-Drillings- turm, hinter diesem der keilförmig zur Schiffsmitte zulaufende Aufbautenblock, beiderseits davon die 12,7-cm-Zwillingstürme — so boten sie sich alle dar. Links die *Alabama,* rechts ein Schiff der *Iowa*-Klasse (vermutlich ist es die *Missouri).* Die Aufnahme der *Alabama* entstand am 12. März 1945 in der Puget Sound-Werft. [BfZ]

Als sich der Krieg immer mehr dem japanischen Inselreich näherte, gingen die Japaner zu einer neuen Form der Kriegführung über: Piloten — die sogenannten „Kamikaze"-Flieger — stürzten sich mit ihren Flugzeugen (die in der Regel eine Sprengstoffladung im Rumpf mitführten, seltener eine Bombe) auf die amerikanischen und britischen Kriegsschiffe, vorzugsweise auf große Einheiten wie Schlachtschiffe und Flugzeugträger. Dabei wurden nahezu alle alten amerikanischen Schlachtschiffe getroffen, zum Teil sogar wiederholt: Im November 1944 *Colorado* und *Maryland*, im Januar 1945 *New Mexico, Mississippi* und *California*, im März *Nevada*, im April *New York, Tennessee, Maryland* und *West Virginia*, im Mai *New Mexico*, im Juni *Mississippi*. Von den neuen Schlachtschiffen ist hingegen nur ein einziges getroffen worden, die *Missouri*. Die Schäden waren auf keinem Schlachtschiff so schwer, daß wesentliche Gefechtswerte ausgefallen wären. Alle getroffenen Schlachtschiffe konnten in kurzer Zeit repariert werden. Die Vielzahl der getroffenen alten Schlachtschiffe im Vergleich zu einem einzigen getroffenen neuen läßt sich dadurch erklären, daß erstere den „Fire Support Groups" angehörten und stets dicht unter die Küste gingen, um mit ihrer Artillerie möglichst weit genug in das Hinterland hineinreichen zu können. Hier boten sich den „Kamikaze"-Flugzeugen — deren Aktionsradius recht begrenzt war — in genügender Anzahl lohnenswerte Ziele an. Die neuen Schlachtschiffe hingegen blieben in der Regel in der Weite des Ozeans, zu weit entfernt für derartige Flugzeuge.

Hier ist das einzige getroffene neue Schlachtschiff zu sehen, die *Missouri*, und zwar Sekundenbruchteile bevor ein „Kamikaze"-Flugzeug aufschlägt. Trotz heftigen Abwehrfeuers konnte es nicht verhindert werden, daß das Schiff getroffen wurde. Diese Aufnahme ist am 11. April 1945 entstanden.

[USN (Sammlung Breyer)]

Die beiden letzten Schiffe der *Iowa*-Klasse wurden nicht mehr fertiggestellt. Eines davon war die *Kentucky,* die erst kurz vor Jahresende 1944 auf Kiel gelegt worden war. Dazu ein Kuriosum: Es war dies der ganz seltene Fall einer zweiten Kiellegung für ein und dasselbe Schiff — schon einmal, im Frühjahr 1942, war eine solche erfolgt, nur mußte das Material wieder abgetragen werden, weil die Werft einen Massenauftrag von Landungsfahrzeugen erhielt und dieser den absoluten Vorrang hatte und die gesamte Kapazität der Werft dafür benötigt wurde. Nachdem es die Verhältnisse wieder zuließen, ist dann erneut mit dem Bau dieses Schlachtschiffes begonnen worden: Die zweite Kiellegung erfolgte am 6. Dezember 1944 in einem Baudock der Marinewerft Philadelphia. Nach dem Ende des Krieges, im August 1946, kam es erneut zu einem Baustopp, aber am 17. August 1948 wurde dieser aufgehoben, jedoch nur, um das bereits recht weit vorangekommene Schiff so weit fertigzustellen, daß es zu Wasser gebracht werden konnte (das vorseitige Bild zeigt sie noch im Baudock liegend). Nur dieses Ziel hatten dann die weiteren Arbeiten an ihm. Am 20. Januar 1950 konnte der Rumpf dann endlich ausgeflutet werden, etwas mehr als fünf Jahre nach der Kiellegung. Das Bild zeigt ihn, und dabei fällt auf, daß er recht tief im Wasser zu liegen scheint. Aber dieser Eindruck täuscht, denn dieses Schiff ist nur bis zum Hauptpanzerdeck fertiggestellt worden, auf ihm fehlt also noch das abschließende Deck. Die Durchbrechungen des Panzerdecks durch Barbetten und andere Schächte sind gut zu sehen. Unmittelbar vor der

Position der vordersten Barbette liegt die glockenförmig gestaltete Bugabschlußsektion an Deck, die für die *Iowa*-Klasse ganz charakteristisch ist. Sie war bereits vorgefertigt, und der Einfachheit halber ist sie an Deck abgestellt worden ...

Das kleinere Bild darunter zeigt uns den *Kentucky*-Rumpf sechs Jahre später, ohne Vorsteven. Dieser war abgeschnitten und auf das Schwesterschiff *Wisconsin* „transplantiert" worden, weil deren Bug bei einer Kollision zu Bruch gegangen war. Anfang 1959 wurde mit dem Abbruch der *Kentucky* begonnen. Ihre Maschinen hatte man zuvor ausgebaut. Diese laufen jetzt auf den großen Kampfgruppen-Versorgungsschiffen *Sacramento* und *Camden,* die seit 1964 bzw. 1966 im Dienst stehen.

[BfZ und Sammlung Breyer]

Von den Schlachtschiffen der *Iowa*-Klasse wurde nach Kriegsende nur die *Missouri* im aktiven Dienst belassen; die drei anderen Schiffe sind 1948 und 1949 außer Dienst gestellt und in die Reserve überführt worden. Als der Konflikt um Korea zum offenen Krieg ausartete, wurden die drei Reserveschiffe reaktiviert, zuerst die *New Jersey,* dann die *Wisconsin* und schließlich die *Iowa.* Sie alle nahmen wiederholt an „close support"-Einsätzen gegen Ziele an der koreanischen Küste teil, wo sie mit gewohnter Wirkung kriegswichtige Ziele unter Präzisionsfeuer nahmen. Zustatten kam ihnen dabei das im zweiten Weltkrieg aufgebaute hervorragende Logistiksystem der US Navy. Hierzu gehörten selbst Dockmöglichkeiten in der Nähe des Einsatzraumes. Eine solche Dockmöglichkeit

bestand auf Guam, rund 1600 sm von der Südspitze Koreas entfernt. Es handelte sich dabei um ein Schwimmdock, das groß genug war, um selbst die Schlachtschiffe der *Iowa*-Klasse aufnehmen zu können. Dadurch konnten an ihnen Reparaturen und Arbeiten vorgenommen werden, die sonst an der dreimal so weiten amerikanischen Westküste durchgeführt hätten werden müssen. Das Bild auf der Seite zuvor zeigt die *Iowa* am 15. Dezember 1952

bei einem solchen „close support"-Einsatz vor der Ostküste Koreas. Auf den vorderen Türmen sind Fliegererkennungszeichen aufgemalt, und zwar auf Turm „A" die PT-Nummer „61" der *Iowa,* auf Turm „B" eine stilisierte Bundesflagge der USA. Auf dem Bild oben ist die *New Jersey* in jenem Schwimmdock zu sehen, das in Guam stationiert war. Dieses Bild datiert vom April 1952.

[Sammlung Terzibaschitsch]

Nachdem der Koreakrieg zu Ende gegangen war, blieben die vier *Iowa's* weiterhin im Dienst, am längsten *Wisconsin* und *Missouri:* Beide traten erst 1958 zur „mothball fleet" zurück, der sie noch heute — zwanzig Jahre danach — angehören. Auf allen waren während ihrer zweiten Indiensthaltungsperiode diverse Änderungen vorgenommen worden, hauptsächlich bei der Elektronik, wozu wiederum die Masten — zum Teil mehrmals — umgestaltet werden mußten. Dazu gehörte aber auch der Ausbau der beiden Katapulte; an Stelle der Bordflugzeuge befanden sich seither zwei Hubschrauber an Bord. 1955 erhielten *Iowa* und *Wisconsin* hinter dem achteren Schornstein einen massiven Portalmast mit Ladegeschirren beiderseits; bei ihnen hatte man auch den alten Flugzeugkran entfernt. Die in den ersten Nachkriegsjahren geplant gewesene Fla-Umrüstung auf dreißig 7,6-cm-Rohre als Ersatz für die 40-mm-Vierlinge ist dagegen auf keinem Schiff realisiert worden. Hier ein am 22. Januar 1956 aufgenommenes Bild der *Wisconsin,* das die vorgenommenen Änderungen gut erkennen läßt. [BfZ]

Die letzten Salven eines Schlachtschiffes fielen im Krieg um Vietnam: 1968 hatte man die *New Jersey* nach mehr als zehn Reservejahren reaktiviert, um sie vor der Vietnam-Küste einzusetzen. Zu dieser Maßnahme hatten sich die amerikanischen Militärs entschlossen, weil Luftangriffe auf kleinere Ziele — insbesondere Punktziele — allzuhäufig ihre Wirkung verfehlten. Mit der präzise schießenden und überdies auch noch weit in das feindliche Hinterland reichenden Artillerie eines Schlachtschiffes hofften sie, künftig mehr Erfolg zu haben. Nachdem die *New Jersey* im April 1968 — zum drittenmal in ihrer Laufbahn — in Dienst gestellt worden war, stand sie insgesamt — in Abständen freilich — 120 Tage im Einsatz vor Vietnam, und dabei erreichte sie mit 47 Seetagen den längsten ununterbrochenen Einsatz. In diesen Monaten feuerte ihre schwere Artillerie 6200mal, davon 5688mal gegen Ziele in Vietnam. Die Mittelartillerie brachte es gar auf mehr als 15 000 Schuß. Zum Vergleich: Während des zweiten Weltkrieges kam ihre schwere Artillerie nur 771-mal zum Schuß, im Koreakrieg und in der sich daran anschließenden Dienstperiode 6671mal. Die politische und militärische Entwicklung des Vietnam-Krieges führte trotz aller artilleristischen Erfolge dazu, die *New Jersey* von der Front abzuziehen. Am 17. Dezember 1969 ist auf ihr die Flagge zum letztenmal eingeholt worden. Hier ist die *New Jersey* am 26. März 1968 beim Auslaufen zu einer Probefahrt im Hafen von Philadelphia zu sehen.

Panamakanal-Schleusen setzen Grenzen

Überaus großen Wert legte die US-Marine bei ihren größten Kriegsschiffen — Schlachtschiffen und Flugzeugträgern — auf die Fähigkeit, die Schleusen des Panamakanals passieren zu können. Die Breite seiner Schleusenkammern beträgt 33,5 m — und damit war die zulässige Höchstbreite dieser Schiffskategorien vorgegeben. Bei den Schlachtschiffen der *Iowa*-Klasse beläuft sich die Breite auf 32,97 m — gerade noch ausreichend zum Ausbringen von Fendern beim Festmachen in der Schleusenkammer. Den Panamakanal konnten mithin auch die größten Schlachtschiffe der US Navy passieren, die jeweils in ihrem Dienst gestanden hatten. Dieses Bild zeigt die *New Jersey* beim Passieren, nicht während des zweiten Weltkrieges, sondern zu einem viel späteren Zeitpunkt: nach ihrer Reaktivierung im Jahre 1968 auf dem Marsch nach Vietnam. [BfZ]

Die hohe Geschwindigkeit und auch der enorm große Fahrbereich der *Iowa*-Klasse — diese können bei 12 kn Marschfahrt 18 000 sm zurücklegen, bei 17 kn immer noch 15 900 sm — gaben in der Nachkriegszeit den Anstoß zu mehreren Umbauentwürfen, zu einer Zeit also, da das Schlachtschiff längst seine beherrschende Rolle verloren hatte. So legte das Bureau of Ships im Jahre 1958 eine Studie vor, wobei der Umbau zu „high-speed missile monitors" ins Auge gefaßt war. Im Detail hatte man dabei den Ausbau aller drei schweren Türme vorgesehen; dafür sollten je zwei Doppelstarter für „Talos"- und „Tartar"-Schiff/Luft-Flugkörper, eine „Asroc"-Achtfach-Starterbox sowie eine „Regulus II"-Anlage mit vier Flugkörpern eingebaut werden. Weiter war die Installation eines leistungsfähigen Bug-Sonarwulstes vorgeschlagen worden, dazu Einrichtungen für die Anbordnahme zweier U-Abwehr-Hubschrauber, Feuerleitsysteme für die „Talos"- und „Tartar"-Waffensysteme und Einrichtungen zur Funktion als Führungsschiffe. Die Abgabe großer Gewichtsmassen durch den Ausbau der schweren Türme hätte eine Verdoppelung des Brennstoffvorrates zugelassen, womit ein noch weit größerer Fahrbereich ermöglicht worden wäre, aber ebenso auch die Versorgung anderer Einheiten mit Brennstoff. Die Kosten für einen solchen Umbau wurden pro Schiff mit 178 Millionen Dollar kalkuliert, dazu weitere 15 Millionen für die „Tartar"-Doppelstarter. Weil diese Kosten jedoch viel zu hoch waren, hatte dieser Vorschlag von vornherein keine Chance, verwirklicht zu werden. Deshalb wurde in einer weiteren Studie ein Teilumbau untersucht: Hier sollten die vorderen Türme an Bord behalten und nur je ein Doppelstarter für „Talos"- und „Tartar"-Flugkörper, dazu die „Asroc"-Batterie, aber zwei „Regulus II"-Waffensysteme mit zusammen sechs Flugkörpern installiert werden. In diesem Fall hätte der Brenn-

stoffvorrat zwar nicht verdoppelt, aber immerhin auf 11 600 ts erhöht werden können, ausreichend für rund 26 000 sm bei 12 kn Fahrt. Als notwendig wurden dabei Änderungen bei den Aufbauten erachtet, insbesondere die Errichtung von „macks" an Stelle der bisherigen Schornsteine und Masten, um Antennen und Sensoren besser unterbringen zu können. Der gepanzerte Kommandostand sollte ebenfalls entfernt werden. Die Umbauversion wurde auf 84 Millionen Dollar berechnet, bei Verzicht auf das „Asroc"-Waffensystem und auf den Bug-Sonarwulst nur um ein Geringes weniger. Die Weiterentwicklung der Flugkörper-Waffensysteme — insbesondere der Übergang zu ballistischen, von U-Booten aus einsetzbaren Flugkörpern — gab dann den Anlaß, von diesen Projekten abzurücken und die Arbeiten an ihnen einzustellen. 1962 tauchte noch einmal ein Umbauentwurf auf, welcher von Navy und Marine Corps gemeinsam bearbeitet wurde. Hier ging es um den Umbau zu „Force bombardment and assault ships": Auch hier sollte der achtere 40,6-cm-Turm in Wegfall kommen, und zwar um Platz für ein großes Hubschrauberdeck zu erhalten, das sich vom Ende der Aufbauten bis zum Heck erstrecken sollte. Jeweils ein ganzes Bataillon des Marine Corps war zur Einschiffung bestimmt, für deren Transport zum Einsatzraum zwanzig Hubschrauber und sechzehn Landungsboote an Bord genommen werden sollten. Mit den beiden vorderen 40,6-cm-Türmen wollte man ihren Feuerschutz sicherstellen. Die Kosten für einen solchen Umbau wurden auf zwischen 5 und 20 Millionen Dollar pro Schiff errechnet, was vergleichsweise sehr günstig gewesen wäre. Gleichwohl ist einer Realisierung die Zustimmung versagt geblieben. Hier eine „artist impression", wie man sich damals den Umbau zu „Force bombardment and assault ships" vorgestellt hat.

[United States Naval Institute Proceedings]

„Large Cruisers": Nicht auf Forderungen der Marine zurückzuführen

Weniger auf die Forderungen der Marine selbst als vielmehr auf das persönliche Engagement Präsident Roosevelts und sein Interesse an einem den deutschen 10 000-ts-Panzerschiffen und den gerüchtweise auch in Japan im Bau befindlichen etwa gleichartigen Schiffen überlegenen Typ war der Bau der Alaska-Klasse zurückzuführen. Typmäßig hatten die Schiffe der Alaska-Klasse durchaus die Merkmale von Schlachtkreuzern früherer Bauperioden, aber bezeichnet wurden sie innerhalb der US Navy als „Large Cruisers", ein Terminus, der ihrem wahren Charakter kaum gerecht werden konnte: Als „Kreuzer" waren sie erheblich zu groß und kostspielig, und darüber hinaus zu sehr verwundbar, als daß sie im Verband mit den Schlacht-schiffen hätten operieren dürfen. Ursprünglich schwebte den Amerikanern eine Anzahl von zwölf Schiffen dieser Klasse vor, in Bau gegeben wurden nur sechs, davon fertiggestellt nur zwei, nämlich Alaska und Guam. Als diese einsatzbereit geworden waren, neigte sich der Krieg bereits dem Ende zu. Nach einer Dienstzeit von nur 32 bzw. gar nur 29 Monaten wurden sie wieder außer Dienst gestellt. Nachdem sie jahrelang der „mothball fleet" angehörten, wurden sie verschrottet, ohne jemals noch einmal in Dienst genommen worden zu sein. Dieses Bild ist am 22. September 1944 aufgenommen worden und zeigt die Alaska noch während ihrer Einfahrzeit.   [BfZ]

Eine ungewöhnliche Aufnahme der *Alaska* vom 5. Juni 1944 bei der New York Shipbuilding Corporation, Camden, N. J., wenige Tage vor der Indienststellung. Abweichend von der bisher üblichen Anordnung von Katapulten ganz achtern war man hier zu jenen Praktiken zurückgekehrt, wie man sie bei den bis zur *New-Orleans*-Klasse gebauten Schweren Kreuzern kannte, bei denen die Katapulte jeweils hart an der Schiffsseite im Mittelschiff aufgestellt worden waren. Hier sieht man deutlich das Steuerbord-Katapult auf seinem hohen Sockel. Zum Flugzeugstart mußte das Katapult seitwärts ausgeschwenkt werden. Man sieht hier auch einen der beiden Flugzeughangars, die in die Brückenaufbauten integriert sind. Ihre Position haben sie zu beiden Seiten des Turmmastes, mit dem sie fast genau abschneiden. Zu der Bordfluganlage gehören auch die beiden Flugzeugkräne neben dem Schornstein; diese nahmen die gewasserten Flugzeuge wieder an Bord und setzten sie dahinter an Deck ab, wenn sie in den Hangars verstaut werden sollten. Das war aber nur möglich, wenn man ihnen die Tragflügel abnahm.   [USN]

Das dritte Schiff der *Alaska*-Klasse, die *Hawaii,* war erst verhältnismäßig spät — im Dezember 1943 — auf Kiel gelegt worden und sollte gemäß Baukontrakt zum 1. Dezember 1945 fertiggestellt sein. Dieser Termin konnte nicht eingehalten werden, weil schon bald nach der Auftragsvergabe die Prioritäten im Kriegsschiffbau auf andere Gattungen verlagert wurden, so daß Verzögerungen hingenommen werden mußten. Als die *Hawaii* Ende 1945 zu Wasser gelassen werden konnte, hatte der Krieg schon sein Ende gefunden, und an Schiffen dieses Typs bestand kaum mehr eine Verwendungsmöglichkeit. Gleichwohl wurden an ihr die Arbeiten bis April 1947 weitergeführt. Seit Herbst 1946 waren nämlich Entwurfsarbeiten im Gang, die den Fertigbau der *Hawaii* als Testschiff für Marine-FK-Waffensysteme vorsahen. Diese Planungen fanden aber ebensowenig die Zustimmung der kompetenten Gremien wie eine Projektstudie von 1951, die den Fertigbau der *Hawaii* als Tactical Command Ship vorsah. Hier läuft die *Hawaii* am 3. November 1950 bei der New York Shipbuilding Corporation, Camden, N. J., vom Stapel. Die neben den Ankern herabhängenden Ketten sollen den Rumpf abbremsen, sobald er aufgeschwommen ist. [BfZ]

Abkehr vom „high speed battleship"

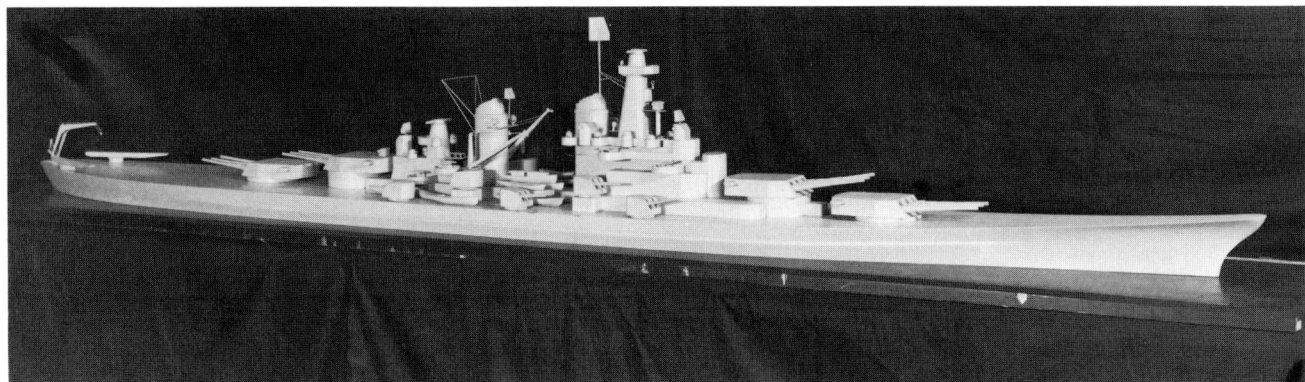

Zwischen 1938 und 1939 trat ein bemerkenswerter Wandel innerhalb der US Navy ein: Nachdem 1938 die Konzeption des „high-speed battleship" durchgesetzt worden war und in der *Iowa*-Klasse verwirklicht wurde, hielt man es schon ein Jahr später für erforderlich, zukünftig wieder stärker geschützte und noch schwerer bewaffnete Schlachtschiffe zu bauen, die deshalb weniger schnell zu sein brauchten. Die ersten Entwurfsarbeiten begannen bereits im Sommer 1939 und hatten offenbar das Ziel, bei Wahrung des 45 000-ts-Limits die geforderten Ziele zu erreichen. Aber unter dem Eindruck der ersten Kriegserfahrungen in Europa erschien es bereits 1940 angemessen, mit der Verdrängung wesentlich heraufzugehen, um ein Optimum an Standfestigkeit zu erlangen. Als dann im Frühjahr 1942 die Einstellung des Projekts verfügt wurde, war man bereits bei einer Standardverdrängung von mehr als 63 000 ts angelangt. Fünf Schiffe standen als *Montana*-Klasse auf dem Programm; ihre Bauaufträge waren bereits im Sommer 1940 erteilt worden, aber von keinem mehr wurde noch der Kiel gestreckt. Die US Navy hatte gerade rechtzeitig genug erkannt, daß nicht mehr das Schlachtschiff — und sei es noch so stark und standfest — die entscheidende Rolle im Kriegsgeschehen spielte, sondern der Flugzeugträger. Mit dieser *Montana*-Klasse waren die USA übrigens erstmals von ihrem Grundsatz abgewichen, der von der Schiffsbreite her die Passage des Panamakanals vorschrieb. Als wenig später der erste große Flugzeugträger, die *Midway* (dieser und

fünf Schwesterschiffe waren als eine Art von Ersatz für die *Montana*-Klasse in Bau gegeben worden), auf Kiel gelegt wurde, hatte man auch bei ihr schon auf diese Eigenschaft verzichtet — alle von da ab neuentworfenen amerikanischen Flugzeugträger bis zur Gegenwart müssen den Seeweg um eines der beiden Kaps wählen, wenn sie von West nach Ost oder umgekehrt verlegt werden. Oben eine Modellaufnahme der Montana-Klasse nach dem Entwurfsstand von 1940, unten die „artist impression" des endgültigen Entwurfes.
[Foto: USN; Zeichnung: United States Naval Institute Proceedings]

Großkampfschiffe
der japanischen Marine

Die verhinderten „all big gun battleships"

Zum Zeitpunkt ihrer Kiellegung im Frühjahr 1905 waren *Satsuma* und *Aki* die beiden ersten „all big gun battleships" der Welt — jedenfalls wären sie es geworden, wenn sie nach den ursprünglichen Plänen fertiggestellt worden wären. Vorgesehen waren nämlich pro Schiff zwölf 30,5-cm-Geschütze, und zwar in je einem Zwillingsturm vorn und hinten, dazu ein Zwillingsturm und je ein Einzelturm davor und dahinter an jeder Seite. Weil diese 30,5-cm-Geschütze noch in Großbritannien gekauft werden mußten und die Geldmittel — schon bedingt durch den Krieg mit Rußland — zusammengeschmolzen waren, entschloß man sich, anstatt der 30,5-cm-Geschütze auf den seitlichen Positionen ein kleineres Kaliber — 25,4 cm — zu nehmen. Diese Geschütze mußten zwar ebenfalls in England gekauft werden, doch waren sie billiger zu haben. Diese Einsparung ermöglichte es, die in den USA bestellten Turbinen zu bezahlen, die für *Aki* vorgesehen waren. Während für die zwanzig Kessel der von Expansions-Dampfmaschinen angetriebenen *Satsuma* nur zwei Schornsteine erforderlich waren, benötigte man für die fünfzehn Kessel der *Aki* drei Schornsteine. Seinen Grund hatte das in der Anordnung der Kesselräume, die auf jedem Schiff anders war. Hier ist die *Aki* zu sehen, am 26. Dezember 1915 in Kure aufgenommen. Auf den Endtürmen je ein 7,6-cm-Geschütz. Nach Außerdienststellung diente die *Aki* als Testschiff für die Erprobung des neuen 60,9-cm-Torpedos und danach als Zielschiff für Bombenwürfe. [BfZ]

100

Verspätete Aufnahme des Großkampfschiffbaus

Nachdem Japans erster Vorstoß in Richtung auf das „all big gun battleship" wegen finanzieller Hürden auf halber Strecke steckengeblieben war, kam seine Marine wegen des Krieges gegen Rußland ins Hintertreffen: Inzwischen waren Großbritannien, die Vereinigten Staaten und Deutschland zum Bau von Großkampfschiffen übergegangen, andere Seemächte standen unmittelbar davor. Um seine durch den siegreichen Krieg erworbene Vormachtstellung in Ostasien zu behaupten und zu festigen, mußte Japan mitziehen und ebenfalls den Bau von „all big gun battleships" aufnehmen. Die beschränkten Geldmittel erlaubten vorerst nur zwei Einheiten, *Kawachi* und *Settsu,* die im ersten Quartal von 1909 auf Kiel gelegt wurden.

Sie fundierten auf selbständigen Entwürfen japanischer Konstrukteure; lediglich die schwere Artillerie mußte in Großbritannien gekauft werden, für den Bau der Turbinen hatte man die notwendigen Lizenzen erworben. In ihrem äußeren Design lehnten sich beide Schiffe an die *Aki* an, nur mit dem Unterschied, daß auf ihnen der mittlere der drei Schornsteine näher am hinteren Schornstein stand. An ihren Dreibeinmasten *(Kawachi* und *Settsu* waren die ersten japanischen Kriegsschiffe, die sie erhielten) konnte man sie außerdem von *Aki* unterscheiden. Oben ist die *Kawachi* auf einer Probefahrt am 6. Februar 1912 zu sehen, wenige Wochen vor ihrer Indienststellung. Unteres Bild: *Settsu,* vor Kure liegend. [BfZ]

Eine Kuriosität gibt es von der schweren Artillerie auf *Kawachi* und *Settsu* zu berichten: Wohl hatten alle zwölf Rohre das gleiche Kaliber, aber sie gehörten zwei verschiedenen Modellen an: Die Seitentürme hatten kürzere Rohre als die Endtürme, und dementsprechend unterschiedlich waren die Schießleistungen. Die Erklärung: Nach den ursprünglichen Plänen sollte die schwere Artillerie aus einheitlichen Geschützen bestehen, aber dann ließ es die Haushaltslage zu, ein neu entwickeltes Modell von größerer Leistungsfähigkeit zu kaufen, allerdings in begrenzter Stückzahl. So kam es dann zu jener unterschiedlichen Bewaffnung. Oben die *Settsu* beim Anschießen der schweren Artillerie bald nach der Indienststellung, unten bei einer Schießübung am 25. Oktober 1915. [BfZ]

Nicht nur wegen ihrer aus zwei Geschützmodellen bestehenden schweren Artillerie war die *Kawachi*-Klasse beachtenswert, sondern auch im Hinblick auf ihre Mittelartillerie: Diese bestand nämlich aus Geschützen zweier verschiedener Kaliber: Zum einen hatte man zehn 15,2-cm-Geschütze in Kasematten im Batteriedeck, zum anderen noch acht 12-cm-Geschütze, letztere teils hinter Schutzschilden an Deck, teils ebenfalls im Batteriedeck — ein einmaliges Vorgehen! Oben ist die *Kawachi* in Kobe vor Anker liegend zu sehen, wobei ihr wichtigstes Unterscheidungsmerkmal zu ihrem Schwesterschiff zutage tritt:

der geradlinig abfallende Vorsteven. Die *Kawachi* sank am 12. Juli 1918 in der Tokuyama-Bucht, nachdem sich auf ihr eine heftige Explosion ereignet hatte: Ihre Munition war hochgegangen. Die Untersuchungen ergaben, daß sich Cordit entzündet hatte, was zur Explosion führte und das Schiff völlig zerstörte. Mehr als 500 Mann der Besatzung fanden dabei den Tod. Die Reste der *Kawachi* wurden später am Untergangsort abgebrochen. Das Bild auf der nächsten Seite, aus der gleichen Perspektive aufgenommen, zeigt die *Settsu*, bei der man den sichelförmig ausladenden Vorsteven gut erkennen kann. [BfZ]

Die *Settsu* mußte aufgrund des Washington-Abkommens ausrangiert werden, durfte aber nach entsprechender Abrüstung als Zielschiff weiterverwendet werden. Als solches diente sie mehr als zwei Jahrzehnte lang, fast bis zum Ende des Krieges. Sie stand dabei meistens der Marineluftwaffe als Abwurfziel zur Verfügung und hatte dabei einen wesentlichen Anteil an dem hohen Ausbildungsstand der Trägerflugzeug-Piloten und somit an deren An-

fangserfolgen. Ende Juli 1945 wurde die *Settsu* vor Tsukumo nach einem Bombentreffer sinkend auf Grund gesetzt und bald danach an Ort und Stelle abgebrochen. Wie die *Settsu* aussah, als der erste Weltkrieg zu Ende war, zeigt das obere Bild. Unten ist sie als Zielschiff zu sehen, aufgenommen am 1. April 1940 in Kure. In diesem Zustand blieb die *Settsu* bis ganz zuletzt.

[BfZ]

Linienschiffe oder Panzerkreuzer?

In der neueren Literatur werden *Kurama* und *Ibuki* gelegentlich als Linienschiffe bezeichnet, zu Unrecht: Entscheidend ist, als was sie seinerzeit in Bau gegeben worden sind, nämlich als Soko-Junyokan, also als Panzerkreuzer. Später, nachdem sie fertiggestellt worden waren, sind sie marineseitig als Junyo Senkan, Schlachtkreuzer, bezeichnet worden. Dies darf aber nicht darüber hinwegtäuschen, daß diese Schiffe von ihrer gesamten Konzeption her blieben, was sie von Anfang an waren: gut geschützte Kreu-

zer, aber nicht einmal sonderlich schnell, jedoch mit der Bewaffnung von Linienschiffen der Übergangszeit, d. h. mit zwei schweren Kalibern. Im Hinblick auf ihre mäßigen Panzerdicken (maximal 178 mm) ist aber weder die Einordnung in die Kategorie der Linienschiffe vertretbar, noch konnten sie wegen der geringen Geschwindigkeit von wenig mehr als 22 kn Schlachtkreuzer sein. Wenn sie innerhalb der japanischen Marine dennoch als solche bezeichnet wurden, so entsprach das wohl einer Art von

Anpassungsprozeß an den britischen *Invincible*-Sprung (siehe Band I). So bleibt unter dem Bruchstrich nur die Feststellung, daß *Kurama* und *Ibuki* das Endglied der Panzerkreuzer-Entwicklung der japanischen Marine waren oder, wenn man so will, die Vorstufe zum „echten" Schlachtkreuzer. Links liegt die *Kurama* auf Spithead-Reede, zusammen mit britischen Schlachtschiffen. Dieses Bild wurde im Juni 1911 anläßlich einer Europa-Reise aufgenommen. Hier sieht man die *Kurama* im Hafen von Kure, aufgenommen am 18. Juni 1913. Im Hintergrund rechts das Schlachtschiff *Settsu*. Die *Ibuki* unterschied sich von *Kurama* durch das Fehlen der Schrägbeine an den beiden Masten.

[BfZ]

Anschluß durch britische Hilfe

Noch bevor Einzelheiten über die britische *Invincible*-Klasse bekanntgeworden waren, hatte man in Japan an Studienentwürfen für einen neuen Großkampfschiffstyp zu arbeiten begonnen. Dabei kam man auf eine Verdrängung von knapp 19 000 ts und auf eine Maschinenleistung von 44 000 PS für 25 kn Höchstfahrt, während als Hauptbewaffnung vier 30,5-cm- und zehn 25,4-cm-Geschütze festgelegt wurden. Nachdem über die wahren Eigenschaften der *Invincible* Klarheit erlangt war, hielt man zur Erlangung eines eigenen Vorsprungs zehn 30,5-cm-Geschütze für erforderlich, deren Aufstellungsschema anfangs der deutschen *Moltke*-Klasse und endgültig der britischen *Orion*-Klasse entsprach. Als dann Großbritannien seine *Lion*-Klasse in Bau gab und sich damit erneut einen Vor-

sprung verschaffte, mußte Japan wohl oder übel Hilfe aus dem Ausland in Anspruch nehmen, auch um den Anschluß an die westliche Technologie zu erlangen. Dies konnte am ehesten durch die Inbaugabe eines Modellschiffes erfolgen. Der Baukontrakt kam mit dem britischen Vickers-Schiffbaukonzern zustande, von wo auch der Entwurf stammte. Als die *Kongô*, eben jenes Modellschiff, abgeliefert wurde, repräsentierte sie sich als der derzeit kampfstärkste Schlachtkreuzer, der sogar die britische *Lion*-Klasse übertraf. Allerdings litt die *Kongô* unter ähnlichen Unzulänglichkeiten wie ihre britischen Vorläufer: Ihre Standfestigkeit ließ einiges zu wünschen übrig. Hier das von der Bauwerft erstellte Modell der *Kongô*.

[Sammlung Breyer]

108

Nach den Plänen der *Kongô* wurde als erster der drei auf heimischen Werften zu bauenden Schlachtkreuzer am 4. November 1911 die *Hiei* auf Kiel gelegt und am 4. August 1914 in Dienst gestellt. Von der *Kongô* waren diese drei Einheiten an den etwas näher zusammengerückten vorderen Schornsteinen zu unterscheiden, wie hier bei einem Vergleich mit der Modellaufnahme der *Kongô* leicht festgestellt werden kann. Diese von 26. April 1914 datierende Aufnahme zeigt die *Hiei* bei einer Werkstättenfahrt. Was zwischen den achteren Türmen über Deck ragt, sind vermutlich Meßbehälter für Erprobungszwecke. Hier hatte die *Hiei* übrigens noch die gleich hohen Schornsteine. Aber noch vor ihrer Indienststellung ist der vordere Schornstein um gut 2 m erhöht worden, des besseren Rauchabzuges wegen. [BfZ]

Wie schnell sich Japans Kriegsschiffbau von seiner jahrzehntelangen Auslandsabhängigkeit frei machen und den Anschluß an die derzeitige Technologie gewinnen konnte, machen die vier Schlachtkreuzer der *Kongô*-Klasse deutlich: Während das Typschiff noch im Ausland in Auftrag gegeben werden mußte, konnten die drei folgenden Einheiten auf heimischen Werften gebaut werden, und dabei brauchte man nur für das zweite Schiff, die *Hiei,* noch etwa 30 v. H. des Materials im Ausland zu kaufen. Bei den nächsten beiden Schiffen, *Haruna* und *Kirishima,* hatte man auch dies nicht mehr nötig: Für sie brauchte kein Material mehr importiert zu werden, der japanische Kriegsschiffbau hatte seine Unabhängigkeit erlangt. Diese

beiden Bilder zeigen zwei Schlachtkreuzer dieser Klasse aus gleicher Perspektive: oben die *Hiei* vor Kobe, wegen des Tenno-Geburtstages über die Toppen geflaggt (im Hintergrund rechts die *Kongô,* daneben *Kirishima,* und im Hintergrund links der Panzerkreuzer *Aso,* die ehemalige russische *Bajan;* die Aufnahme wurde am 30. Oktober 1915 von Bord der *Haruna* aus gemacht). Unteres Bild: Hier ist die *Kirishima* zu sehen, rechts dahinter die Panzerkreuzer *Azuma* und *Iwate,* aufgenommen etwa 1919. Vergleicht man diese beiden Bilder, so fallen die bei *Kirishima* bereits recht weit hochgewachsenen Brückenaufbauten auf —, sie waren Attribut an die neuzeitlichen Feuerleitverfahren der Schiffsartillerie. [BfZ]

Wiewohl am Krieg gegen die Mittelmächte beteiligt, erlitt Japans Marine kaum nennenswerte Verluste. Von allen verlorengegangenen größeren Schiffen sank keines durch Feindeinwirkung: Strandung in vier Fällen, innere Explosion in drei Fällen — das waren die Verlustursachen jener Einheiten. Beinahe wäre aber der Schlachtkreuzer *Haruna* verlorengegangen: Im Sommer 1917 lief er auf eine Mine (die vermutlich von dem deutschen Hilfskreuzer *Berlin* gelegt worden war) und wurde ernsthaft beschädigt. Hier eine Aufnahme der *Haruna* in Tarnbemalung, längsseits neben dem Frachter *Kaga Maru* bei der Kohlenübernahme. Das Bild wurde am 21. Oktober 1915 aufgenommen. [BfZ]

Nur *Kongô* und *Hiei* erhielten in den ersten 20er Jahren einen hohen Aufsatz auf dem vorderen Schornstein, der die Rauchgase von der Brücke fernhalten sollte. Wenn man genau hinschaut, kann man die Schiffe recht gut voneinander unterscheiden: Bei der 1926 aufgenommenen *Kongô* steht der vordere Schornstein näher an den Brükkenaufbauten, und zwischen ihm und dem mittleren Schornstein hat noch eine hohe Scheinwerferplattform Platz gefunden (oberes Bild). Das untere Bild zeigt die *Hiei* im August 1925 in Sasebo. Hier kann man erkennen, daß der vordere Schornstein weiter von den Brückenaufbauten entfernt ist, so daß vor ihm noch eine Scheinwerferplattform errichtet werden konnte. Zu diesem Zeitpunkt hatten die japanischen Großkampfschiffe übrigens noch immer ihre Torpedoschutznetz-Installationen, von denen alle übrigen Marinen längst abgegangen waren. Erst spätestens 1929 fielen sie auch auf den japanischen Großkampfschiffen weg. [BfZ]

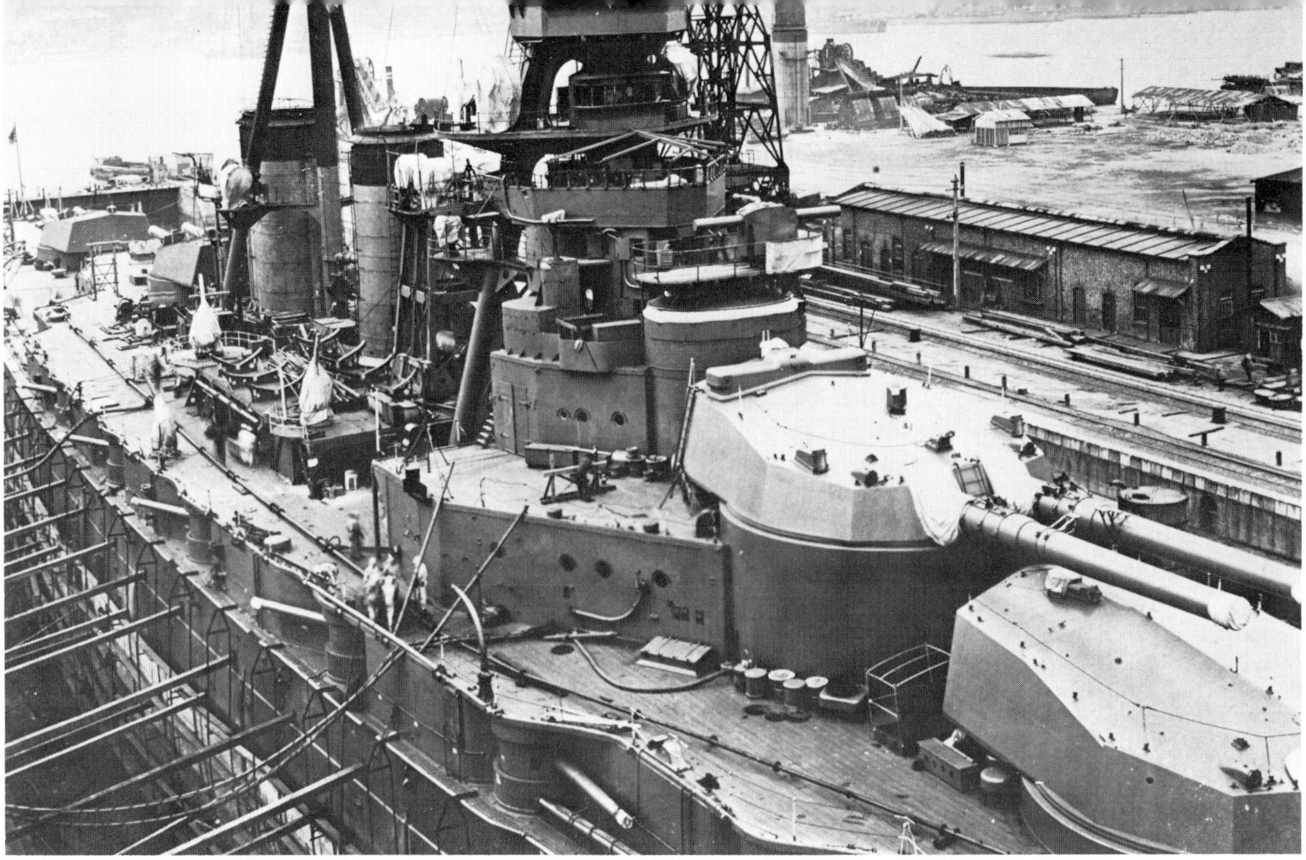

In den 20er Jahren sind die Schlachtkreuzer der *Kongô*-Klasse einem ersten größeren Umbau unterzogen worden, der hauptsächlich die Verstärkung ihres Defensivschutzes einschließlich des Anbaus von Torpedowulsten zum Ziel hatte, darüber hinaus auch den Einbau neuer Kessel. Letzteres wurde daran sichtbar, daß man von jetzt an mit zwei Schornsteinen auskam, die beide oben auffallend verdickt waren. Es handelte sich dabei um eine Konstruktion, die den bei Nacht und Nebel leicht verräterischen Funkenflug verhindern sollte. Weil der vordere Schornstein we-sentlich höher war als der hintere, bekamen diese Schiffe eine Silhouette, die nicht zu verwechseln war. Die obere Aufnahme zeigt die *Kongô* am 24. Dezember 1929 in ihrer Umbauwerft in Yokosuka im Trockendock liegend. Ihr vorderer Schornstein ist bereits ausgebaut und steht im Hintergrund auf der Pier. Das untere Bild ist etwas mehr als zwei Jahre später entstanden, am 20. März 1931, elf Tage vor der Wiederindienststellung. Diese Form behielt die *Kongô* bis zu ihrem 1936 beginnenden Total-umbau. [BfZ]

Kongô, etwa 1928, aus der Sicht des Flugzeugpiloten, jetzt schon ohne Torpedoschutznetze. Der hinter dem dritten Turm installierte Laderaum, dessen Pfosten hier gut zu sehen ist, zeigt an, daß um diese Zeit bereits Bordflugzeuge mitgeführt wurden, freilich noch ohne Katapultstart-Möglichkeit. Um die Bordflugzeuge einzusetzen, mußten sie auf das Wasser abgefiert werden und von dort aus starten. [BfZ]

Von ihrem ersten Umbau ab wurden die Einheiten der *Kongô*-Klasse als Senkan, Schlachtschiffe also, geführt. Im Hintergrund dieses neuen Terminus standen offenbar Überlegungen, die man wegen der durch die Umbaumaßnahmen bewirkten Herabsetzung der Geschwindigkeit von ehedem 27,5 kn auf nunmehr 25,9 kn geführt haben mag. Dieser Umstand und die Verbesserung der Standkraft deuteten mehr auf die Typwerte von Schlachtschiffen hin als auf die von Schlachtkreuzern, zumindest aus japanischer marineamtlicher Sicht. Hier die *Haruna* am 25. Mai 1928, wenige Wochen vor der Wiederindienststellung, vermutlich bei einer Werkstättenfahrt. [BfZ]

Aufgrund des Londoner Flottenvertrages von 1930 mußte ein Schlachtkreuzer der *Kongô*-Klasse als überzählig ausgesondert werden, durfte aber — nach entsprechender Abrüstung — als Schulschiff beibehalten werden. Die Wahl fiel auf die *Hiei*. Im September 1929 ging sie in die Werft; als sie diese drei Jahre später verließ, hatte sie keinen schweren Seitenpanzer mehr, nur noch sechs 30,5-cm-Geschütze, kein einziges 15,2-cm-Geschütz mehr und 25 Kessel weniger und somit nur noch fähig für 18 kn Höchstfahrt. An Stelle der beiden vorderen Schornsteine hatte man einen ganz schmalen Röhrenschornstein mit einem System mehrfach gegliederter Scheinwerfer-Plattformen davor errichtet. Aus dem vorderen Dreibeinmast war ein

pagodenförmiges Gebilde entstanden, so viele Nocken, Stände und Plattformen hatte man an ihm und um ihn herum angebracht. Die obere Aufnahme zeigt die *Hiei* etwa 1924 aus der Luft; über weite Bereiche des Oberdecks sind hier Sonnensegel gespannt. Das andere Bild stammt von Oktober 1936 und zeigt die *Hiei* als Schulschiff. Hier liegt sie in Kobe; im Großtopp weht die Standarte des Tenno, er weilt gerade an Bord. Hier sind übrigens die 15,2-cm-Geschütze wieder zu sehen — man hatte sie kurz zuvor wieder eingebaut. Es fällt auf, daß die *Hiei* besonders hoch aus dem Wasser liegt; zurückzuführen ist das auf die Gewichtsverminderung durch den Umbau.

[BfZ]

Als nach der Londoner Flottenkonferenz von 1930 feststand, daß zunächst auch weiterhin an den Neubau von Schlachtschiffen nicht zu denken war, entschloß sich die japanische Marine zu einem Totalumbau ihrer drei *Kongô*-Schlachtschiffe. Es ging ihr dabei im wesentlichen darum, ·die Geschwindigkeit zu steigern, damit sie zukünftig gemeinsam mit schnellen Flugzeugträgern zusammenwirken und diese sichern konnten. Als erstes Schiff ging im Sommer 1933 die *Haruna* in die Werft, danach die *Kirishima* und schließlich die *Kongô*. Sie alle erhielten nicht nur eine völlig neue Antriebsanlage, sondern wurden auch um rund 8 m verlängert, um den für die geforderte hohe Geschwindigkeit entsprechenden Formwert zu erhalten. Sie erreich-

ten dann 30 kn Höchstgeschwindigkeit, wofür allerdings 136 000 PS erforderlich geworden waren, mehr als das Doppelte der ursprünglichen Leistung. Bei diesem Umbau wurde das äußere Erscheinungsbild dieser Klasse weitgehend geändert. Von jetzt an waren die beiden Schornsteine gleich hoch, aus dem vorderen Dreibeinmast (der zuvor schon als solcher nicht mehr erkennbar war!) war ein regelrechter „Pagodenmast" geworden. Hier ist die *Haruna* nach jenem Umbau zu sehen. Dabei fällt auf, daß ihr hinterer Schornstein ein wenig höher ist als der vordere: Dies war das wohl markanteste Merkmal, an dem sich die *Haruna* von ihren Schwesterschiffen unterscheiden ließ. [BfZ]

Nur vier Jahre lang diente die *Hiei* als Schulschiff. Als sie — scheinbar routinemäßig — im November 1936 in der Werft eintraf, ahnte das Ausland noch keineswegs, daß die Japaner die bestehenden Flottenverträge unterlaufen und sich auf „kaltem Wege" ein zusätzliches Schlachtschiff verschaffen würden. Sorgsam abgeschirmt gegen Beobachtung von außen erhielt die *Hiei* all jenes wieder, was man einige Jahre zuvor von ihr genommen und sorgsam arsenalisiert hatte, also vor allem den schweren Seitenpanzer und den vierten schweren Turm. Gleichzeitig wurde sie wie in den 30er Jahren ihre

Schwesterschiffe umfassend modernisiert, wozu u. a. der verbesserte Schutz und die neue Antriebsanlage gehörten. Am 31. Januar 1940 konnte die *Hiei* nach mehr als dreijähriger Umbauzeit wieder in Dienst gestellt werden. Sie sah ihren drei Schwesterschiffen jetzt sehr ähnlich, aber mit einer Ausnahme: An Stelle des Pagoden-Turmmastes hatte sie einen kompakten Mastturm erhalten, der als Prototyp für die *Yamato*-Klasse entwickelt worden war. Hier eine Gegenlichtaufnahme der *Hiei* nach ihrem Umbau.

[Sammlung Breyer]

116

Geldknappheit bewirkt weitere Verzögerungen im Großkampfschiffbau

Die bescheidenen Geldmittel des Haushaltsjahres 1911 reichten nur für die Inbaugabe eines einzigen Schlachtschiffes aus, der *Fusô*. Mit ihrem Bau ist Anfang 1912 begonnen worden. Ein zweites Schiff, *Yamashiro*, konnte erst mit den Haushaltsmitteln des Jahres 1913 in Bau gegeben werden — seine Kiellegung erfolgte Ende 1913. Die *Fusô* wurde gegen Ende 1915 fertig, die *Yamashiro* erst im Frühjahr 1917. Ihre Bewaffnung bestand aus zwölf 35,6-cm-Geschützen in sechs Zwillingstürmen, von denen zwei im Mittelschiff — jeweils einer hinter jedem Schornstein — angeordnet wurden. Dabei hatte der hintere Mittelturm die gleiche Feuerhöhe wie der vorletzte Endturm, was als besonderes Merkmal dieser Klasse galt. Hier sind beide Schlachtschiffe in ihrem ursprünglichen Zustand zu sehen: oben die *Fusô* am 25. Juni 1919 in Kure (mit dem alten Linienschiff *Satsuma* im Hintergrund links), unten die *Yamashiro* am 4. Juli 1917 in Yokosuka. Beim genaueren Hinschauen kann man feststellen, daß auf *Fusô* der Abstand zwischen vorderem Dreibeinmast und vorderem Schornstein etwas größer ist als auf *Yamashiro*. Der Grund: *Yamashiro* erhielt einen vergrößerten Kommandostand, und deshalb mußte der Mast um etwa 1 m zurückgesetzt werden, also näher zum Schornstein hin.

[BfZ]

117

In den 20er Jahren änderte sich das äußere Erscheinungsbild von *Fusô* und *Yamashiro*. So sind an und um den
vorderen Mast immer mehr Stände und Plattformen hin-
zugekommen, so daß von der Mast-Grundstruktur kaum
mehr etwas zu sehen war. Dazu erhielt der vordere
Schornstein eine hohe Schrägkappe, während vor dem
hinteren Schornstein eine mehrgeschossige Scheinwerfer-
Plattform errichtet wurde. Zu dieser Zeit befand sich —
wie hier zu sehen ist — bereits ein Flugzeug an Bord, das
freilich zum Starten auf die Wasseroberfläche gesetzt werden mußte. Dieses Bild zeigt die *Yamashiro* im Jahre
1930.   [Sammlung Breyer]

Gleich zu Beginn der 30er Jahre wurden auch *Fusô* und
Yamashiro modernisiert. Neben der Verbesserung ihrer
Defensiv-Eigenschaften — sie erhielten Torpedowülste
und stärkeren Horizontalpanzer — wurde auch ihre Geschwindigkeit gesteigert: Fortan liefen sie 24,7 kn statt
der ursprünglichen 23 kn. Erkauft wurde dieser Zuwachs
durch eine völlig neue Antriebsanlage mit nahezu doppelt
so großer Leistung — ein Aufwand, der eigentlich außerhalb aller ökonomischen Überlegungen stand. Selbstverständlich wurden auch die übrigen Gefechtswerte verbessert: Moderne Feuerleitmittel, größere Schußweiten ▷
und neue Fla-Waffen gehörten ebenso dazu wie die Vergrößerung des Fahrbereichs. Oben sehen wir die *Fusô*
am 28. April 1933 (wenige Tage vor Abschluß des Umbaus), hier noch in dem großen Trockendock der Marinewerft Kure liegend, in dem viereinhalb Jahre später die
Yamato gebaut wurde. Unteres Bild: Die *Yamashiro*
am 20. Oktober 1934 beim Umbau in der Marinewerft
Yokosuka, ebenfalls in einem Trockendock liegend.

[BfZ]

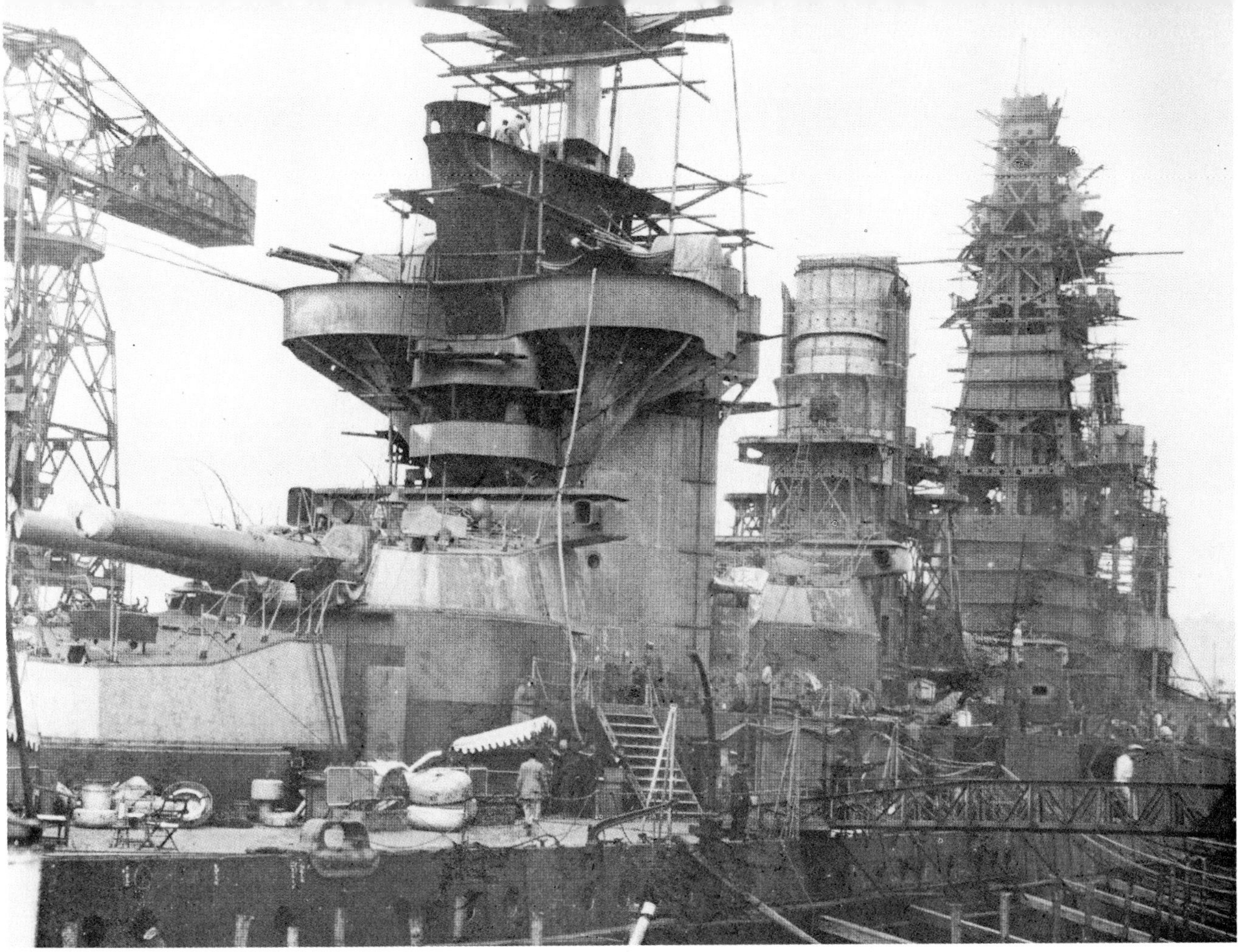

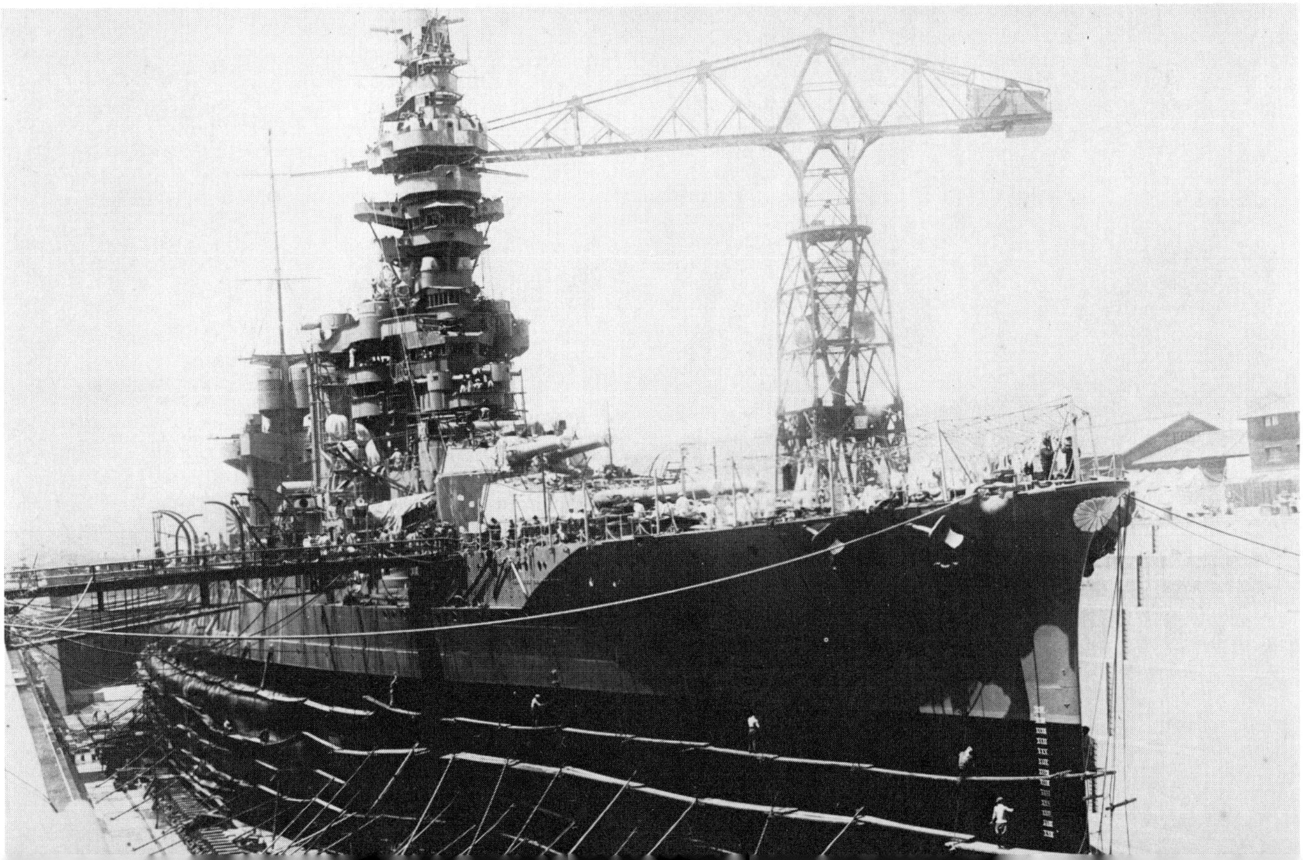

So sahen sie nach ihrer Modernisierung aus: Oben die *Fusô* gleich nach der Wiederindienststellung 1933, darunter *Yamashiro* in der Umbauwerft Yokosuka liegend, aufgenommen am 27. Januar 1935, kurz vor dem Abschluß der Umbauarbeiten. Während *Fusô* sein Katapult zunächst auf Turm C führte, hatte *Yamashiro* dieses auf der Steuerbord-Schanz erhalten. Von 1938 an befand es sich aber auch auf *Fusô* auf dem Achterschiff. Auf größere Entfernungen ließen sich diese beiden Schiffe seither nur an der unterschiedlichen Form ihres Pagodenturms unterscheiden. [BfZ]

Die Installierung neuer Feuerleitgeräte gehörte mit zu den wichtigsten Maßnahmen bei der Modernisierung von Schlachtschiffen der japanischen Marine. Hier ein Blick von der Back auf den Pagodenturm der *Fusô*, auf dem ganz oben ein Entfernungsmeßgerät seinen Platz hat, dessen Ähnlichkeit mit deutschen Geräten aus jener Zeit nicht zu übersehen ist. Diese Pagodentürme hatten — wie hier erkannt werden kann — eine relativ schmale Basis. Das Bild wurde am 21. Mai 1936 aufgenommen. [BfZ]

Anscheinend wegen Mangels an geeigneten Positionen an Oberdeck hat man die Hälfte der schweren Flak von *Fusô* und *Yamashiro* zu beiden Seiten des achteren Mastes auf hochgelegenen Plattformen postiert. Hier ein Blick von achtern auf die *Fusô* mit den beiden 12,7-cm-Doppelflak auf jenen neugeschaffenen Positionen. Charakteristisch waren die unsymmetrischen Schutzschilde dieses Geschützmodells. Auch dieses Bild stammt vom 21. Mai 1936. [BfZ]

Die Schlacht um Leyte wurde den Schlachtschiffen der *Fusô*-Klasse zum Schicksal. Sie gehörten einer Kampfgruppe an, die gegen die Amphibischen Verbände der US Navy angesetzt wurde und sich in der Sulu-See mit einer anderen Kampfgruppe vereinigen sollte. Als die Japaner die Surigao-Straße passieren wollten, stießen sie dort auf einen weit überlegenen amerikanischen Flottenverband, wobei es zur letzten „klassischen" Seeschlacht der Geschichte kam: Schiffe kämpften gegen Schiffe, Verbände gegen Verbände. Dabei blieb die *Fusô* schwer getroffen liegen und sank wenige Stunden später, während die *Yamashiro* von amerikanischen Schlachtschiffen und Kreuzern regelrecht zusammengeschossen wurde und unter heftigen Explosionen unterging. Dies ist eine der letzten Aufnahmen der *Yamashiro*. Gemacht wurde sie am Vortag, am 24. Oktober 1944, von Flugzeugen des amerikanischen Flugzeugträgers *Enterprise* (CV-6), als sie und ihr Verband sich dem Südzugang der Surigao-Straße näherten und von amerikanischen Trägerflugzeugen angegriffen wurden. Man sieht hier die Bombeneinschläge um sie herum, aber an diesem Tag hatte sie noch einmal Glück: Sie erlitt nur mäßige Schäden. Aber wenige Stunden danach brach die Katastrophe über sie herein.

[BfZ]

Kontinuierliche Baupolitik

Im Haushaltsjahr 1914 wurde der Bau der beiden nächsten Schlachtschiffe, *Hyuga* und *Ise,* abgesichert. Die Aufträge dazu wurden wiederum an Privatwerften übertragen, um die Kontinuität der bisher verfolgten Baupolitik einzuhalten: Die beiden ersten Schlachtschiffe und ein Schlachtkreuzer der *Kongô*-Klasse waren von Marinewerften gebaut worden, die beiden dann folgenden Schlachtkreuzer von Privatwerften, schließlich die Schlachtschiffe der *Fusô*-Klasse wieder von den Marinewerften, und so ging das in laufender Folge weiter. Hier wird die *Hyuga* am 27. Januar 1917 von der Helling zu Wasser gelassen, auf der bald danach das Schlachtschiff *Tosa* begonnen wurde. [BfZ]

Hyuga und *Ise* waren die verbesserten Nachfolger der *Fusô*-Klasse und hatten die gleichen Kampfwerte wie diese. Anders als bei ihren Vorgängern hatte man auf *Hyuga* und *Ise* jedoch die mittleren schweren Türme zu einer Gruppe zusammengefaßt und hinter dem achteren Schornstein in überhöhender Anordnung aufgestellt. Dadurch konnten die Kesselräume günstiger angeordnet, die Schornsteine näher zueinander aufgestellt und die Munitionskammern dieser Mitteltürme auch besser geschützt werden. Hier ein Bild von *Hyuga* von etwa 1919/20 (oben). Das untere Bild zeigt die mittlere Turmgruppe und im Hintergrund einen Teil der neuen 14-cm-Geschütze, die *Hyuga* und *Ise* als erste Großkampfschiffe erhalten hatten. [BfZ]

124

Aus dem Flugzeug fotografiert: Schlachtschiff *Hyuga*, etwa 1929, mit zahlreichen größeren und kleineren Beibooten an Oberdeck. Gut erkennbar ist hier die wellenförmige Einschnürung der Back oberhalb des Batteriedecks: Dadurch wurde für die vorderen Geschütze der Mittelartillerie der Seitenrichtbereich so weit vergrößert, daß sie auch noch in Richtung recht voraus feuern konnten. [BfZ]

Die Modernisierung von *Hyuga* und *Ise* erfolgte von 1934 bis 1937, und zwar nach den gleichen Normen wie für die *Fusô*-Klasse. Hier sieht man die *Hyuga* am 10. Mai 1937 in der Sukumo-Bucht, wenige Wochen nach der Fertigstellung. Gut erkennbar ist hier der erhöhte Seitenschutz durch die angebauten Torpedowulste. *Hyuga* und *Ise* führten seither nur noch einen einzigen Schornstein. Auch sie waren übrigens um einige Meter verlängert worden und erreichten jetzt ebenfalls 1,7 kn mehr als zuvor. [BfZ]

In der Schlacht bei den Midway-Inseln verloren die Japaner vier Flugzeugträger. Um diese Verluste so schnell wie möglich wettzumachen, entschlossen sie sich zu einer Reihe von Sofortmaßnahmen. Eine davon war der Umbau von *Hyuga* und *Ise* zu „Halb-Flugzeugträgern". Das geschah in der Form, daß man ihnen die beiden achteren Türme wegnahm und an ihrer Stelle ein Flugdeck mit Hallendeck darunter errichtete. Vollwertige „Flugzeugträger" konnten diese Schiffe allerdings nicht werden, weil ihre Flugzeuge zwar von ihnen starten, nicht aber wieder auf ihnen landen konnten. Vorgesehen waren je Schiff 22 Sturzbomber und zwei Katapulte. Weil die Sturzbomber nicht mehr zur Verfügung gestellt werden konnten, mußte auf den vorgesehenen speziellen Einsatz dieser Schiffe verzichtet werden — ihr Umbau war umsonst gewesen. Hier sind die beiden Schiffe als „Halb-Flugzeugträger" zu sehen: oben die *Ise*, am 24. August 1943 aufgenommen, unten die *Hyuga*.   [Aus „Ships of the World"]

Gemeinsam auf gleicher Position und am gleichen Tag „starben" *Hyuga* und *Ise,* genau wie es bei ihren Vorgängern *Fusô* und *Yamashiro* der Fall war. Ihr Schicksal ereilte *Hyuga* und *Ise* am 28. Juli 1945 in Kure, wo sie bei Massenangriffen amerikanischer Trägerflugzeuge von zahlreichen Bomben getroffen wurden und auf Grund sanken. Hier sieht man nach Kriegsende die beiden Schwesterschiffe liegen, oben die *Hyuga* (Aufnahme vom August 1946), unten die *Ise* (aufgenommen etwa Anfang 1946).

[Fukui und Sammlung Breyer]

Vorsprung durch 40,6 cm-Kaliber

Auf den Übergang der britischen Marine zum 38,1-cm-Kaliber zeigte die japanische Marine zunächst keine Reaktion nach außen hin. Als aber in Europa der Krieg ausgebrochen war, sah die japanische Marineführung die Stunde für gekommen, ihrerseits an eine Kalibersteigerung zu denken. Indem sie sich für 40,6 cm entschied, sicherte sie sich allen anderen Seemächten gegenüber einen beachtlichen Vorsprung. Das erste Schlachtschiff, welches mit diesem neuen Geschütz bestückt wurde, war die *Nagato*. Als sie im Herbst 1920 in Dienst gestellt wurde, war sie das stärkste Schlachtschiff ihrer Zeit und blieb es

bis zum Herbst 1927, als die kalibergleiche, aber rohrstückzahlstärkere britische *Nelson*-Klasse fertig wurde. Allerdings: Schon ab 1921 bekam die *Nagato* Rivalen. Es waren dies die amerikanischen Schlachtschiffe der *Maryland*-Klasse (siehe Seite 58 ff.). Hier ist die *Mutsu* zu sehen, das ein Jahr nach der *Nagato* in Dienst gestellte Schwesterschiff, aufgenommen im Herbst 1921. Beide hatten — wie hier bei der *Mutsu* zu sehen ist — noch Torpedoschutznetze erhalten, denen die anderen Marinen längst abgeschworen hatten.   [BfZ]

Nach dem ersten Weltkrieg begann die japanische Marine mit diversen Versuchen zur Mitnahme und zum Einsatz von Bordflugzeugen. So erhielt 1922 das Schlachtschiff *Yamashiro* auf Turm B eine 19 m lange Startplattform nach britischem Vorbild, von der ein Radflugzeug des britischen Musters Gloster „Sparrowhawk" starten konnte. Die nächsten Versuche liefen 1925/26 mit einer von dem deutschen Flugzeugbauer Ernst Heinkel gelieferten

Startplattform von 18 m Länge (kein Katapult!). Von diesem konnte ein Schwimmerflugzeug starten, wenn es dazu auf ein Fahrgestell gesetzt worden war, das seinerseits in einer Gleisspur bis zum Ende der leicht abschüssigen Plattform rollte. Hier sieht man, wie das Versuchsflugzeug der *Nagato* — nur diese hatte die Heinkel-Plattform erhalten! — umgesetzt wird.   [Sammlung Breyer]

Nagato, aufgenommen am 12. April 1922 in Yokosuka, hier schon ohne Torpedoschutznetze und mit einer hohen Schrägkappe auf dem vorderen Schornstein. Auf diesem Bild kann man sehen, daß der vordere Mast nicht mehr als Dreibeinkonstruktion aufgebaut war, sondern als Sechsbeinmast. [Sammlung Breyer]

Weil die Rauchgase des vorderen Schornsteines die direkt dahinter stehenden Brückenaufbauten allzusehr belästigten und auch die nachträglich aufgesetzte Kappe keine Wende zum Besseren gebracht hatte, entschloß man sich zu einer höchst ungewöhnlichen Maßnahme: Der vordere Schornstein wurde S-förmig von Brücke und Mast weggebogen. Auf diese Weise wurde das ungehinderte Abströmen der Rauchgase entscheidend verbessert. Allerdings veränderte sich dadurch die Silhouette dieser bei-

den Schlachtschiffe so sehr, daß sie fortan mit keinen ▷ anderen Kriegsschiffen mehr verwechselt werden konnten. Das war nicht unbedingt ein Vorteil, sondern eher ein Nachteil: Dem Gegner wurde dadurch die Identifizierung wesentlich erleichtert. Oben eine Querab-Aufnahme der Mutsu von 1929, darunter ein Blick auf die Mutsu von vorn nach hinten mit dem S-förmigen Schornstein im Vordergrund. Diese Aufnahme stammt von 1933. [BfZ]

130

Nagato und *Mutsu* waren nicht nur äußerst kampfstarke Schlachtschiffe, sondern auch schneller als alle vergleichbaren Schlachtschiffe fremder Marinen dieser Ära, einschließlich der ihnen um ein 40,6-cm-Geschütz überlegenen britischen *Nelson*-Klasse. Allerdings wurde dieser Umstand erst nach dem Ende des zweiten Weltkrieges bekannt. Bis zuletzt hatten die Japaner die Geschwindigkeit von *Nagato* und *Mutsu* mit 23 kn angegeben, zumindest aber nichts dagegen getan, um diese Fehlmeldung richtigzustellen. In Wirklichkeit erreichten sie eine für ihre Zeit recht hohe Geschwindigkeit, nämlich 26,7 kn. Dieses Bild zeigt die *Mutsu* etwa 1924/25. [BfZ]

Einer „Verjüngung" durch Totalumbau wurden auch *Nagato* und *Mutsu* unterzogen, nach gleichem Schema wie bei den zuvor modernisierten Schlachtschiffen. Begonnen wurde 1934 damit, im Laufe des Jahres 1936 trafen beide wieder bei der Flotte ein, wesentlich standkräftiger als zuvor, dazu noch schlagkräftiger. Auch verlängert hatte man sie, und mit der neuen Antriebsanlage erreichten sie noch immer 25 kn. Durch Vergrößerung der Höhenrichtwinkel auf 43 Grad konnten die schweren Geschütze jetzt wesentlich weiter schießen als zuvor, durch die Installierung mo-

derner Feuerleitmittel auch genauer. Ihre äußere Architektur hatte sich erheblich gewandelt, vor allem deshalb, weil sie nur noch einen Schornstein hatten. Damit war ihre Silhouette weit weniger verräterisch als zuvor. Seite 132 unten: Die *Mutsu* am 20. Mai 1936 in der Marinewerft Yokosuka in schon weit fortgeschrittenem Umbauzustand. Deutlich erkennbar ist hier der auffällige Torpedowulst. Oberes Bild: Die *Mutsu* nach dem Umbau, aufgenommen am 30. Januar 1937. Hier wird die neue Silhouette überaus deutlich. [BfZ]

Auf die Meldung von der amerikanischen Landung am 20. Oktober 1944 in der Leyte-Bucht wurden zahlreiche japanische Flottenverbände in Marsch gesetzt. Hierzu gehörten sieben noch vorhandene Schlachtschiffe, die von der Lingga-Bay bei Singapore zur Beölung nach Brunei an der Nordostküste von Borneo liefen. Dort ist am Mittag des 20. Oktober 1944 diese Aufnahme entstanden: Im Vordergrund die *Nagato*, dahinter die *Musashi* mit dem

Schweren Kreuzer *Mogami* davor, ganz im Hintergrund die *Yamato*. Vier Tage später fiel in der Sibuyan-See die *Musashi* US-Trägerflugzeugen zum Opfer, doch setzten die Japaner den Vormarsch fort und trafen am 25. Oktober ostwärts Samar auf eine Gruppe amerikanischer Geleit-Flugzeugträger und versenkten einen davon, dazu noch drei Zerstörer. Das war der letzte Kriegseinsatz der *Nagato*. [BfZ]

Die *Nagato* war das einzige japanische Schlachtschiff, das den Krieg überlebte: Nachdem sie im Herbst 1944 aus dem Südwestpazifik zurückgekehrt war, lag sie fortan in Yokosuka. Wegen Brennstoffmangels kam sie nicht mehr zum Einsatz. So fanden die Amerikaner das Schiff bei Kriegsende vor: Auf ihm waren aus Tarnungsgründen der Schornstein und Teile des achteren Mastes entfernt worden. Im Hintergrund sieht man das US-Schlachtschiff *South Dakato* liegen. [USN]

Am 20. September 1945 übernahmen die Amerikaner die *Nagato* als Kriegsbeute. Viel war freilich mit ihr nicht mehr anzufangen; über ihr weiteres Schicksal war schon bald entschieden: Sie wurde als Zielschiff für die Kernwaffenversuche bestimmt, die bei dem Bikini-Atoll geplant waren. Hier eine Aufnahme aus den ersten Tagen nach der japanischen Kapitulation mit amerikanischen Marineangehörigen an Oberdeck. [Sammlung Breyer]

Beginnender Rüstungswettlauf zwischen Japan und den USA

Mit ihrem sogenannten „8/8-Programm" von 1918 reagierten die Japaner auf die Forcierung des amerikanischen Großkampfschiffbaus, aber daß es auf der anderen Seite des Pazifiks überhaupt dazu kam, hatten die Japaner selbst mit heraufbeschworen, als sie zum 40,6-cm-Kaliber übergingen. Dieser Schritt wurde in den USA als Signal für japanisches Expansionsstreben gewertet. Jenes „8/8-Programm" sah den Bau von je acht Schlachtschiffen und Schlachtkreuzern vor. Als Baunummern 1 und 2 wurden *Nagato* und *Mutsu* vorgeschaltet, um dann mit den „High speed battleships" *Tosa* und *Kaga* weitergeführt zu

werden: Beide waren als Weiterentwicklung der *Nagato*-Klasse zu werten, genauso schnell wie jene, aber mit einer um zwei Rohre verstärkten schweren Artillerie. Als erstes Schiff wurde im Februar 1920 bei der Mitsubishi-Werft in Nagasaki die *Tosa* auf Kiel gelegt und am 18. Dezember 1921 zu Wasser gelassen, auf der gleichen Helling übrigens, auf der zwei Jahrzehnte danach das Super-Schlachtschiff *Musashi* gebaut wurde. Hier ist die *Tosa* unmittelbar vor dem Stapellauf zu sehen.

[Mitsubishi]

135

Bevor das neue Wettrüsten zur See noch seinen Höhepunkt erreicht hatte, kam es 1922 zum Flottenabkommen von Washington: Die Einsicht hatte sich durchgesetzt und damit die Vernunft, daß die Verwirklichung dieser neuen Flottenbauprogramme den Frieden keineswegs sicherer macht, sondern den Völkern nach einem auszehrenden und gerade eben erst zu Ende gegangenen Krieg nur neue schwere Lasten auferlegen würde. Die Vertragspartner einigten sich darauf, daß — von ganz wenigen Ausnahmen abgesehen — keines der begonnenen Großkampfschiffe fertiggestellt, von den geplanten keines mehr begonnen wird. Das galt auch für *Tosa* und *Kaga* — beider Schiffe hatte sich Japan zu entledigen. Für *Tosa* wurde die Verwendung als Testschiff für Ansprengversuche beschlossen, die dann in mehreren Serien im Juni 1924 durchgeführt wurden. Die dabei erzielten Resultate waren so wertvoll, daß sie auf Jahre hin wegweisend für die Bemessung der Schutzeinrichtungen großer Kriegsschiffe waren, bis zu den Super-Schlachtschiffen der *Yamato*-Klasse hin. Nach Abschluß dieser Versuchsserie sank die *Tosa* am 9. Februar 1925 in der Bungo-Straße als Zielschiff im Artilleriefeuer japanischer Kriegsschiffe. Hier ein Blick auf die *Tosa*, zu einem Zeitpunkt, da sie als Testschiff hergerichtet wurde. Ganz im Vordergrund ist gerade noch die abgedeckte Barbette-Öffnung für Turm C zu sehen, davor das verhältnismäßig kleinflächige Aufbaudeck. An Stelle des Schornsteines ist hier ein dünnes Rauchgasabzugsrohr für die Schiffsheizung errichtet. Auch der Brückenaufbau mit dem Signalmast ist nur provisorisch. Kurz vor dem hinteren Ende des Aufbaudecks sieht man dort die Stelle, wo das Standbein des achteren Mastes errichtet werden sollte.

[BfZ]

So sah die *Kaga* 1928 nach ihrer Fertigstellung aus. Man erkennt hier gut die Stufenform im vorderen Bereich: Zunächst das bis ganz vorn reichende Jäger-Startdeck in Verlängerung des unteren Hallendecks, dann das obere Hallendeck mit den flankierenden 20,3-cm-Türmen, schließlich das völlig glatte Flugdeck. In den 30er Jahren wurde die *Kaga* einem tiefgreifenden Umbau unterzogen.

[BfZ]

Die *Kaga* war eigentlich für den Abbruch bestimmt, aber bevor es dazu kam, wurde Japan von der Erdbeben-Katastrophe am 1. September 1923 heimgesucht. Dabei wurde der zum Umbau in einen Flugzeugträger bestimmte Schlachtkreuzer *Amagi* so schwer beschädigt, daß die ihn betreffenden Pläne aufgegeben werden mußten. Da Japan mit dem Flottenvertrag von Washington das Recht zugestanden worden war, zwei begonnene Großkampfschiffe als Flugzeugträger fertigzustellen, entschloß man sich, anstatt der *Amagi* die *Kaga* umzubauen. Mit den Arbeiten an ihr wurde im November 1923 begonnen, aber nicht bei der Bauwerft Mitsubishi in Nagasaki, sondern bei der Marinewerft Yokosuka, die den Umbau der *Amagi* eingeleitet hatte. Das war ein Vorteil, denn diese Werft verfügte auf Grund der *Amagi*-Vorarbeiten schon über ein stattliches Erfahrungsgut, das nun der *Kaga* zugute kommen konnte. Hier ist die *Kaga* im ersten Umbaustadium zu sehen. Diese Aufnahme wurde am 20. September 1927 gemacht und läßt noch das Original-Schlachtschiffheck mit der Heckgalerie erkennen, die jedoch bald wegfiel. [BfZ]

Aus Großkampfschiffen werden Flugzeugträger

Nach den schnellen Schlachtschiffen der *Tosa*-Klasse gaben die Japaner vier Schlachtkreuzer in Bau: *Amagi, Akagi, Takao* und *Atago*. Diesen folgend war dann eine Viererserie völlig gleicher, nur in Nuancen voneinander differierender Großkampfschiffe geplant: *Owari, Kii* und die Baunummern 11 und 12 (für die damals gelegentlich — wohl spekulativ — die Namen *Kinkô* und *Shunka* genannt wurden). Während die vier *Amagi's* als „Junyô Senkan" = Schlachtkreuzer klassifiziert waren, galten die *Owaris* als „Kôsoku Senkan" = Schnelle Schlachtschiffe. Der Unterschied lag in der um 0,25 kn höheren Geschwindigkeit der *Amagi*-Klasse und in dem um 38 mm dickeren Seitenpanzer der *Owari*-Klasse (wogegen die *Amagi*-Klasse jedoch einen 28 mm dickeren Horizontalpanzer hatte!). Begonnen wurden nur die vier Schlachtkreuzer, aber auch sie durften nicht fertiggestellt werden, als solche jedenfalls nicht, aber der Umbau von zwei von ihnen zu

So sah die *Akagi* aus, als sie fertiggestellt war — die Ähnlichkeit mit der *Kaga* ist auffallend. Aber abweichend von jener hatte die *Akagi* nur an der Steuerbordseite einen Rauchgasabzugschacht, der zwar auch seitwärts heraustrat, aber nicht bis nach achtern gezogen war. Die Aufnahme stammt von 1930.   [BfZ]

Kaga und *Akagi* wurden Mitte der 30er Jahre grundlegend modernisiert. Sie erhielten dabei u. a. Torpedowulste, eine neue Antriebsanlage bzw. neue Kessel, ein verlängertes Flugdeck und auf diesem auch eine „Insel". Bei *Akagi* wurde diese Insel — abweichend von der grundsätzlichen Steuerbord-Plazierung solcher Aufbauten auf Flugzeugträgern — an der Backbordseite aufgebaut. Die 20,3-cm-Türme kamen zwar von Bord, aber verzichten wollte man auf diese Geschütze dennoch nicht: Auf *Kaga* wurden zusätzlich zu den achtern schon vorhandenen beiderseits je zwei neue Kasematten mit je einem 20,3-cm-Geschütz eingebaut, so daß letztlich wieder zehn Rohre verfügbar waren, soviel wie zuvor. Auf der *Akagi* begnügte man sich mit den verbliebenen sechs Kasemattgeschützen, aber sicher nicht, weil man inzwischen den Unwert schwerer Artillerie auf Flugzeugträgern erkannt hatte, sondern wohl eher aus rein technischen Gründen, wobei der beschränkte Raum ausschlaggebend gewesen sein mag. Zum Schuß gegen feindliche Ziele kamen diese Geschütze während des Krieges nie, aber dazu hatten sie auch nicht lange genug Gelegenheit: Beide Träger sanken schon im Juni 1942 während der Schlacht bei den Midway-Inseln.   [BfZ]

Seine Krönung sollte das „8/8-Programm" in den Baunummern 13 bis 16 finden: 30 kn laufende 47 500-ts-Superschlachtschiffe mit 45,7-cm-Geschützen und einer Panzerung, die vor Treffern ebenso großer Kaliber Schutz bieten sollte — mithin die stärksten Großkampfschiffe der Welt. Der 1958 verstorbene langjährige britische Fachpublizist Oscar Parkes, genial in der Wiedergabe des Visuellen auf Papier und Leinwand, hat sie und die anderen japanischen Projekte jener Zeit in der ihm eigenen Art festgehalten. Hierzu gehörten auch die 1930 begonnenen Entwurfsarbeiten für die Ersatzbauten von *Kongô* und *Fusô,* erstere unter der Betreuung von Admiral Hiraga konzipiert, letztere von Kapitän zur See Fujimoto bearbeitet: Sie waren beide als „Treaty Battleships" ausgelegt,

d. h. ihre Verdrängung und ihr Hauptkaliber entsprachen den qualitativen Abmachungen des Washington-Vertrages von 1922. Verwirklicht werden konnten sie ebensowenig wie die Entwürfe des „8/8-Programms", denn Japan war aus mehrerlei Gründen gezwungen, dem Londoner Flottenvertrag von 1930 beizutreten, mit dem die Baupause für Schlachtschiffe bis Ende 1936 verlängert worden war. Ganz oben links ist ein Schlachtschiff der *Tosa-*Klasse zu sehen, rechts davon ein Schlachtkreuzer der *Amagi-*Klasse, schließlich eines der 47 500 ts-Schlachtschiffe aus der Baunummerngruppe 13 bis 16 (links), dann rechts der Schlachtschiff-Entwurf von Hiraga und ganz unten der von Fujimoto. [Aus: „The Navy"]

Höhe- und Endpunkt der Schlachtschiff-Entwicklung

Was Japan 1922 nicht durchgestanden hatte, holte es fünfzehn Jahre später nach: den Bau von Superschlachtschiffen, die alles bis dahin Gewesene in den Schatten stellten. Daß in der Nachkriegszeit dem Ausbau der Flotte durch internationale Verträge erhebliche Beschränkungen auferlegt worden waren, hatte man dort ohnehin nie recht verwinden können, ja als demütigend empfunden. Daher gewannen die Stimmen derer immer mehr an Gewicht, die für einen ungehemmten Ausbau der Flotte eintraten, und letztlich setzten sich diese Kreise durch. So wurde ab 1934 die Wiederaufnahme des Schlachtschiffbaus vorbereitet. 1937 war es dann soweit: Das erste von ihnen, die *Yamato,* wurde auf Kiel gelegt, 1938 folgte als zweites die *Musashi,* und 1940 kam es zur Inbaugabe des dritten und des vierten Schiffes. Als erstes wurde Ende 1941 die *Yamato* in Dienst gestellt, die *Musashi* folgte im

Sommer darauf, wenige Wochen nach der Schlacht bei den Midway-Inseln, die überaus deutliche Signale gesetzt hatte, daß nicht mehr das Schlachtschiff der Entscheidungsträger auf den Meeren ist, sondern der Flugzeugträger. Am 20. September 1941 ist dieses Bild in der Marinewerft Kure entstanden, mit der *Yamato* im Vordergrund. An Deck herrscht noch die Werftroutine. Hier sieht man den mächtigen achteren 46-cm-Drillingsturm, zwei Drillingstürme der Mittelartillerie (von denen die seitlichen später wieder ausgebaut wurden, um Positionen für zusätzliche Fla-Waffen zu schaffen) sowie mehrere 12,7-cm-Doppelflak. Hinter dem 46-cm-Turm sieht man an Oberdeck einige Holzhäuser, die als Werkstätten, Lager u. a. dienen und bald von Bord kamen. Am Bildrand rechts ein Flugzeugträger.   [BfZ]

Oktober 1941: Die *Yamato* absolviert ihre Werftprobefahrten. Von hier ab dauerte es nur noch wenige Wochen, bis sie in Dienst gestellt wurde. Am 16. Dezember 1941 war dann dieser Tag gekommen, genau eine Woche nach dem Überfall auf Pearl Harbor. Diese Bilder wurden zwischen dem 20. und 30. Oktober 1941 während der Probefahrten aufgenommen: Auf dem oberen Bild sieht man die *Yamato* aufkommend, auf dem Bild darunter von querab, dann auf Gegenkurs und schließlich ablaufend. [BfZ]

Das Atoll Truk der Karolinen-Gruppe diente den Japanern bis Frühjahr 1944 als Großstützpunkt und hatte stark ausgebaute Verteidigungsanlagen. Im Sommer 1943 ist dort diese Aufnahme entstanden, auf der die beiden Superschlachtschiffe vor Anker liegend zu sehen sind. Auf der *Musashi* (Vordergrund) sind wegen der Hitze Sonnensegel gesetzt. [Sammlung Breyer]

Die Schlacht um Leyte wurde dem Super-Schlachtschiff *Musashi* zum Schicksal. Zusammen mit seinem Schwesterschiff *Yamato* und den Schlachtschiffen *Nagato*, *Haruna* und *Kongo* sowie Kreuzern und Zerstörern, aber ohne einen einzigen Flugzeugträger, wurde es gegen die feindliche Landungsflotte angesetzt. Auf dem Marsch ins Operationsgebiet griffen zahlreiche amerikanische Trägerflugzeuge an, wobei die *Musashi* rund dreißig Bomben- und Torpedotreffer einstecken mußte und schließlich sank. Auf dem Weitermarsch stießen die Japaner östlich von Samar auf eine Gruppe amerikanischer Geleitflugzeugträger mit Zerstörer-Sicherung. Die Flugzeuge der Geleitträger starteten sofort und machten den Japanern schwer zu schaffen. Obwohl diese dabei immer wieder zum Ausweichen gezwungen wurden, gelang es den japanischen Kreuzern schließlich, auf Schußentfernung an die Geleitträger heranzukommen und sie unter Feuer zu nehmen. In dieses Gefecht griffen dann auch die Schlachtschiffe ein, und dabei feuerte die *Yamato* mit ihrer schweren Artillerie 104 Salven — es war dies das einzige Mal, daß sie einen Gegner vor die Rohre bekommen hatte. Die Amerikaner büßten den Geleitträger *Gambier Bay* und drei seiner Sicherungs-Zerstörer ein. Die Skizze zeigt den Ab-

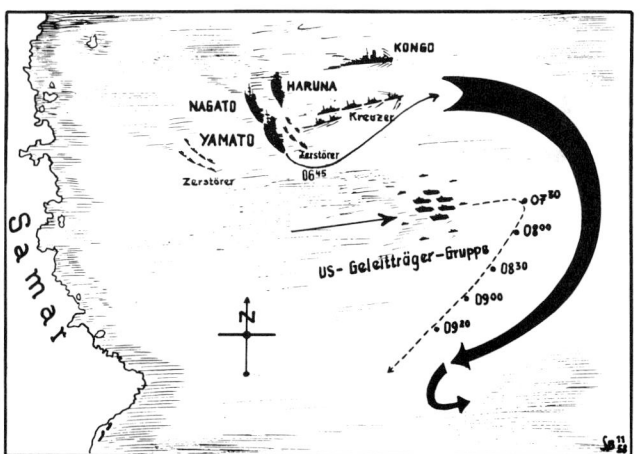

lauf der Begegnung vom Insichtkommen der Amerikaner bis zu jenem Zeitpunkt, da der japanische Verband unter dem Eindruck der nicht abreißenden Luftangriffe das Gefecht abbrach und mit Kurs auf die San-Bernardino-Straße abdrehte. [Zeichnung: Verfasser]

Götterdämmerung: Super-Schlachtschiffe im Bombenhagel

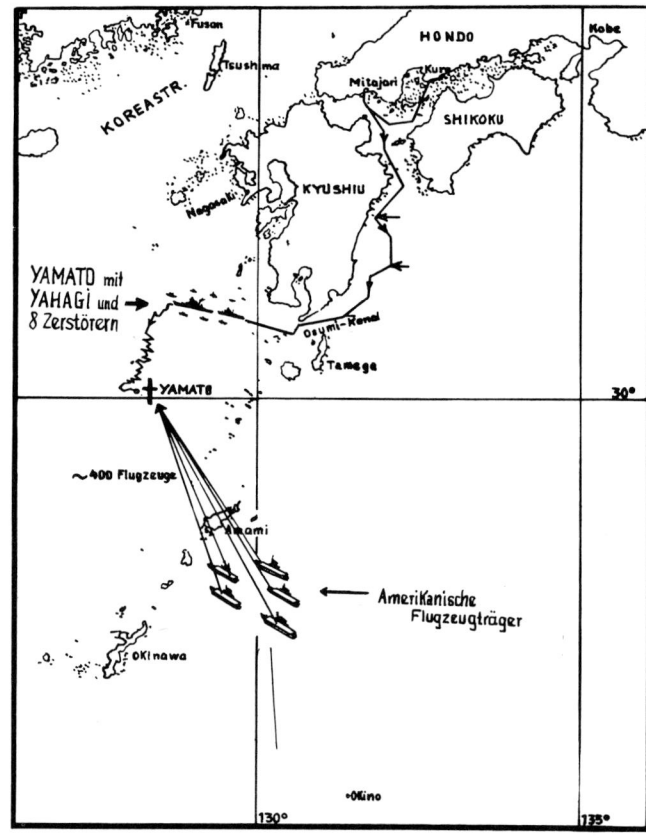

[Zeichnung: Verfasser]

Am 6. April 1945 landeten die Amerikaner auf Okinawa — der Krieg war damit dem japanischen Inselreich bedenklich nahe gekommen. Mit zahlreichen Kamikaze-Flugzeugen versuchten die Japaner, den Feind zu schwächen und ihn zum Abbruch seiner Operation zu zwingen. Zu diesem Zweck setzten sie auch einen Flottenverband mit dem Super-Schlachtschiff *Yamato,* dem Leichten Kreuzer *Yahagi* und acht Zerstörern, aber ebenfalls ohne einen Flugzeugträger, ein. Dieser Verband wurde jedoch frühzeitig von der amerikanischen Aufklärung erfaßt. Als er sich am Vormittag des 7. April südwestlich von Kyushu befand, griffen zahlreiche amerikanische Trägerflugzeuge der Task Groups 58.1 und 58.3 an und versenkten den Kreuzer *Yahagi* und einen Zerstörer und erzielten zwei Bomben- und einen Torpedotreffer auf der *Yamato.* Am frühen Nachmittag griffen die Amerikaner nochmals an und gaben der *Yamato* mit neun Torpedo- und drei Bombentreffern den Rest. Sie sank mit dem Großteil ihrer Besatzung, fast 2500 Mann; mit ihr hatten die Japaner ihr letztes Super-Schlachtschiff verloren. Insgesamt hatten die Amerikaner gegen den japanischen Verband 386 Flugzeuge eingesetzt. Die Karte zeigt den letzten Weg der Yamato bis zu ihrem Untergangsort.

[Zeichnung: Verfasser]

Größe, Standkraft und Schlagkraft — all das reichte Schlachtschiffen nicht mehr zum Überleben aus, schon gar nicht, um Angriffen von Flugzeugen zu widerstehen; in jenen hatte das Schlachtschiff seinen Todfeind gefunden. Auch die japanischen Super-Schlachtschiffe machten dabei keine Ausnahme: Beide gingen durch Luftangriffe verloren. Diese beiden Aufnahmen wurden am 24. Oktober 1944 gemacht, dem Tage, da die *Musashi* unterging. Zu sehen ist hier die *Yamato* in verschiedenen Positionen. An diesem Tage hatte sie noch einmal Glück und kam davon. Aber es war nur ein Aufschub für wenige Monate. Beide Fotos wurden von amerikanischen Trägerflugzeugen inmitten ihrer Angriffe geschossen.

[Sammlung Breyer]

145

Das im Frühjahr 1940 in Yokosuka in einem Baudock begonnene dritte Superschlachtschiff, die *Shinano,* wurde als Flugzeugträger fertiggestellt. Hierzu hatte sich die japanische Marineführung entschlossen, um die Verluste von Flugzeugträgern auszugleichen, die während der Schlacht bei den Midway-Inseln entstanden waren. Die Laufbahn der *Shinano* war kurz und endete tragisch: Zehn Tage nach ihrer Indienststellung lief sie auf einer Probefahrt einem amerikanischen U-Boot vor die Torpedorohre — von sechs Torpedos tödlich getroffen, war sie nicht mehr zu halten und ging unter. Von ihr ist bisher kein einziges Foto aufgetaucht, aber Shizuo Fukui, ein bekannter japanischer Marine-Publizist mit zeichnerischem Talent, hat sie meisterhaft portraitiert.　　[Fukui]

In ihrem V. Flottenbau-Ergänzungsprogramm — das noch vor dem Eintritt Japans in den Krieg entstanden war — hatten die Japaner auch zwei Schlachtkreuzer (Baunummern 795 und 796) eingesetzt. Für sie entwickelten sie ein 31-cm-Geschütz, mit dessen Erprobungen noch 1941 begonnen wurde. Als jedoch Einzelheiten über die amerikanische *Alaska*-Klasse (siehe Seite 94 ff.) bekanntgeworden waren, entschloß man sich zu einem stärkeren Kaliber: Statt der ursprünglich vorgesehenen neun 31-cm-Geschütze wurden jetzt sechs von 36-cm-Kaliber konzipiert, diese in Zwillingstürmen, erstere in Drillingstürmen. Verwirklicht wurde keiner dieser beiden Schlachtkreuzer: Nach dem Erfolg gegen Pearl Harbor sind ihre Pläne fallengelassen worden, da jetzt der Bau weiterer Flugzeugträger Vorrang erhielt. Hier die Aufnahme eines Modells dieser Klasse.　　[Sammlung Breyer]

Nicht die *Yamato*-Klasse sollte das „non plus ultra" des japanischen Großkampfschiffbaus werden, sondern die im V. Flottenbau-Ergänzungsprogramm eingestellten Einheiten mit den Baunummern 798 und 799. Für diese 70 000-ts-Giganten hatte man 50,8-cm-Geschütze vorgesehen, sechs an der Zahl und in Zwillingstürmen gruppiert. Einzelheiten oder Pläne von ihnen sind bisher nicht bekanntgeworden. Ob dieses in deutlicher Anlehnung an die *Yamato*-Klasse gebaute Modell eines „Super-Yamato" den damaligen Entwürfen gerecht wird, kann man deshalb nicht definitiv sagen.

[Aus „Ships of the World"]

Anhang

Pearl Harbor, 7. Dezember 1941: „Day of infamy"

Überfallartige Angriffe aus dem Stadium des „Noch-Friedens" heraus als Kriegsbeginn ohne formale Kriegserklärung hatte Japan in seiner jüngeren Geschichte schon zweimal vorexerziert, bevor es seinen dritten derartigen Schlag führte: Der erste Überfall war im Sommer 1894 gegen China erfolgt, der zweite genau zehn Jahre später gegen Port Arthur als Auftakt des Krieges gegen Rußland. Solches Vorgehen hätten die Vereinigten Staaten in ihr politisches Kalkül ziehen müssen, als ihre Spannungen zu dem Inselreich im Osten immer mehr zunahmen. Dabei fehlte es an Warnungszeichen durchaus nicht. Gleichwohl sind die Amerikaner überrascht worden und erlitten eine demütigende Niederlage, aus der sie allerdings schon sehr bald die richtigen Konsequenzen zu ziehen verstanden.

In aller Stille hatten die Japaner in einer abgelegenen Bucht der Kurilen eine Kampfgruppe zusammengezogen, die von Vizeadmiral Nagumo, dem Chef der 1. Marineluftflotte, befehligt wurde.

Am 26. November 1941 verließ diese Kampfgruppe ihren Liegeplatz und marschierte elf Tage lang zunächst mit östlichen Kursen durch Sturm und Nebel, dann mit südöstlichem Kurs unter besseren Wetterverhältnissen. Dabei wahrte die Kampfgruppe völlige Funkstille. Ihr Ziel lag 3500 Seemeilen weit entfernt: Pearl Harbor auf Hawaii, größter amerikanischer Flottenstützpunkt und Basis der im Pazifik operierenden Einheiten. Die Kühnheit dieser Operation findet in der Geschichte nur wenige Beispiele: Die Angreifer waren gezwungen, erst einen Ozean zu überqueren und dann unbemerkt eine günstige Position einzunehmen, um losschlagen zu können. Die Amerikaner mußten völlig unvorbereitet sein, ihre Schiffe an festen Plätzen im Hafen liegen, die Flugzeuge auf den Rollfeldern abgestellt sein, wenn der Angriff den gewünschten Erfolg haben sollte. All das gelang den Japanern. Als die in den frühen Morgenstunden des 7. Dezember — einem Sonntag — etwa 275 Seemeilen nördlich von Oahu zum Angriff antraten, befanden sich die Amerikaner inmitten ihres „weekend", das die Masse von ihnen auszukosten beabsichtigte.

Um 6.00 Uhr startete auf den japanischen Flugzeugträgern die erste Welle mit 50 Bombern, 51 Sturzbombern, 40 Torpedoflugzeugen und 43 Jägern, und wenig später stieg die zweite Welle mit 54 Bombern, 81 Sturzbombern und 36 Jägern auf — damit befanden sich 355 Flugzeuge im Einsatz. Kurz vor 8.00 Uhr begann ihr Angriff, der den Amerikanern erhebliche Verluste bereitete:
● Die Schlachtschiffe *Arizona, Oklahoma, Nevada, California* und *West Virginia* sanken;
● die Schlachtschiffe *Maryland, Pennsylvania* und *Tennessee** erlitten mittlere Schäden;

- die Kreuzer *Helena* und *Raleigh* wurden schwer, der Kreuzer *Honolulu* weniger schwer beschädigt;
- die Zerstörer *Cassin, Downes* und *Shaw* wurden schwer beschädigt;
- das Werkstattschiff *Vestal* wurde schwer beschädigt;
- der Minenleger *Oglala* sank;
- der Flugzeugtender *Curtiss* sank;
- das Zielschiff *Utah* — ein ausgedientes Schlachtschiff — kenterte;
- der Marineschlepper *Sotoyomo* sank.

Diese Erfolge bezahlten die Japaner mit dem Verlust von 29 Flugzeugen (genau 10,3 % ihrer Angriffsstärke) mit 55 Mann Besatzung sowie von fünf Klein-U-Booten. Letztere waren von Flotten-U-Booten herangebracht worden und versuchten, in Pearl Harbor einzudringen. Sie alle gingen verloren, ohne zum Schuß gekommen zu sein.

Dieser japanische Erfolg gegen die US-Flotte wurde aber durch drei Umstände empfindlich geschmälert:

1. Arsenal und Werkstätten erlitten keine nennenswerten Schäden. Der Reparaturbetrieb konnte aufrechterhalten werden.
2. Noch wichtiger war, daß es den Angreifern nicht gelungen war, die Ölvorratstanks an Land zu treffen — die Vernichtung von über 500 Millionen Litern Heizöl hätte die US-Flotte zunächst für Wochen lahmgelegt.
3. Am wichtigsten: Kein einziger amerikanischer Flugzeugträger hatte sich zum Zeitpunkt des Angriffs in Pearl Harbor befunden: Die *Enterprise* (CV-6) befand sich mit der Task Force 8 etwa 200 Seemeilen westlich der Hawaii-Inseln, die *Lexington* (CV-2) mit der Task Force 11 etwa 400 Seemeilen östlich der Midway-Inseln, *Saratoga* (CV-3) lag in San Diego, *Yorktown* (CV-5) und *Ranger* (CV-4) in Norfolk, *Wasp* (CV-7) absolvierte im Atlantik Erprobungen, *Hornet* (CV-8) war noch nicht abgeliefert. Sie alle blieben der Navy erhalten.

Der Ausschaltung ihrer Schlachtflotte konnten die Amerikaner daher mit jener Konzeption begegnen, der man bisher — besonders in der älteren Generation der führenden Marineoffiziere — ablehnend, zumindest sehr skeptisch gegenüberstand, die man nun aber in die Tat umsetzen geradezu gezwungen war: Diese Konzeption forderte, den Flugzeugträger an die Stelle des Schlachtschiffes zu setzen und ihn als Hauptkampfschiff operieren zu lassen. Die Er-

*) Von den Schlachtschiffen fehlten in Pearl Harbor *Arkansas, Texas, New York, New Mexico, Idaho* und *Mississippi,* die sich alle im Atlantik befanden *(Idaho* und Mississippi lagen zu dieser Zeit gerade im Hvalfjord/Island, während *New York* in Norfolk überholt wurde). *Colorado* befand sich in Bremerton zur Modernisierung.

eignisse im Pazifik im Jahr 1942 und in den darauffolgenden Jahren bis Kriegsende bestätigten dann in vollem Umfang die Richtigkeit jener Konzeption: Der Flugzeugträger wurde das Hauptkampfschiff der Flotten (und ist es bei den Überwasserstreitkräften bis in die Gegenwart hinein geblieben), das Schlachtschiff sein Trabant, aber nach dem Ende des zweiten Weltkrieges konnte nichts mehr darüber hinwegtäuschen, daß es nicht nur seine führende Rolle eingebüßt hatte, sondern daß es überhaupt keinen Platz mehr in den Flotten hatte. Spätestens in Pearl Harbor waren dazu die Weichen gestellt worden.

Zusammensetzung der japanischen Kampfgruppe

6 schnelle Flugzeugträger: *Akagi, Kaga, Soryu, Hiryu, Shokaku* und *Zuikaku* mit zusammen 423 Flugzeugen an Bord.

2 schnelle Schlachtschiffe: *Hiei* und *Kirishima*

2 Schwere Kreuzer: *Tone* und *Chikuma*

2 Leichte Kreuzer: *Katori* und *Abukuma*

12 Zerstörer: *Isokaze, Tanikaze, Hamakaze, Kasumi, Arare, Kagero, Shiranui, Akigumo, Urukaze, Akebono, Ushio, Sazanami*

8 Flottentanker und Vorratsschiffe: *Kyokuto Maru, Kenyo Maru, Kokuyo Maru, Shikoku Maru, Akebono Maru, Toho Maru, Nihon Maru, Toei Maru*

3 U-Boote: *I-19, I-21, I-23*

Weiter im Einsatz im Raum um Hawaii waren die U-Boote: *I-1, I-2, I-3, I-4, I-6, I-7, I-8, I-9, I-10, I-15, I-16*, I-17, I-18*, I-20*, I-22*, I-24*, I-68, I-69, I-71, I-72, I-73, I-74, I-75*

(Ein * besagt, daß diese U-Boote je ein Klein-U-Boot mitführten.)

Die Verluste an Schlachtschiffen

Name	Anzahl der Treffer		Wirkung (Wassertiefen in Pearl Harbor durchschnittlich um 15 m)	Anzahl der Toten	Verbleib
	Bomben	Torpedos			
Arizona	8	1	Nach Explosion in Teile brechend gesunken.	1177	Totalverlust. Wrack noch an Untergangsstelle
Oklahoma	1	5	Kenternd gesunken	315	Totalverlust. Wrack bis 1943 geborgen.
California	2	2	Gesunken	98	1942 geborgen, nach Reparatur und Umbau ab Anfang 1944 wieder einsatzbereit.
West Virginia	2	6	Gesunken	105	1942 geborgen, nach Reparatur und Umbau ab Sommer 1944 wieder einsatzbereit.
Nevada	5	1	Sinkend auf Grund gesetzt	50	1942 geborgen, nach Reparatur und Umbau ab Frühjahr 1943 wieder einsatzbereit.
Maryland	2	–	Mittlere Schäden	4	Ab Februar 1942 wieder einsatzbereit.
Pennsylvania	1	–	Mittlere Schäden	15	Ab April 1942 wieder einsatzbereit.
Tennessee	2	–	Leichtere Schäden	–	Ab April 1942 wieder einsatzbereit.
Utah	2	2	Kenternd gesunken	58	Totalverlust. Wrack noch heute an Untergangsstelle.

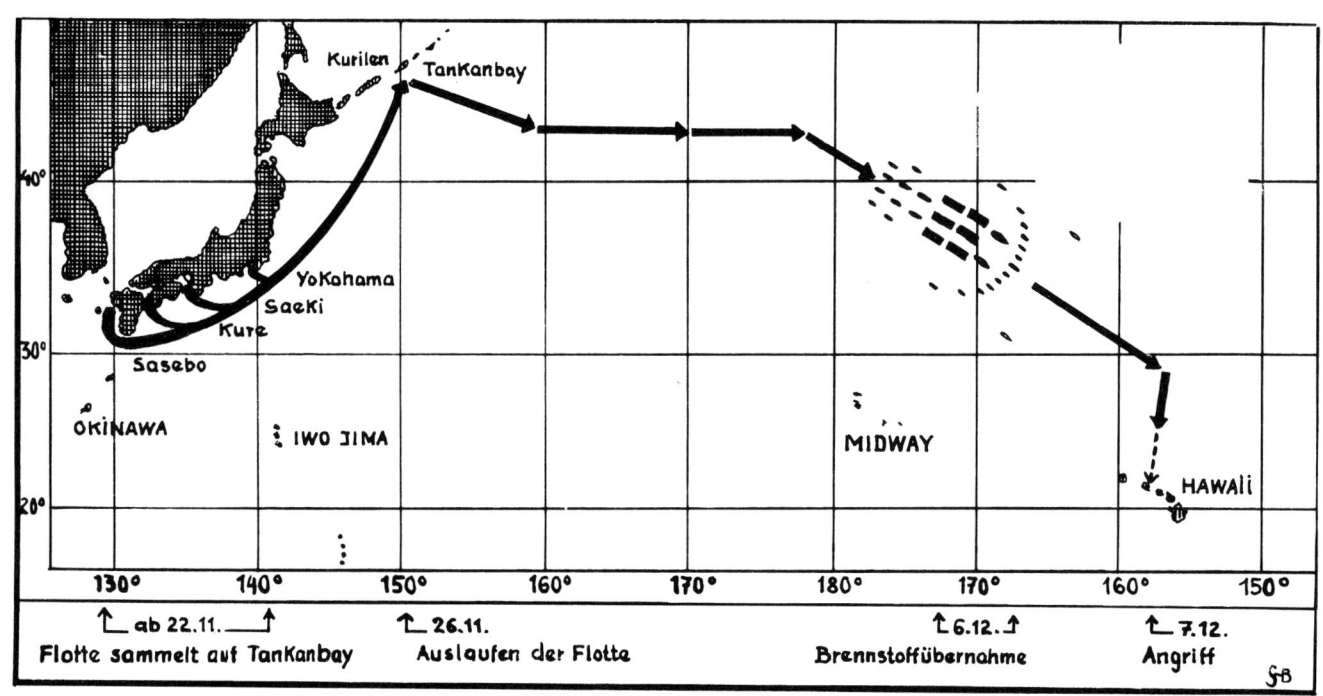

Das war der Weg der japanischen Kampfgruppe. Von ihren Heimathäfen hatten die ihr zugeteilten Einheiten vom 22. November 1941 ab auf die Tankanbay — einer stillen Kurilenbucht — gesammelt und liefen am 29. November von dort aus, zunächst mit östlichen und dann mit südöstlichen Kursen, durch Nebel und Sturm behin- dert. Als das Wetter besser geworden war, ergänzt die Kampfgruppe ihre Brennstoffvorräte. Am frühen Morgen des 7. Dezember stand sie nordwestlich von Hawaii auf Angriffsposition. Der Krieg im Pazifik nahm seinen Lauf.

[Zeichnung: Verfasser]

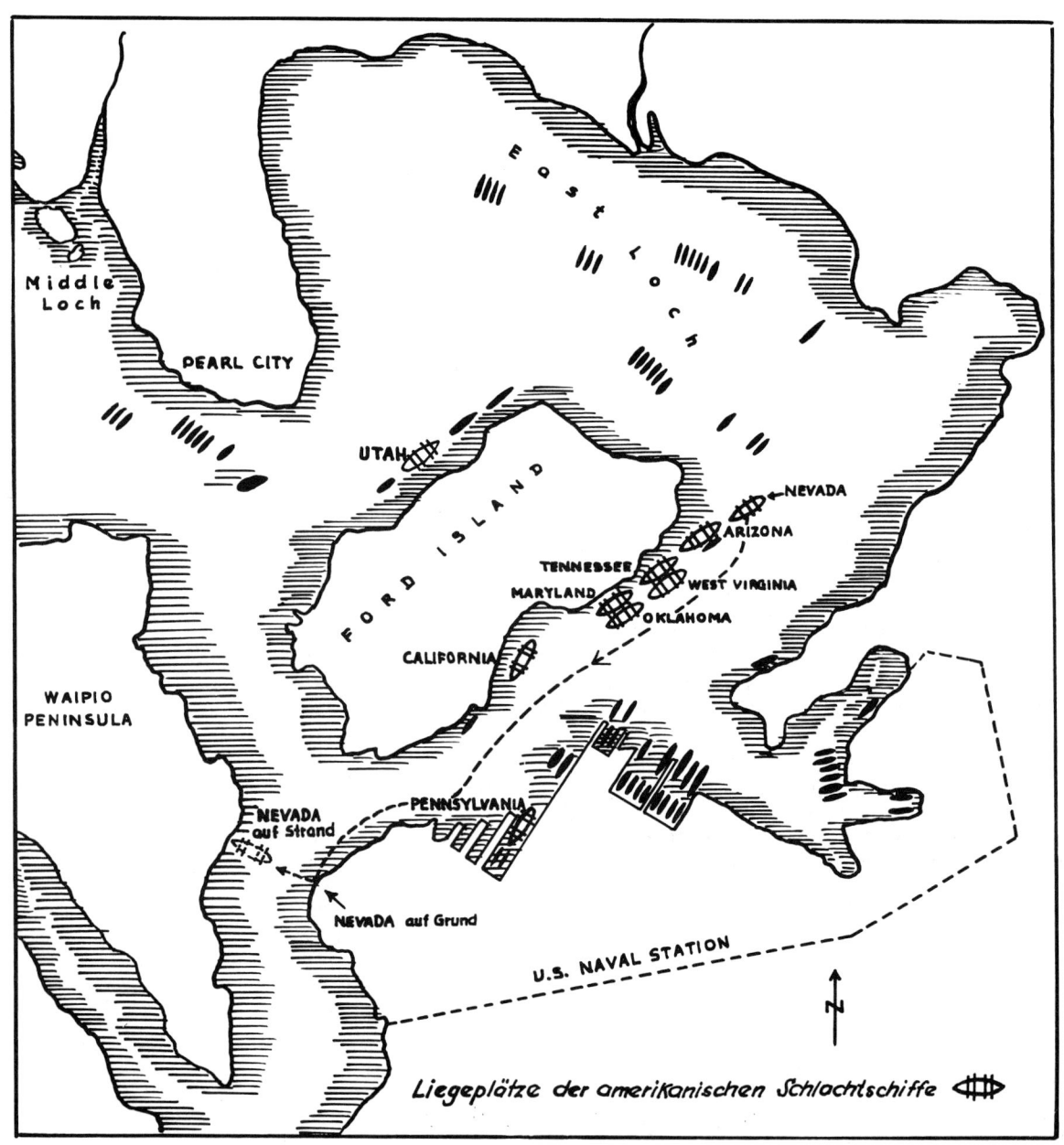

Middle Loch

East Loch

PEARL CITY

UTAH

NEVADA

FORD ISLAND

TENNESSEE
MARYLAND

ARIZONA
WEST VIRGINIA
OKLAHOMA

CALIFORNIA

WAIPIO PENINSULA

NEVADA
auf Strand

PENNSYLVANIA

NEVADA auf Grund

U.S. NAVAL STATION

N

Liegeplätze der amerikanischen Schlachtschiffe

Der Überfall auf Pearl Harbor traf den dort liegenden Kern der amerikanischen Flotte völlig unvorbereitet und überraschend, obwohl es an Warnzeichen nicht gefehlt hatte. Die Schlachtschiffe lagen zum Teil nebeneinander auf festen Positionen, ihre Besatzungen bereiteten sich auf das Weekend vor. Kriegswachen waren so gut wie keine aufgezogen. Zum Glück befand sich kein einziger Flugzeugträger darunter — einige waren in See, die übrigen in anderen Stützpunkten oder in der Werft. So bekamen die Schlachtschiffe die ganze Wucht des Angriffs zu spüren — und dementsprechend waren auf ihnen die Verluste, auch an Menschenleben. Auf welchen Positionen sich die Schlachtschiffe zum Zeitpunkt des Angriffs befanden, zeigt diese Karte.

[Karte: Verfasser]

154

Ähnlich wie den anderen schwer getroffenen Schlachtschiffen erging es der *California*. Sie erhielt zwei Torpedotreffer und sank auf Grund, weil ein Wassereinbruch nicht lokalisiert werden konnte. Wenige Wochen später wurde sie geborgen, aber die Wiederherstellung nahm so viel Zeit in Anspruch, daß sie erst Anfang 1944 wieder einsatzbereit wurde, aber jetzt in einem Zustand, der viel besser war als zuvor. Rechts von ihr ist der Marinetanker *Neosho* zu sehen, gleich neben diesem die gekenterte *Oklahoma*. Im Hintergrund sind die Masten von *Maryland* und *Tennessee* zu erkennen. [USN (BfZ)]

Die *Pennsylvania* befand sich in einem Trockendock, als der Angriff losbrach. Vor ihr, im gleichen Dock, lagen nebeneinander die Zerstörer *Downes* (links) und *Cassin*. Zwischen ihnen ging eine Bombe nieder und zerstörte die Kielstapelung, wodurch die *Downes* gegen die *Cassin* kippte. Gleichwohl konnten beide Zerstörer repariert werden: *Cassin* wurde Anfang 1944 einsatzbereit, *Downes* schon im November 1943. Die *Pennsylvania* kam mit einem Bombentreffer glimpflich davon und war schon im April 1942 wieder klar.   [USN (Sammlung Breyer)]

Die *Nevada* wurde am wenigsten überrascht: Sie hatte ihre Fla-Waffen schnell feuerbereit, schoß mehrere Angreifer ab und erhielt nur einen Torpedotreffer, dazu allerdings noch einige Bombentreffer. Als die Gefahr eintrat, daß das Schiff kentern würde, brachte es seine Besatzung inmitten des Infernos fertig, vom Liegeplatz abzulegen und auf die Hafenausfahrt zuzuhalten. Dabei erhielt es weitere Bombentreffer und begann schließlich zu brennen.

In der Nähe des Arsenals war die Wassertiefe zum Glück so gering, daß es — mit dem Heck immer tiefer fallend — auf Grund gesetzt werden konnte. Dadurch konnte es erhalten werden, und seine Wiederherstellung wurde möglich. Diese Aufnahme entstand kurz bevor es auf Grund gesetzt wurde. Links im Hintergrund die in einem Trockendock liegende *Pennsylvania*.   [USN (BfZ)]

Bei dem Angriff wurde die *Arizona* besonders schwer getroffen: Eine Bombe durchschlug ihren Schornstein, landete im Kesselraum und detonierte dort mit verheerender Wirkung: Die Kessel explodierten, dazu einige der vorderen Munitionskammern. Die Wucht der Explosion riß das Schiff in zwei Teile auseinander. Insgesamt hatte es acht Bomben- und einen Torpedotreffer erhalten. Diese Aufnahme ist gleich nach dem Abflug der Angreifer entstanden und zeigt die auf dem Grund liegende *Arizona*, in deren Innerem heftige Brände wüten. 1177 Mann ihrer Besatzung kamen allein auf diesem Schiff um.

[Sammlung Breyer]

157

Schwer getroffen worden war die *West Virginia,* die ebenfalls auf ebenem Kiel auf Grund sank. Sechs Lufttorpedotreffer hatte sie einstecken müssen, über 100 Tote gab es dabei, und im Inneren wüteten starke Brände. Diese Aufnahme zeigt die *West Virginia* gleich nach dem Angriff. Beiderseits des vorderen Gittermastes hatte sie schon die neuen Fla-Leitgeräte und auf dem vorderen Schornstein eine kleine Schrägkappe. Weiter ist zu erkennen, daß die 12,7-cm-Flak bereits durch Splitterschutzwände geschützt sind. Nicht mehr sichtbar im Bild ist die große „SK"-Radarantenne auf dem vorderen Gittermast — bekanntlich war die *West Virginia* das erste amerikanische Schlachtschiff, das mit einem Radargerät ausgestattet wurde. Im Hintergrund: die *Tennessee.*

[USN (Sammlung Breyer)]

158

Die *Oklahoma* mußte gänzlich abgeschrieben werden: Sie erhielt fünf Lufttorpedotreffer und kenterte. Zwar lag sie ebenfalls auf flachem Grund, aber ihre Bergung erwies sich als überaus schwierig und umständlich. Die Marine selbst hatte sich hierzu außerstande gesehen, aber eine private Firma — die Pacific Bridge Company, ein Unternehmen, das schon zahlreiche schwierige Fälle dieser und ähnlicher Art gemeistert hatte — machte das unmöglich Erscheinende möglich: An Land wurden 21 elektrisch betätigte Winden errichtet, und ihre Zugkraft von je rund 20 t steigerte man auf das siebzehnfache, indem man ihre 2,5 cm dicken Stahltrossen durch ein ausgeklügeltes System von Blöcken scherte. Am 8. März 1943 konnten die Winden ihre Tätigkeit aufnehmen, zuerst Millimeter für Millimeter, dann Zentimeter um Zentimeter. Taucher hatten das Wrack provisorisch abgedichtet und durch den Abbau von Gewichten und Vorräten um rund 3000 t geleichtert. Nach acht Monaten — am 3. November 1943 —

war es dann geschafft: Das Wrack schwamm auf und konnte nach Durchführung von Restarbeiten eingedockt werden. Diese Aufnahme aus dem Jahr 1944 zeigt die *Oklahoma* nach der Bergung. Der Steuerbord-Torpedowulst ist schon entfernt. Die schweren Geschütze sind bald darauf ausgebaut worden. 1947 sollte das Wrack in San Francisco abgebrochen werden, aber auf dem Wege nach dort brach die Schleppverbindung, und nach erfolglosen Bergungsversuchen ging es schließlich unter. Ihr Element hatte endgültig über sie gesiegt.   [Aus „The Sphere"]

So sah man von oben das Wrack der *Arizona,* von hinten gesehen. Zu erkennen sind hier die Barbetten der achteren Türme, von denen nur die eine aus dem Wasser herausragt (oberes Bild). Später wurde darüber das Mahnmal gebaut (unteres Bild). Die Kosten dafür betrugen rund eine halbe Million Dollar und wurden größtenteils aus Spenden gedeckt, u. a. durch eine Veranstaltung des 1977 verstorbenen Schlagersängers Elvis Presley, die allein 160 000 Dollar für diesen Zweck einbrachte. Eingeweiht wurde das Mahnmal am 30. Mai 1962. Seither haben es Millionen von Touristen fast aus der ganzen Welt besucht. [USN (BfZ)]

Atombomben auf Schlachtschiffe –
die Versuche der US-Marine beim Bikini-Atoll*)

Als kurz nach den Atombomben-Abwürfen auf Hiroshima und Nagasaki der Krieg zu Ende gegangen war, sahen sich die militärischen Führungsgremien der Vereinigten Staaten vor die Notwendigkeit gestellt, Untersuchungen dahingehend anzustellen, wie diese neue Waffe am wirkungsvollsten einzusetzen ist und wo die Grenzen ihrer Wirksamkeit liegen, schon deshalb, um Hinweise über eventuell mögliche Abwehrmaßnahmen zu erlangen, falls solche Waffen auch vom Gegner eingesetzt würden, wenn auch er fähig ist, solche zu entwickeln und zu bauen. Der Gedanke an eine Versuchsreihe von Atombomben-Explosionen lag damit nahe. Ein solches Projekt konnte nur dort durchgeführt werden, wo die Umwelt am wenigsten beeinträchtigt wurde, und dafür bot sich die Weite des Pazifischen Ozeans an. Die Wahl fiel auf das unbewohnte Bikini-Atoll, das nördlichste Eiland der Marshall-Inseln. Als Zielobjekte wurden Kriegsschiffe aller Gattungen bereitgestellt, vom Schlachtschiff bis zum U-Boot, vom Flugzeugträger bis zum Landungsfahrzeug. Diese Versuchsserie wurde vom Navy Department und vom War Department gemeinsam vorbereitet. Das Kommando erhielt dann Vizeadmiral W. H. P. Blandy, USN, der seine Flagge auf dem Führungsschiff *Mount McKinley* gesetzt hatte. Unter seinen Befehl wurden 147 Schiffe, 150 Flugzeuge und rund 42 000 Mann gestellt. Vorgesehen waren drei Versuche:

● Test „Able" — der Abwurf einer Atombombe mit Zündung in der Luft in nicht bekanntgegebener Höhe am 1. Juli 1946 um 9 Uhr Ortszeit.

● Test „Baker" — Zündung einer Atombombe unter Wasser in nicht bekanntgegebener Tiefe am 25. Juli 1946 um 8.34 Uhr Ortszeit.

● Test „Charlie" — Zündung einer Atombombe in größerer Wassertiefe am 1. März 1947 (auf die Durchführung dieses Versuchs wurde verzichtet, nachdem der zweite Versuch seine verheerende Wirkung gezeigt hatte).

Zielgebiet war die rund 200 Quadratmeilen große Lagune des Bikini-Atolls, wo die Zielschiffe auf etwa 52 m mittlerer Wassertiefe verankert waren. Der Ankerplatz hatte einen Durchmesser von 1,3 Seemeilen. Beim Test „Able" befanden sich dort 77 Einheiten, beim Test „Baker" 89 Einheiten. Auf den meisten von ihnen hatte man Meßinstrumente installiert, Ausrüstungszubehör, Proviant, Trink- und Kesselwasser, Brennstoff und vieles andere mehr gestaut, an Oberdeck ebenso wie im In-

*) Ausführlich dargestellt bei Terzibaschitsch. Vor 31 Jahren: Atombombenversuche der U.S. Navy bei Bikini (in Marinerundschau 11/77, Seite 635 ff.); dort u. a. auch eine Liste aller beteiligten Einheiten.

nenschiff. Selbst lebende Tiere waren an Bord untergebracht worden. Insgesamt war die US-Marine bestrebt, ein Optimum von Resultaten zu erzielen. In der Hauptsache kam es ihr darauf an, Fakten über die Wirkung von Druck- und Sogwellen und über die radioaktive Verseuchung zu erlangen. Die ihr dafür zur Verfügung stehenden Mittel entsprachen dem neuesten Stand der Technologie: So hatte man u. a. unbemannte, ferngelenkte Flugzeuge, welche fähig waren, die Explosionswolke zu durchfliegen und dabei wichtige Meßdaten über Funk zu übermitteln. Auch hatte man an die Herrichtung von Booten gedacht, die — ebenfalls unbemannt — Wasserproben aus dem Explosionsbereich entnehmen konnten.

Bei dem ersten Versuch wurde die Atombombe (deren Sprengstoff-Äquivalent nicht bekanntgegeben worden ist) von einem „B-29"-Bomber abgeworfen und über der Wasseroberfläche gezündet. Von den dort liegenden 77 Einheiten sanken unmittelbar nach der Explosion ein Zerstörer und zwei Transporter, ein Kreuzer ging am Tag danach unter. Als kritischer Bereich wurde ein Kreis von etwa 1200 m Durchmesser um das Explosionszentrum festgestellt: Schiffe innerhalb dieses Kreises trugen — wenn sie nicht gleich sanken — so schwere Schäden davon, daß sie nur in länger andauernder Werftzeit repariert werden konnten. Außerhalb dieses Kreises entstanden nur geringfügige bis mäßige Schäden, die radioaktive Verseuchung

blieb relativ gering. Bei diesem Versuch wurde erkannt, daß die Besatzungen gute Überlebensmöglichkeiten haben, wenn sie sich zum Zeitpunkt einer Atombomben-Explosion unter Deck — im Innenschiff — befinden.

Der zweite Versuch zeigte eine viel stärkere Wirkung: Hier war eine Atombombe (Sprengstoff-Äquivalent mindestens 20 000 t TNT) genau unter einem Landungsfahrzeug deponiert und gezündet worden. Dieses Fahrzeug wurde dabei völlig auseinandergerissen. Bei diesem Versuch sanken nicht nur mehr Schiffe, auch die Beschädigungen an den überlebenden Einheiten waren vielfach stärker. Die radioaktive Verstrahlung erwies sich als wesentlich intensiver und länger andauernd: Noch vier Tage nach der Explosion war es für das Personal außerordentlich riskant, auch nur kurze Zeit auf den Zielschiffen zu verbringen, um dort die für die Messungen und andere Maßnahmen erforderlichen Arbeiten zu verrichten. Die Beseitigung des radioaktiven Niederschlags hat sich dabei als außerordentlich problematisch herausgestellt.

Von allen Schiffstypen zeigten sich die Schlachtschiffe bei diesen Versuchen als am widerstandsfähigsten. Hierzu verhalf ihnen ihre besonders standfeste Bauweise. Für sie wurde es erst ab 900 m vom Explosionszentrum gefährlich und ab etwa 400 m tödlich.

Test „Able" am 1. Juli 1946

Name	Entfernung und Lage zum Explosionszentrum	Schäden und Folgeschäden
Nevada	500—600 m / 135° Steuerbord	Außenplatten am Rumpf und Hecksektion erheblich verformt. Deck partieweise aufgerissen und zerstört. Stärkere Schäden an den Aufbauten. Reparatur möglich.
Arkansas	400—500 m / 160° Steuerbord	Etwa wie Nevada, aber etwas stärkere Schäden an Aufbauten und Masten. Im Innenschiff einige Kessel und andere Einrichtungen zum Teil stärker beschädigt. Reparatur möglich.
Nagato	1000—1100 m / 135° Steuerbord	Bedeutungslose Schäden an den Aufbauten. Unterschiedliche Schockschäden der schweren Türme. Kommunikationssystem teilweise unbrauchbar geworden. Reparatur möglich.
New York	1600—1700 m / 130° Steuerbord	Unbedeutende Schäden, hauptsächlich durch Hitzewirkung an Oberdeck und Aufbauten. Reparatur möglich.
Pennsylvania	1600—1700 m / 65° Steuerbord	Innere Schäden durch Druckwelle. Leichtere Schäden durch Hitze bzw. Feuer. Leichte Verformungen der Aufbauten. Reparatur möglich.
*Saratoga**	2400—2500 m / 90° Steuerbord	Leichte Schäden durch Hitze bzw. Feuer, hölzerner Belag des Flugdecks abgebrannt. Leichte Verformungen an den Aufbauten.

*) Die *Saratoga* — ein Flugzeugträger — wurde in diese und in die folgende Übersicht aufgenommen, weil sie als Schlachtkreuzer begonnen worden ist.

Test „Baker" am 25. Juli 1946

Name	Entfernung und Lage zum Explosionszentrum	Schäden und Folgeschäden
Nevada	1000 m / 115° Steuerbord	Unterwasserschiff bedeutungslos beschädigt, ungefährliche Leckagen. Reparatur möglich.
Arkansas	300—350 m / 110° Steuerbord	Durch Explosion hochgeschleudert, beim Zurückfallen gekentert, Rumpf zerbrochen, Außenhaut weitflächig aufgerissen, Steuerbord-Achterschiff abgerissen. Totalverlust.
Nagato	900 m / 145° Steuerbord	Sehr schwere Schäden im Unterwasserschiff, besonders im Schiffsboden. Stärkere Leckagen, nach 5 Tagen gesunken. Totalverlust.
New York	1200 m / 150° Steuerbord	Ungefährliche Schäden im Heck und im Unterwasserschiff. Lecks verändern geringfügig den Trimm. Reparatur möglich.
Pennsylvania	1400 m / 50° Steuerbord	Wenige kleine Lecks, Heck dadurch tiefer gefallen. Reparatur möglich.
Saratoga	400 m / 70° Steuerbord	Rumpf angebrochen, Unterwasserschutzsystem erheblich beschädigt. Außenhaut partieweise weggerissen. Schornstein und Aufbauten durch Druckwelle weggeschleudert. Mit 5° Schlagseite achtern vertrimmt. Nach 7,5 Stunden gesunken.

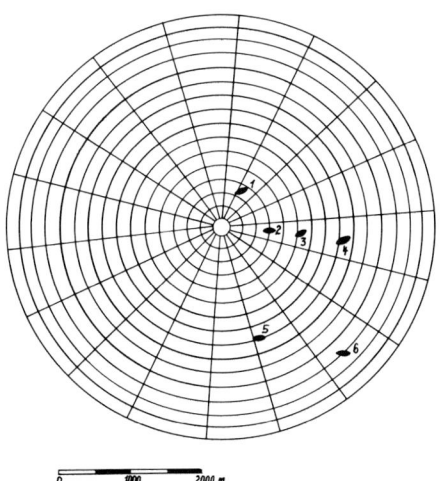

25. Juli 1946, 8.25 Uhr: Die zweite Atombombe detoniert. Gezündet wurde sie unter der Wasseroberfläche.
Ihre Wirkung wird auf diesem Bild sichtbar. Man erkennt
hier in der Reihenfolge der Markierungen von links nach
rechts das Schlachtschiff *New York* mit dem Flugzeugträger *Saratoga* unmittelbar dahinter, den Schweren Kreuzer
Salt Lake City, das japanische Schlachtschiff *Nagato* und
schließlich das Schlachtschiff *Nevada*.

[USN (Sammlung Breyer)]

Die Positionen der Schlachtschiffe zum Zentrum der Atom-
bomben-Detonation „Able" am 1. Juli 1946. Die Zahlen
verweisen auf die Schlachtschiffe: 1 = *Arkansas*, 2 = *Nevada*, 3 = *Nagato*, 4 = *New York*, 5 = *Pennsylvania*,
Mit einbezogen in diese Graphik ist der als Schlachtkreuzer begonnene Flugzeugträger *Saratoga* (6).

[Zeichnung: Verfasser]

Den Versuch „Able" überstand die *Arkansas,* obwohl sie sich nur maximal 500 m weit vom Explosionszentrum befunden hatte. Zwar erlitt sie dabei stärkere Schäden, aber ihre Reparatur wäre durchaus möglich gewesen. Hier ist die *Arkansas* nach dem ersten Versuch zu sehen. Anhand der großen Markierungen am Rumpf sollte aus der Entfernung abgelesen werden können, um wieviel sie tiefergefallen war. [Sammlung Breyer]

Die *Nevada* überstand den ersten Test leidlich, auch der zweite brachte ihr nur vergleichsweise geringe Schäden. Immer noch voll schwimmfähig, ist sie dann weiterhin als Zielschiff verwendet worden, aber nur noch für Waffen mit konventionellen Gefechtsladungen. Dabei zeigte sie ein außerordentlich hohes Maß an Standfestigkeit: Sie blieb an der Wasseroberfläche — trotz Bombardements durch schwere Schiffsartillerie, trotz Zündung einer Unterwasser-Sprengladung in bedrohlicher Nähe, trotz eines Nahtreffers durch einen ferngesteuerten Flugkörper. Erst einem Torpedobomber blieb es vorbehalten, das Schiff zum Sinken zu bringen. Die Aufnahme rechts oben zeigt das Schiff unmittelbar vor Beginn der Operation „Crossroads". Auf ihrem orange und weiß angestrichenen Rumpf sind Markierungen aufgemalt, mit denen ein Tieferfallen durch Wassereinbrüche registriert werden sollte. Die Aufnahme darunter ist am 11. Juli 1946 entstanden und zeigt sie nach dem Test „Able". Hier wird deutlich, welche Verwüstungen an Oberdeck hervorgerufen worden sind. [Sammlung Breyer]

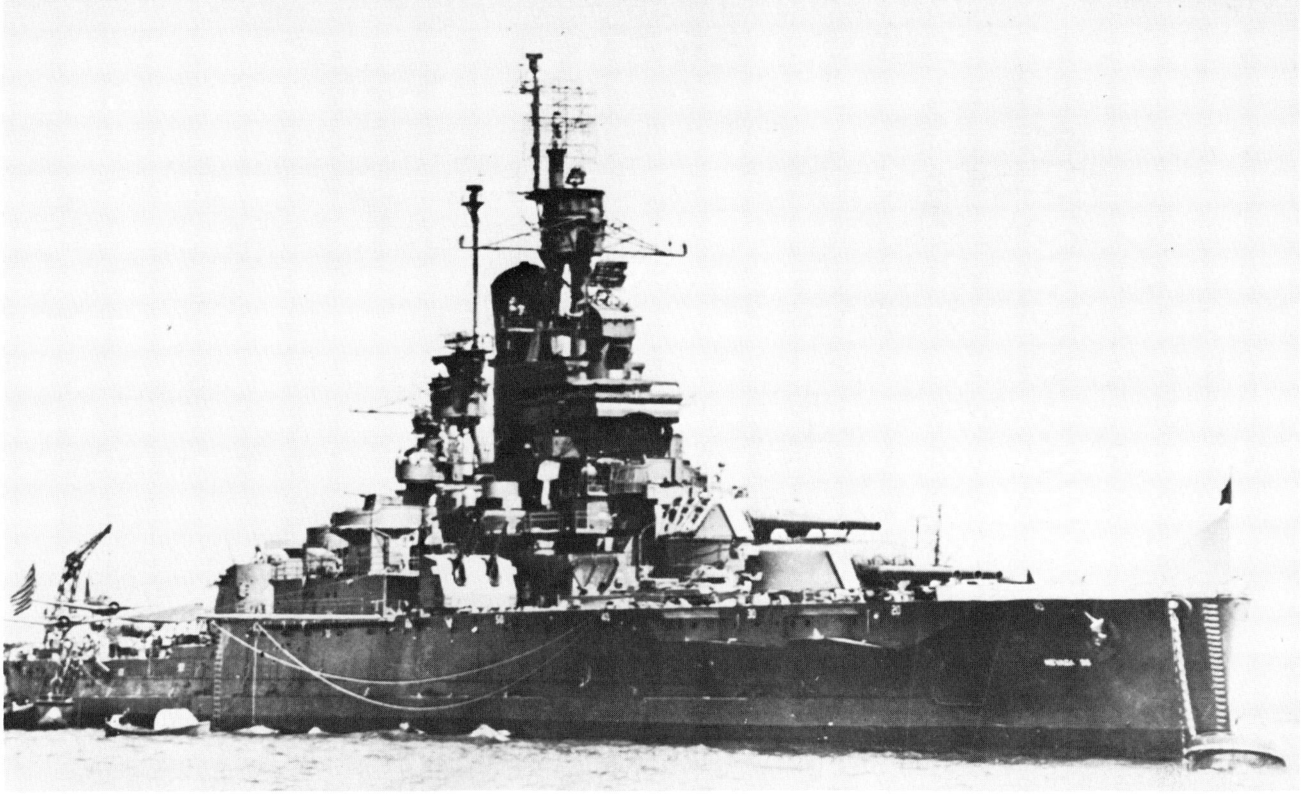

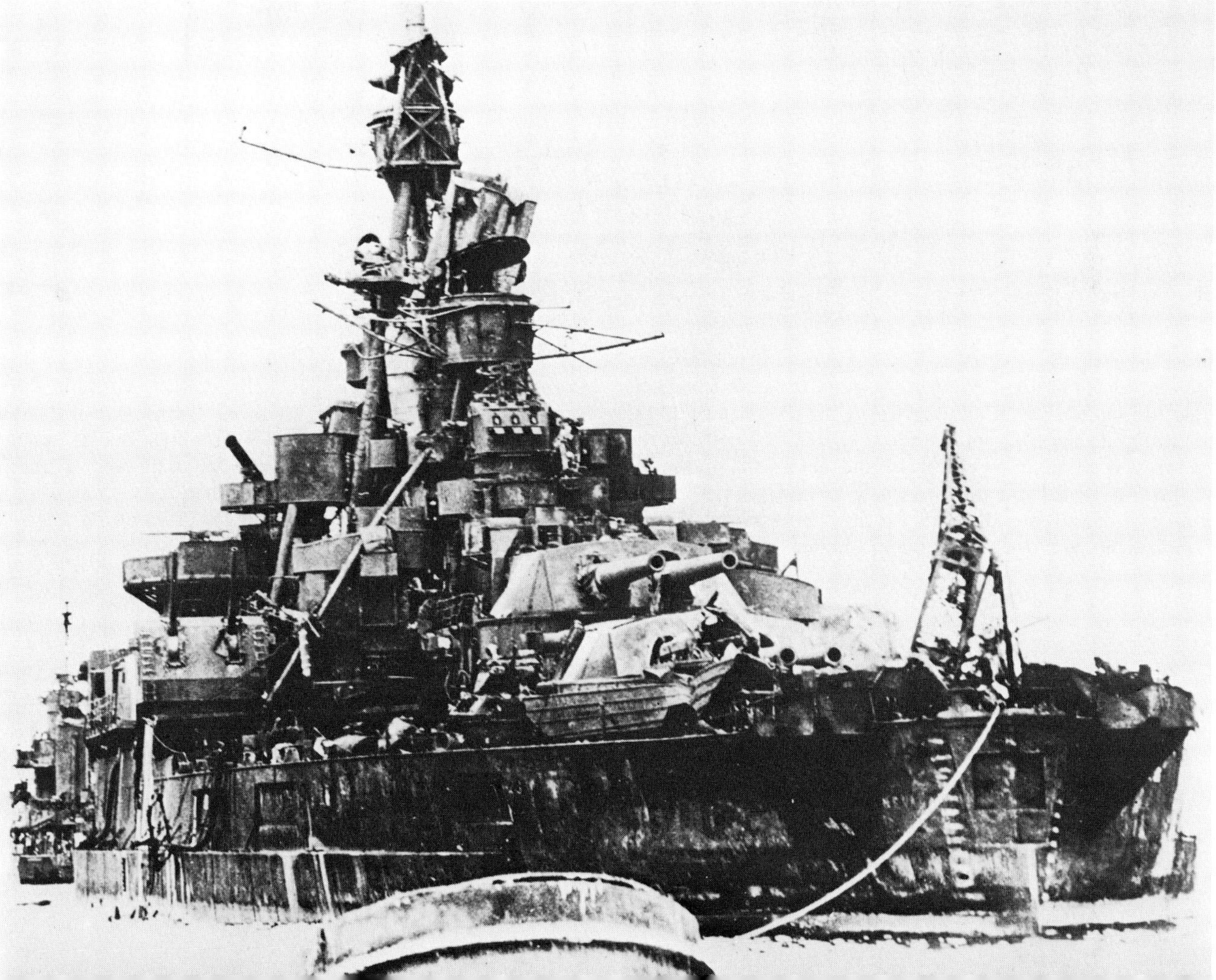

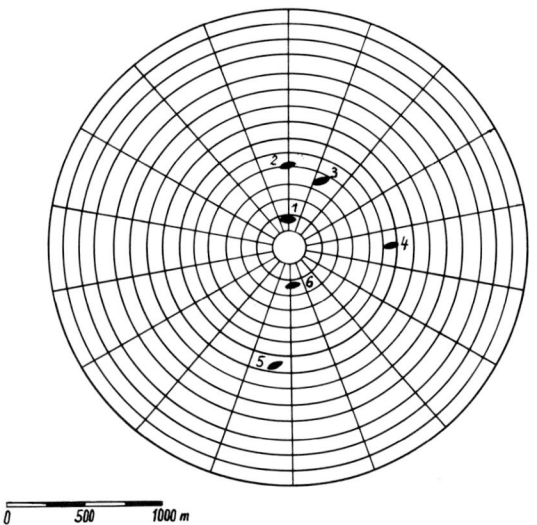

Die Positionen der Schlachtschiffe zum Zentrum der Atom-bomben-Detonation „Baker" am 25. Juli 1946 (1 = *Arkansas*, 2 = *Nevada*, 3 = *Nagato*, 4 = *New York*, 5 = *Pennsylvania*, 6 = *Saratoga*).   [Zeichnung: Verfasser]

0   500   1000 m

Die *Pennsylvania* überstand beide Atombomben-Versuche ohne größere Schäden. Weil die Kosten für eine Entstrahlung, anschließende Rückführung in die Heimat und Reparatur außerhalb ökonomischer Gesetze standen, wurde sie nach Kwajalein — einem Eiland etwa 160 sm weiter südlich — geschleppt und dort auf Grund gesetzt (Bild). Zunächst stand sie dort für technisch-wissenschaftliche Untersuchungen zur Verfügung; später diente sie als Zielobjekt, und dabei ist sie dann im Februar 1948 schwer getroffen und schließlich gänzlich zerstört worden. Zum Zeitpunkt dieser Aufnahme stand sie vermutlich noch den wissenschaftlichen Experten zur Verfügung. Bei den pyramidenförmigen Installationen auf den schweren Türmen scheint es sich um Meßgeräte zu handeln.

[Sammlung Breyer]

168

Tabellarische Übersichten

Nachstehend sind alle diejenigen Großkampfschiffe aufgelistet, die in diesem zweiten Bildband abgehandelt werden. Sie alle wurden jeweils innerhalb ihrer Klassen aufgeführt, und die ihnen folgenden Kurzangaben sollen über ihren Kampfwert informieren. Diese Angaben entsprechen jeweils dem Stand, den die Schiffe zuerst, d. h. bei ihrer Fertigstellung, hatten. Umbauten und Umrüstungen blieben hier unberücksichtigt. Nicht fertiggestellte Einheiten sind durch ein §, in Verlust geratene durch ein † gekennzeichnet.

USA

Name	Bauzeit	Einsatz-Verdrängung ts	Geschwindigkeit kn	Schwere Artillerie	Mittelartillerie	Panzerdicken Seite mm	horizontal mm
Connecticut (BB 18)	1903–06						
Louisiana (BB 19)	1903–06			4–30,5 cm			
Vermont (BB 20)	1904–07	~18 000	18,0	+ 8–20,3 cm	12–17,8 cm	279	38
Minnesota (BB 22)	1903–07						
New Hampshire (BB 23)	1905–08						
South Carolina (BB 26)	1906–10	~18 000	18,8	8–30,5 cm	–	305	38
Michigan (BB 27)	1906–10						
Delaware (BB 28)	1907–10	~22 500	21,0	10–30,5 cm	14–12,7 cm	279	76
North Dakota (BB 29)	1907–10						
Florida (BB 30)	1909–11	23 400	20,7	10–30,5 cm	16–12,7 cm	279	76
Utah (BB 31)	1909–11						
Wyoming (BB 32)	1910–12	27 700	20,5	12–30,5 cm	21–12,7 cm	279	76
Arkansas (BB 33)	1910–12						
New York (BB 34)	1911–14	28 400	21,0	10–35,6 cm	21–12,7 cm	305	76
Texas (BB 35)	1911–14						
Nevada (BB 36)	1912–16	28 900	20,5	10–35,6 cm	21–12,7 cm	343	76
Oklahoma † (BB 37)	1912–16						
Pennsylvania (BB 38)	1913–16	33 000	21,0	12–35,6 cm	21–12,7 cm	343	76
Arizona † (BB 39)	1914–16						
New Mexico (BB 40)	1915–18						
Mississippi (BB 41)	1915–17	33 500	21,0	12–35,6 cm	22–12,7 cm	356	89
Idaho (BB 42)	1915–19						
Tennessee (BB 43)	1917–20	34 000	21,0	12–35,6 cm	14–12,7 cm	356	89
California (BB 44)	1916–21						
Colorado (BB 45)	1919–23						
Maryland (BB 46)	1917–21	33 600	21,0	8–40,6 cm	14–12,7 cm	406	89
Washington (BB 47)	1919–§						
West Virginia (BB 48)	1920–23						

Name	Bauzeit	Einsatz-Verdrängung ts	Geschwin-digkeit kn	Schwere Artillerie	Mittelartillerie	Panzerdicken Seite mm	horizontal mm
South Dakota (BB 49)	1920–§						
Indiana (BB 50)	1920–§						
Montana (BB 51)	1920–§	~47 000	23,0	12–40,6 cm	16–15,2 cm	343	89
North Carolina (BB 52)	1920–§						
Iowa (BB 53)	1920–§						
Massachusetts (BB 54)	1921–§						
Lexington (CC 1)	1921–§						
Constellation (CC 2)	1920–§						
Saratoga (CC 3)	1920–§	~49 000	33,2	8–40,6 cm	16–15,2 cm	178	57
Ranger (CC 4)	1921–§						
Constitution (CC 5)	1920–§						
United States (CC 6)	1920–§						
North Carolina (BB 55)	1937–41	~46 000	28,0	9–40,6 cm	20–12,7 cm	305	91
Washington (BB 56)	1938–41						
South Dakota (BB 57)	1939–42						
Indiana (BB 58)	1939–42	~45 000	27,8	9–40,6 cm	20–12,7 cm	310	127
Massachusetts (BB 59)	1939–42						
Alabama (BB 60)	1940–42						
Iowa (BB 61)	1940–43						
New Jersey (BB 62)	1940–43						
Missouri (BB 63)	1941–44	~57 000	33,0	9–40,6 cm	20–12,7 cm	307	121
Wisconsin (BB 64)	1941–44						
Illinois (BB 65)	1944–§						
Kentucky (BB 66)	1942–§						
Montana (BB 67)	–						
Ohio (BB 68)	–						
Maine (BB 69)	–	~71 000	28,0	12–40,6 cm	20–12,7 cm	409	147
New Hampshire (BB 70)	–						
Louisiana (BB 71)	–						

Name	Bauzeit	Einsatz-Verdrängung ts	Geschwin-digkeit kn	Schwere Artillerie	Mittelartillerie	Panzerdicken Seite mm	horizontal mm
Alaska (CB 1)	1941–44						
Guam (CB 2)	1942–44						
Hawaii (CB 3)	1943–§	34 200	33,0	9–30,5 cm	12–12,7 cm	229	76
Philippines (CB 4)	–						
Puerto Rico (CB 5)	–						
Samoa (CB 6)	–						

Japan

Name	Bauzeit	Einsatz-Verdrängung ts	Geschwin-digkeit kn	Schwere Artillerie	Mittelartillerie	Panzerdicken Seite mm	horizontal mm
Satsuma	1905–09	19 500	20,0	4–30,5 cm + 12–25,4 cm	12–12 cm (Aki 8–15,2 cm)	229	76
Aki	1905–11						
Kawachi †	1909–12	23 000	21,0	12–30,5 cm	10–15,2 cm + 8–12 cm	305	51
Settsu	1909–12						
Kongo †	1911–13	27 500	27,5	8–35,6 cm	16–15,2 cm	203	51
Hiei †	1911–14						
Haruna †	1912–15						
Kirishima †	1912–15						
Fuso †	1912–15	~31 000	23,0	12–35,6 cm	16–15,2 cm	305	51
Yamashiro †	1913–17						
Hyuga †	1915–18	~32 000	23,0	12–35,6 cm	20–15 cm	305	51
Ise †	1915–17						
Nagato	1917–20	~34 000	26,7	8–40,6 cm	20–14 cm	300	63
Mutsu †	1918–21						
Tosa	1920–§	~44 200	27,5	10–40,6 cm	20–14 cm	280	163
Kaga	1920–§						
Amagi	1920–§	~47 000	30,0	10–40,6 cm	16–14 cm	254	163
Akagi	1920–§						
Atago	1921–§						
Takao	1921–§						

Name	Bauzeit	Einsatz-Verdrängung ts	Geschwin-digkeit kn	Schwere Artillerie	Mittelartillerie	Panzerdicken Seite mm	horizontal mm
Owari	–						
Kii	–						
Nr. 11	–	~48 000	29,7	10–40,6 cm	16–14 cm	293	163
Nr. 12	–						
Nr. 13	–						
Nr. 14	–	~53 000	30,0	8–45,7 cm	16–14 cm	330	163
Nr. 15	–						
Nr. 16	–						
Yamato †	1937–41						
Musashi †	1938–42						
Shinano †	1940–§	~73 000	27,0	9–46 cm	12–15,5 cm	410	230
Nr. 111	1940–§						
Nr. 797	–						
Nr. 798	–	~78 000	–	6–50,8 cm	–	–	–
Nr. 799	–						
Nr. 795	–	~35 000	33,0 bis 34,0	6–36 cm	16–10 cm	190	125
Nr. 796	–						

Register

Fett gesetzte Zahlen weisen auf Bildseiten der genannten Schiffe hin.

Siegfried Breyer

Großkampfschiffe 1905–1970

Eine Bilddokumentation
über die Schlachtschiffe und Schlachtkreuzer
aller Seemächte der Welt

Band 3: Frankreich, Italien, Österreich-Ungarn,
Rußland / Sowjetunion, übrige Marinen
(Argentinien, Brasilien, Chile, Griechenland,
Niederlande, Spanien, Türkei)

*Mehr als 3000 Männer fielen
während der Kriege des
20. Jahrhunderts auf
französischen, italienischen,
österreichischen, russischen
und spanischen Großkampfschiffen
– auch daran sollte beim
Studium dieses Buches gedacht
werden.*

Inhalt

Einführung

Großkampfschiffe in den Mittelmeerstaaten, Rußland bzw. der Sowjetunion, den Niederlanden und bei den ABC-Staaten Südamerikas

Obwohl zwischen Italien und Österreich-Ungarn ein Bündnisabkommen bestand, erlosch ihre alte Rivalität nie völlig, sondern wuchs eher noch an. In der Donaumonarchie betrachtete man, ungeachtet aller anderen Krisenherde im Mittelmeerraum, Italien als den wahrscheinlichsten potentiellen Gegner, auch schon wegen dessen Flottenüberlegenheit. Diese Haltung konnte Italien nicht verborgen bleiben und forderte geradezu rüstungspolitische Konsequenzen heraus. So wurde Italien im Mittelmeerraum der erste Staat, der den Großkampfschiff-Bau aufnahm, um seine Überlegenheit – Ende 1908 standen elf eigenen Linienschiffen nur sechs auf österreichischer Seite gegenüber – aufzubauen. Mit einer 1909 beschlossenen Novelle zu dem Flottengesetz von 1905 wurde zunächst der Bau von vier Großkampfschiffen ermöglicht, von denen das erste, *Dante Alighieri,* noch im gleichen Jahr in Bau gegeben wurde. Schon ein Jahr darauf folgten die drei Einheiten der *Conte di Cavour*-Klasse, bald danach die beiden der *Caio Duilio*-Klasse, deren Bewilligung 1912 erfolgt war. Alle sechs waren mit 30,5-cm-Geschützen in größerer Stückzahl – *Dante Alighieri* hatte zwölf, alle übrigen dreizehn Rohre – bewaffnet. Sie entsprachen damit den Normen des bisherigen Großkampfschiffbaus.

Österreich-Ungarn folgte fast unmittelbar. Im Sommer 1910 wurde die *Viribus Unitis*-Klasse begonnen. Daß die Donaumonarchie so schnell auf das Vorgehen Italiens reagieren konnte, hatte sie Admiral Graf Montecuccoli zu verdanken, dem Oberkommandierenden ihrer Marine. Ungeachtet dessen, daß für den Bau von Großkampfschiffen das Plazet des gesetzgebenden Körperschaften noch ausstand, gab er auf eigene Verantwortung die beiden ersten Großkampfschiffe in Bau, nachdem ihm die Werft ein entsprechendes Angebot gemacht hatte, um ihre Vollbeschäftigung aufrechterhalten zu können. Es gelang ihm dann, die nachträgliche Bewilligung dieser Schiffe und gleich zwei weitere durchzusetzen. Ihr Kampfwert unterschied sich nicht sonderlich von jenem der italienischen Großkampfschiffe: Auch sie hatten 30,5-cm-Geschütze erhalten, je Schiff zwölf Rohre.

Als 1914 der erste Weltkrieg ausbrach, befand sich erst eins von den italienischen Großkampfschiffen im Dienst, auf österreichischer Seite schon drei. Bis zum 23. Mai 1915 – der Kriegserklärung Italiens an Österreich-Ungarn – sah das Verhältnis schon anders aus: Den vier österreichischen Großkampfschiffen konnte Italien fünf eigene entgegenstellen.

Der westlichste Mittelmeeranlieger, das Königreich Spanien, beschloß 1908 die Beschaffung von Großkampfschiffen, die allerdings bei britischen Werften in Bau gegeben werden mußten. Zu diesem Schritt hatte sich Spanien entschlossen, um nach dem verlustreichen Seekrieg mit den USA im Jahr 1898 den Wiederaufbau der Flotte voranzutreiben. Allerdings fielen diese spanischen Einheiten sehr bescheiden aus: Sie offenbarten sich als der kleinste und – trotz ihrer acht 30,5-cm-Geschütze – schwächste Großkampfschiffstyp der Welt, der übrigens nirgendwo Nachahmung finden sollte.

Rußland war in ähnlicher Lage, als es, ebenfalls im Jahr 1908, den Bau von Großkampfschiffen beschloß. Der Krieg mit Japan hatte seine Flotte praktisch außer Kampfbereitschaft gesetzt und seine machtpolitische Stellung – vor allem in der Ostsee und im Schwarzen Meer – schwer erschüttert. Hinzu kamen schwerwiegende innere Probleme, die in der *Potemkin*-Meuterei nur die Spitze eines Eisberges sichtbar werden ließen. Unter diesen Umständen mußte in Rußland der Über-

gang zum „all big gun battleship" trotz der dadurch erwachsenden hohen finanziellen Lasten willkommen sein, gab er doch die Möglichkeit zu neuem Anfang unter international einigermaßen gleichen Startbedingungen. So sind 1908 durch die Duma – der gesetzgebenden Körperschaft während der Zarenzeit – die vier Großkampfschiffe der *Gangut*-Klasse in Bau gegeben worden, die alle noch 1909 begonnen wurden. Auch sie erhielten 30,5-cm-Geschütze und entsprachen damit dem derzeitigen Standard. Was sie von der meisten „all big gun battleships" jener Zeit abhob, war ihr deutlicher Geschwindigkeitsvorsprung von 23 kn. Während diese Klasse für die Ostsee bestimmt war, richtete sich der Bau der 1911 begonnenen und für das Schwarze Meer vorgesehenen *Imperatrica Marija*-Klasse gegen die Türkei, um gegen deren Seerüstungs-Anstrengungen ein Gegengewicht zu schaffen. Diese Schiffe waren mit der gleichen Anzahl von 30,5-cm-Geschützen bestückt wie die *Gangut*-Klasse, doch hatten sie zugunsten einer etwas stärkeren Panzerung eine geringere Geschwindigkeit.

Frankreich stand um jene Zeit noch zu sehr unter den Einflüssen seiner „jeune école", als daß es sofort hätte mitziehen können. So konnten dort erst ab 1910 die ersten Großkampfschiffe in Bau gegeben werden, nämlich die vier Einheiten der *Courbet*-Klasse. Auch sie erhielten 30,5-cm-Geschütze in größerer

Stückzahl. Sie alle wurden bis Ende 1914 fertiggestellt.

Nachdem Großbritannien bereits 1909 durch den Übergang zu einem größeren Geschützkaliber (34,3 cm) die Hinwendung zum „Super-Schlachtschiff" vollzogen hatte, folgten Italien, Österreich-Ungarn, Rußland und Frankreich nicht unmittelbar nach, sondern teils erst kurz vor dem Ausbruch des Ersten Weltkrieges. Es war zunächst Rußland mit den Ende 1912 begonnenen vier Schlachtkreuzern der *Borodino*-Klasse, das zu einem höheren Kaliber (35,6 cm) überging. Ihr Bau wurde durch ein neues, am 6. Juli 1912 beschlossenes langfristiges Flottengesetz ermöglicht, das sich kaum gegen eine andere Macht als Deutschland richten konnte. Nach diesem Gesetz wurde die Stärke allein der russischen Ostseeflotte auf 36 Großkampfschiffe – 24 Schlachtschiffe und 12 Schlachtkreuzer – festgelegt. Dieses Ziel sollte bis zum Jahr 1930 erreicht werden. Ein derart großes Programm – es enthielt noch 24 Kreuzer, 108 Zerstörer und 36 U-Boote – konnte in Rußland nur mit Unterstützung aus dem Ausland in großem Umfang verwirklicht werden, weil die vorhandenen industriellen Möglichkeiten dazu keineswegs ausreichten. Solcher Hilfe versicherte sich das Zarenreich u. a. in Deutschland, das sie ihm nicht versagte – ungeachtet der Bedrohung, die von diesem expansiven Flottenbau ausgehen mußte.

Frankreich war die nächste Seemacht, die sich dem Bau von Super-Schlachtschiffen anschloß. Dort entstanden ab 1912 die drei Schlachtschiffe der *Provence*-Klasse, für die 34-cm-Geschütze entwickelt worden waren, zehn an der Zahl, alle in Zwillingstürmen. Schon ein Jahr später begannen die Arbeiten an den vier Einheiten der *Normandie*-Klasse (1914 wurde ein fünftes Schiff bewilligt). Bei dieser war man zwar beim Kaliber 34 cm geblieben, aber man setzte insoweit neue Akzente, als man dafür Vierlingstürme vorsah, drei an der Zahl. Noch vor Kriegsbeginn entstanden die ersten Pläne für die kalibergleiche, aber in der Geschützzahl um 25 % stärkere *Lyon*-Klasse. Diese war dazu ausersehen, die höchste Stückzahl schwerer Geschütze an Bord zu führen, die jemals auf einem einzelnen Großkampfschiff vorgesehen waren: Sechzehn Rohre in vier Vierlingstürmen sollten sie erhalten, eine beispiellose Zusammenballung artilleristischer Feuerkraft für ein Großkampfschiff.

Großbritannien hatte durch die Inbaugabe der *Queen Elizabeth*-Klasse im Jahr 1912 den Weg zum schnellen Schlachtschiff gewiesen; dieser Weiterentwicklung schloß sich Italien an, wo ab 1912 die Pläne für die Schlachtschiffe der *Francesco Caracciolo*-Klasse entstanden. Diese knapp 30 000 ts verdrängenden Schiffe sollten 25 bis 28 kn schnell sein und eine Bewaffnung erhalten, die genau derjenigen der britischen *Queen Elizabeth*-Klasse entsprach: Acht 38,1-cm- und zwölf 15,2-cm-Geschütze. Von ihnen wurden noch zwei Schiffe begonnen. Um die gleiche Zeit steuerte auch die Donaumonarchie auf den Bau von Super-Schlachtschiffen hin. Vier solcher Einheiten wurden bewilligt, ihre Hauptbewaffnung sollte aus 35-cm-Geschützen bestehen.

In den letzten Jahren vor dem Ausbruch des Ersten Weltkrieges wurden auch kleinere Staaten in den Sog des Flotten-Wettrüstens hineingezogen, so die Türkei und Griechenland. Der Türkei gaben dazu die wachsenden Spannungen mit Italien den Anlaß, die im Herbst 1912 zum offenen Krieg ausarteten. Noch bevor dieser Krieg zu Ende gegangen war, kam es zu dem Balkankrieg gegen Griechenland, Bulgarien, Serbien und Montenegro. Ihre Niederlagen führte die Türkei, zu einem wesentlichen Teil mit Recht, auf ihre maritime Schwäche zurück, und es war daher verständlich, daß sie nach Wegen und Mitteln suchte, um sich die Machtmittel zu verschaffen, die ihr die Überlegenheit auf See garantieren – und dieses Machtmittel konnte damals nur in dem Großkampfschiff gesehen werden. Deshalb gab die Türkei 1911 in Großbritannien zwei Schlachtschiffe in Bau und traf Vorbereitungen, um ab 1914 auf einer neu einzurichtenden eigenen Werft ein drittes zu bauen. Darüber hinaus konnte 1914 ein in England heranwachsendes Schlachtschiff von

Brasilien erworben werden, das auf türkische Rechnung weitergebaut wurde. Gegen diesen Flottenausbau machte nicht nur Rußland Front, sondern auch Griechenland fühlte sich veranlaßt, Ausschau nach Möglichkeiten zu halten, um in Zukunft selbst über Schlachtschiffe verfügen zu können. So ist 1913 ein erstes in Deutschland in Bau gegeben worden, 1914 ein zweites in Frankreich.

Zu einem Wettrüsten kam es auch bei den ABC-Staaten Südamerikas. Den Anfang damit machte Brasilien mit der Bestellung zweier Einheiten in Großbritannien, die bereits 1910 abgeliefert wurden. Der Bauauftrag für ein drittes, noch größeres und noch stärkeres Schiff stand unmittelbar bevor, als Argentinien als „Antwort" darauf seine beiden Großkampfschiffe der *Rivadavia*-Klasse in den USA in Bau gab.

Sowohl die von Brasilien als auch von Argentinien bestellten Großkampfschiffe erhielten 30,5-cm-Geschütze und entsprachen damit dem Standard, der für die erste „Dreadnought"-Epoche kennzeichnend war. Geschütze gleichen Kalibers waren auch für das 1911 von Brasilien in Großbritannien in Bau gegebene Schlachtschiff *Rio de Janeiro* vorgesehen, aber ab Herbst 1913 hielt die brasilianische Marineführung diese Größe für nicht mehr ausreichend und bestellte ein ganz neues, diesmal mit 38,1-cm-Geschützen armiertes Schlachtschiff. Die *Rio de Janeiro* verkaufte sie an die Türkei, auf deren Rechnung sie fertiggestellt werden sollte. Chile hielt sich zunächst noch zurück und gab erst 1911 und 1912 Bauaufträge für zwei Schiffe nach Großbritannien. Diese erhielten 35,6-cm-Geschütze und waren somit schon in die Kategorie der Super-Dreadnoughts einzuordnen.

Der im Sommer 1914 ausgebrochene Krieg brachte im Großkampfschiffbau besondere Auswirkungen:

☐ Keines der in Großbritannien für die Türkei und Chile im Bau befindlichen Großkampfschiffe wurde an den Auftraggeber abgeliefert, sondern beschlagnahmt und nach Fertigstellung in die Grand Fleet eingereiht.

☐ Die kurz vor Kriegsbeginn erteilten Bauaufträge aus Brasilien in Großbritannien und aus Griechenland in Frankreich wurden nicht mehr realisiert.

☐ Das in Deutschland für Griechenland im Bau befindliche Schiff wurde stillgelegt.

☐ Der Bau der in Frankreich, Italien, Rußland und Österreich-Ungarn begonnenen bzw. geplanten Super-Schlachtschiffe wurde eingestellt bzw. die Aufträge annulliert oder ihre Ausführung für die Dauer des Krieges verschoben. Fertiggestellt wurden nur diejenigen Schiffe, an denen die Bauarbeiten weit genug vorangekommen waren. Zum Teil wurde der Baustop über sie erst in einem späteren Stadium des Krieges verhängt.

☐ In keinem dieser Staaten wurden auf die Dauer des Krieges neue Großkampfschiffe begonnen.

Von den kriegführenden Staaten verloren Rußland und Italien während des Krieges je ein Großkampfschiff, Österreich-Ungarn deren zwei. Ein weiteres russisches Großkampfschiff wurde von eigenen Seestreitkräften zum Sinken gebracht, um es nicht in die Hände der Deutschen fallen zu lassen.

Eine kriegsentscheidende Rolle haben alle diese Großkampfschiffe auf keiner Seite gespielt. Zu einer durchschlagenden Gefechtsbegegnung von Großkampfschiffen der aufgeführten Staaten untereinander ist es nie gekommen.

Nach dem Ende des Krieges setzte das 1922 in Washington abgeschlossene Flottenabkommen dem weiteren Bau von Großkampfschiffen ein vorläufiges Ende. Frankreich und Italien wurde Parität in der Schlachtschiff-Tonnage zuerkannt, die auf je 175 000 ts festgelegt wurde. Dazu erhielten beide Staaten das Recht, in den Jahren 1927 und 1929 je eines ihrer ältesten Schlachtschiffe durch einen Neubau zu ersetzen. Ihre unfertig auf den Werften liegenden Neubauten mußten indessen abgebrochen, die weiterhin geplanten Einheiten aufgegeben werden.

In Rußland, der nunmehrigen Sowjetunion, war in jenen Jahren und auf absehbare Zeit nicht an den Neubau von Großkampfschiffen zu denken. Nicht betroffen von diesem Abkommen waren die ABC-Staaten Südamerikas und alle jene in Europa, die über Großkampfschiffe in geringen Stückzahlen verfügten oder vor dem Krieg Großkampfschiff-Ambitionen hatten. Sie alle wären ohnehin nicht in der Lage gewesen, selbständig Großkampfschiffe zu bauen; wegen des bestehenden Flottenabkommens war auch eine Hilfe durch die dazu fähigen größeren Seemächte ausgeschlossen.

Frankreich gab 1932 seinen ersten Schlachtschiff-Neubau in Auftrag, die *Dunkerque;* ihr folgte zwei Jahre später die *Strasbourg.* Beide waren als „Antwortbauten" auf die deutschen 10 000-ts-Panzerschiffe deklariert. Bei ihnen hatten sich die Franzosen mit einer geringeren Größe und einem schwächeren Kaliber begnügt, als die qualitativen Vorschriften des Abkommens zuließen. Vornehmlich war diese Selbstbescheidung auf finanzielle Gründe zurückzuführen, aber daneben mag man auch

darauf gehofft haben, bei anderen Seemächten Verständnis zu finden und ihnen den Ansporn zur Nachahmung zu geben.

Italien konnte dieser Schritt nicht gleichgültig sein. Als erste Reaktion auf das französische Vorgehen wurde die Grundmodernisierung der beiden alten Schlachtschiffe der *Conte di Cavour*-Klasse beschlossen, mit der Ende 1933 begonnen wurde. Zugleich wurden die Vorbereitungen für den Neubau von Schlachtschiffen getroffen. Die beiden ersten von ihnen, *Vittorio Veneto* und *Littorio,* sind dann im darauffolgenden Jahr auf Stapel gelegt worden. Bei ihnen hatte man die qualitativen Begrenzungen nur teilweise ausgenutzt: Wohl waren sie als 35 000-ts-Schiffe ausgewiesen (in Wirklichkeit verdrängten sie mehr), aber statt der erlaubten 40,6-cm-Geschütze erhielten sie solche von 38,1 cm. Dieser Akt war dann für die Franzosen der Anlaß, ebenfalls zum Bau von Schlachtschiffen in den zugestandenen Dimensionen zu gehen. Das erste von ihnen, die *Richelieu,* wurde 1935 auf Kiel gelegt, das zweite, *Jean Bart,* ein Jahr später. Damit war zwischen beiden Mächten der Rüstungswettlauf in vollem Gang.

Als die Modernisierung der *Conte di Cavour*-Klasse abgeschlossen war, folgten sofort die beiden Einheiten der *Caio Duilio*-Klasse, die nach der gleichen Grundkonzeption umgebaut wurden. 1938 legten die Italiener zwei weitere 35 000-ts-Schlachtschiffe auf Stapel *Impero* und *Roma,* worauf Frankreich 1939 wiederum mit der *Clemenceau* als drittem Schiff der *Richelieu*-Klasse antwortete und ein viertes einer verbesserten Klasse, die *Gascogne,* ankündigte.

Als 1939 in Europa der Krieg ausbrach, hatte die französische Marine sieben Schlachtschiffe im Dienst, aber von diesen waren zwei völlig veraltet und nur noch als Schulschiffe zu gebrauchen, drei weitere, nicht viel jüngere entsprachen nur noch bedingt neueren Anforderungen, und nur die beiden der *Dunkerque*-Klasse waren wirklich modern. Bis zum Waffenstillstand im Sommer 1940 konnte nur noch die *Richelieu* fertiggestellt werden.

In Italien war das Kräfteverhältnis wesentlich günstiger: Im Juni 1940 – dem Eintritt Italiens in den Krieg – standen ihm vier grundmodernisierte und zwei neue Schlachtschiffe zur Verfügung, und bis 1942 wurde ein drittes neues Schlachtschiff fertig.

Im Krieg verlor die französische Marine durch Kampfhandlungen ein altes Schlachtschiff; ein weiteres altes und die beiden Schiffe der *Dunkerque*-Klasse endeten durch Selbstversenkung. Die italienische Marine büßte durch Kampfhandlungen eines ihrer modernisierten Schlachtschiffe ein, dazu ein neues. Als der Krieg zu Ende gegangen war, hatte Frankreich noch je ein altes und ein neues Schlachtschiff zur Verfügung, ein weiteres, vor dem Kriege begonnenes konnte in den darauffolgenden Jahren fertiggestellt werden. Italien hatte zum Zeitpunkt kurz nach seiner Kapitulation noch drei modernisierte und zwei neue Schlachtschiffe, aber von diesen mußten auf Grund des Friedensvertrages eines von den alten an die Sowjetunion ausgeliefert werden, die beiden neuen wurden gemäß diesen Bedingungen abgebrochen.

Die Sowjetunion begann 1938 mit dem Neubau von Schlachtschiffen und Schlachtkreuzern, doch wurden diese nicht mehr fertig. So mußte sie den Krieg mit den drei alten und nur wenig modernisierten Schiffen der *Gangut*-Klasse durchstehen. Von diesen wurde eines so schwer beschädigt, daß es praktisch als Totalverlust abzubuchen war. Verstärkung erhielt die Sowjetunion im Jahr 1944 aus England, das leihweise ein Schlachtschiff der *Revenge*-Klasse zur Verfügung stellte.

Kurz vor Kriegsbeginn 1939 nahmen die Niederlande einen neuen Anlauf, den zweiten in der Geschichte ihrer Marine, um die Beschaffung von Großkampfschiffen einzuleiten. Drei Schlachtkreuzer sollten mit deutscher Hilfe gebaut werden, aber der Krieg vereitelte auch diesmal dieses Vorhaben.

Bei allen diesen Staaten – in Frankreich, Italien, in der Sowjetunion und einigen kleineren Mächten – traten die über das Ende des zweiten Weltkrieges hinaus im Dienst gebliebenen Schlachtschiffe sang- und klanglos von der Bühne ab, die meisten von ihnen bereits in den 50er Jahren, die letzten Ende der 60er Jahre. Von da ab blieb nur noch die türkische *Yavuz* erhalten, die ehemalige deutsche *Goeben,* das einzige Großkampfschiff, das die türkische Marine je in Dienst nehmen konnte.

Aber inzwischen ist auch sie längst zu Schrott verarbeitet worden. Anders als in den USA ist in Europa kein einziges Großkampfschiff als schwimmendes Denkmalsobjekt für die Nachwelt erhalten geblieben – Gewinnstreben und Unverständnis waren offenbar stärker als jene um ihre Erhaltung besorgten Kreise, an deren Initiative es gewiß nicht gefehlt hat, wie sich am Fall *Yavuz/Goeben* der Beweis erbringen läßt.

Großkampfschiffe
der französischen Marine

Die Lehren der „Jeune école"

In jener Zeit, in der die Entwicklung auf das „all big gun battleship" hinsteuerte, geriet Frankreich ins Hintertreffen: 1902 hatte der neue Marineminister Pelletan sein Amt angetreten, ein der „Jeune école" zugewandter Mann und engagierter Gegner des Schlachtschiffbaus. Unter seinem Wirken kam es zu beträchtlichen Verzögerungen im Bau der kurz nach der Jahrhundertwende auf Kiel gelegten Linienschiffe vom Typ *République,* die erst in den Jahren 1906 bis 1908 zur Flotte stießen. Erst nach dem Abgang Pelletans kam es – hauptsächlich unter dem Eindruck der Seeschlacht vor Tsushima – zur Ernüchterung: Frankreichs Marineführung begann, sich von den utopischen Lehren der „Jeune école" zu lösen und fand zu den bei den anderen Marinen herrschenden Anschauungen zurück. Indessen blieben die bestehenden Schwierigkeiten in den innenpolitischen Verhältnissen und auch die noch nicht genügend leistungsfähige industrielle Kapazität wesentliche Faktoren, an denen das Flottenbau-Programm orientiert werden mußte. So wurden im Haushaltsjahr 1906 noch einmal herkömmliche Linienschiffe in Bau gegeben, wenngleich auch mit einem „halbschweren" Zwischenkaliber: Die Einheiten der *Danton*-Klasse, sechs an der Zahl – es scheint, als habe man Versäumtes in hektischem Tempo nachholen wollen und sich deshalb für die Quantität entschieden, anstatt der Qualität den Vorzug zu geben. Was man damit erreichte, blieb nicht nur unzulänglich, sondern wuchs sich zu einem Dilemma aus: Diese sechs schon vor ihrer Fertigstellung veralteten Schiffe blockierten auf Jahre hinaus einen wesentlichen Anteil der damaligen französischen Schiffbaukapazitäten. Nicht erst aus heutiger Sicht wäre es sinnvoller gewesen, statt dieser sechs nur etwa zwei Schiffe in Bau zu geben und die nicht verausgabten Mittel für künftig zu bauende Großkampfschiffe bereitzustellen. Gemessen an Verdrängung und Abmessungen wäre es übrigens durchaus möglich gewesen, diese Schiffe statt mit den sekundären zwölf 24-cm-Geschützen mit zwei bis vier weiteren 30,5-cm-Geschützen auszurüsten. Daß man an dieser wohl am meisten naheliegenden Lösung vorbeigegangen ist, dürfte auf die Unsicherheit zurückzuführen sein, welche die Lehren der „Jeune école" verursacht hatten. An richtungweisenden Armierungsvorschlägen und -überlegungen hatte es ganz gewiß nicht gefehlt; so waren schon 1907 Alternativvorschläge eingereicht worden, die für künftig zu bauende Linienschiffe einheitliche schwere Artillerie in größerer Stückzahl vorsahen. Für die Linienschiffe der *Danton*-Klasse wäre es unter dem Gesichtspunkt einer einheitlichen Feuerleitung sogar vorteilhafter gewesen, wenn sie statt der vier 30,5-cm- und der zwölf 24-cm-Geschütze eine einheitliche schwere Artillerie von zwanzig 24-cm-Geschützen erhalten hätten, die während des Planungsstadiums ebenfalls zur Debatte gestanden hatten.

Die *Danton*-Klasse – von der hier die *Voltaire* zu sehen ist – bot durch ihre in zwei Gruppen aufgeteilten fünf Schornsteine ein unverkennbare Silhouette. (BfZ)

Erst fünf Jahre nach der Kiellegung der britischen *Dreadnought* war es Frankreich möglich geworden, ebenfalls zum Bau von „all big gun battleships" überzugehen. Zu verdanken war das hauptsächlich dem energischen neuen Marineminister Delcassé, dem es zusammen mit dem gleichfalls neu ernannten Flottenchef, Admiral de Lapeyrère, gelang, die Schlagkraft der Flotte nach und nach zu erhöhen. Das erste französische Großkampfschiff war die *Courbet,* die hier unmittelbar nach ihrem Stapellauf am 23. September 1911 in der Marinewerft Brest zu sehen ist. Deutlich sind hier die dicht an dicht angeordneten Kasematten der Mittelartillerie auszumachen.

[Französische Marine (Sammlung Breyer)]

Drittes Schiff der *Courbet*-Klasse war die im November 1911 bei Atéliers et Chantiers de la Loire in St. Nazaire auf Kiel gelegte und ein Jahr später zu Wasser gekommene *France.* Die hier sichtbare charakteristische Bugform hatten die französischen Konstrukteure schon bei der *Danton*-Klasse eingeführt. Hieraus wird fortschrittliches Denken deutlich: Während alle anderen in den Großkampfschiffbau eingetretenen Marinen noch beharrlich am Rammsteven – in Wirklichkeit längst Relikt einer überholten Kampfform – festhielten, hatte man in Frankreich richtig erkannt, daß wegen der durch die schiffsartilleristische Entwicklung wesentlich größer gewordenen Gefechtsentfernungen einerseits und der enorm verbesserten Standfestigkeit der Schiffe andererseits der früher oft tödliche Rammstoß überholt ist und der Rammsteven seine Daseinsberechtigung verloren hat. Diese Aufnahme entstand am 7. November 1912 und zeigt die *France* beim Verlassen der Helling.

[Französische Marine (Sammlung Breyer)]

Diese beiden Aufnahmen zeigen die fertiggestellte *Courbet,* oben genau von querab mit ihrer Backbordseite zum Betrachter, unten schräg von Backbord-achtern. Diese Klasse zeigt noch Anklänge an die im vergangenen Jahrhundert aufgekommene Vielschornstein-Architektur des französischen Kriegsschiffbaus, wobei wiederum die gruppenweise Zusammenfassung von Schornsteinen charakteristisch war. Die Aufstellung des vorderen Mastes *hinter* den Schornsteinen entsprach britischen Vorbildern jener Zeit *(Dreadnought, Colossus, Orion, Lion).* (Sammlung Breyer)

Großkampfschiff-Einsatz gegen Seeblockade

Die *France* wurde im gleichen Monat in Dienst gestellt, in dem der Erste Weltkrieg ausbrach. Schon wenige Tage darauf nahm sie von Malta aus – wo sich die französische Flotte versammelt hatte – an einem Vorstoß in die Adria teil, um die österreichische Seeblockade Montenegros zu durchbrechen.

Die stark überlegenen Franzosen stießen dabei auf den alten K. und K. Kreuzer *Zenta,* der in ihrem Feuer sank, während ein Zerstörer entkommen konnte. Hier ist die *France* zu sehen, offenbar kurz nach einer Werftüberholung während des Krieges mit noch fast völlig makellosem Farbanstrich. Die beiden Ringe um den zweiten Schornstein deuten auf die Divisionszugehörigkeit hin. Deutlich sichtbar ist auch das dreibasige „Triplex"-Entfernungsmeßgerät von je 3,66 m Basislänge über der Brücke, das erst während des Krieges installiert worden ist. Mit dem gleichen Gerät wurden in jener Zeit auch die italienischen Großkampfschiffe ausgerüstet.

(BfZ)

23

Die *France* lief am 26. August 1922 während eines Sturmes in der Bucht von Quiberon auf einen in den Seekarten nicht verzeichneten Felsen auf und sank auf Grund. Da an eine Bergung kaum zu denken war, wurde das Wrack seinem Schicksal überlassen. Später sind dann Teile von ihm an Ort und Stelle abgewrackt worden. Hier eine Aufnahme des Wracks. (BfZ)

Die *Courbet* nach ihrem ersten Umbau, der in den Jahren 1921 bis 1922 durchgeführt wurde. Dabei änderte man ihre äußere Architektur in wesentlichen Bereichen: Zum einen wurden die beiden vorderen Schornsteine zu einem einzigen zusammengefaßt, und vor diesem kam ein kräftiger hoher Dreibeinmast zum Einbau, ein Attribut an die Erfordernisse der neuzeitlichen Feuerleitsysteme. Der achtere Mast war bereits 1918 bis auf den Untermast verkürzt worden. Der Grund dafür war die Ausstattung mit einem Fesselballon – um seinen Halteseilen genügend Bewegungsfreiheit zu geben, mußte auf den achteren Mast verzichtet werden. Man behalf sich daher zum Verspannen der Antennen mit den beiden stark nach vorn geneigten Auslegern an dem erhalten gebliebenen Untermast, wie hier gut zu erkennen ist.

[Französische Marine (Sammlung Breyer)]

Die *Paris* war 1923 bis 1924 ganz ähnlich wie ihr Schwester-schiff *Courbet* umgebaut worden. Was beide voneinander unterschied, war der vordere Schornsteinbereich: Während *Courbet* dort jetzt einen einzigen Schornstein führte, erhielt *Paris* wiederum zwei Schornsteine, die jedoch ganz dicht hintereinander standen, so daß sie optisch aus größerer Entfernung wie ein einziger wirkten. Diese Aufnahme ist nach dem zweiten Umbau (1928–29) entstanden, wobei neue Kessel, Feuerleitanlagen und Fla-Waffen installiert worden waren. Bei dieser Gelegenheit hatte man die vorderen Schornsteine um etwa 2 m erhöht; zuvor schlossen diese etwa mit der Oberkante des oberen Plattformdreiecks um den Dreibeinmast ab. Hinter den vorderen Schornsteinen läßt sich noch der Zylinder mit dem Mastkragen des ursprüngli-chen Mastes erkennen, den man beim Umbau stehengelassen hat.   [Französische Marine (Sammlung Breyer)]

Auch die *Courbet* wurde einem zweiten Umbau unterzogen, wobei sie ebenfalls neue Kessel (und zwar solche, die ehedem für die Schlachtschiffe der *Normandie*-Klasse gebaut worden waren), Feuerleitgeräte und Fla-Waffen erhielt. Von da ab führte sie wieder den achteren Mast in alter Höhe. Am Vormars-Fleckerstand erkennt man „range clocks", wie sie in jenen Jahren auch auf Schlachtschiffen anderer Nationen geführt wurden. Diese Aufnahme ist vor 1938/39 entstanden, weil die Antennenspreizen am achteren Schornstein noch fehlen, die in dieser Zeit installiert worden sind. Von diesem zweiten Umbau ab dienten die *Courbet* und ihr Schwester-schiff *Paris* fortan nur noch als Schulschiffe.   (BfZ)

Französische Schlachtschiffe unter britischer Flagge

Ein seltenes Bild: Die *Paris* mit der britischen Flagge an der Gösch, aufgenommen 1942 in Plymouth. Zusammen mit ihrem Schwesterschiff *Courbet* war sie im Juni 1940 in südenglische Häfen verlegt worden, wo beide nach der Kapitulation Frankreichs von den Engländern im Zuge ihrer Operation „Catapult" am 3. Juli 1940 beschlagnahmt wurden. Während die *Courbet* 1943 den Freifranzösischen Streitkräften (FNFL) zur Verfügung gestellt und nach vorübergehender Verwendung als Flak- und Radarschulschiff bei der Invasion nahe Ouistreham als Wellenbrecher auf Strand gesetzt und später dort abgebrochen wurde, diente die *Paris* nur noch als Wohnschiff für polnische Marineangehörige und fand keine Kriegsverwendung mehr. Im August 1945 kehrte sie nach Brest zurück, wurde aber nicht mehr in Dienst gestellt. Dort blieb sie noch zehn Jahre lang liegen, bis sie im Dezember 1955 zum Abwracken freigegeben wurde. 1956 ist sie dann zu Schrott verarbeitet worden. Die hier erkennbare, wohl zur Gegnertäuschung aufgemalte Bugwelle konnte bei diesem alten Schiff kaum mehr ernstgenommen werden, denn seine Maschinen schafften zuletzt nicht einmal mehr 18 kn.

(Sammlung Breyer)

Jean Bart, zweites Schiff der Courbet-Klasse, unterschied sich von ihren Schwestern durch die schwanenhalsförmigen Bordkräne, die nur sie allein führte. Sie war das einzige französische Großkampfschiff, das während des ersten Weltkrieges durch Kampfhandlungen beschädigt wurde: Im Dezember 1914 kam sie bei einem Vorstoß in die Adria einem U-Boot der K. und K. Marine in der Otranto-Straße vor die Rohre und erhielt einen Torpedotreffer im Vorschiff, der das Eindringen von etwa 1000 t Wasser zur Folge hatte. Stark beschädigt mußte sie nach Malta abgeschleppt werden. Dieser Treffer wirkte auf die französische Marineführung wie ein Schock: Von nun an wurden zur Blockade der Otranto-Straße nur noch Kreuzer eingesetzt – kein französisches Großkampfschiff ließ sich fortan mehr dort sehen. 1937 mußte das Schiff seinen Namen an einen Schlachtschiff-Neubau abgeben und wurde in Océan umgetauft. Seither diente es – das schon seit 1931 die Funktionen eines Schulschiffes ausübte – als Ausbildungshulk. Am 27. November 1942 teilte es in Toulon das Schicksal der französischen Kernflotte und wurde auf flachem Wasser auf Grund gelegt. Die deutsche Marine hatte noch Verwendung für das Wrack: Es diente ihr als Zielobjekt für Beschußversuche. Diese noch sehr frühe Aufnahme zeigt die Jean Bart noch so, wie sie seinerzeit in Dienst gestellt worden ist. (BfZ)

Der Bau der drei im Haushaltsjahr 1912 eingestellten Schlachtschiffe der Provence-Klasse fiel schon in die Periode des von Großbritannien initiierten „Super-Dreadnought"-Baus: Dessen und der anderen Mächte Vorgehen folgend hatte auch Frankreich das Hauptkaliber gesteigert, und zwar von 30,5 cm auf nunmehr 34 cm, wobei die Geschützzahl im Vergleich zur Courbet-Klasse um zwei Rohre reduziert wurde. Daraus ergab sich kein Nachteil, weil man auf die Flügelturm-Anordnung der Courbet-Klasse verzichtet hatte und dafür einen einzigen in der Mittschiffslängsachse so placierte, daß er nach beiden Seiten feuern konnte. Die Rumpfform wurde fast unverändert von der Courbet-Klasse übernommen, auch die äußeren Abmessungen blieben so gut wie gleich. Dadurch konnte die Bauzeit etwas beschleunigt werden. Hier sieht man die Lorraine während der Ausrüstung unter dem 150-t-Kran ihrer Bauwerft Atéliers et Chantiers de la Loire et Penhôet in St. Nazaire liegen. Diese Aufnahme ist etwa 1914 oder 1915 entstanden. (Sammlung Breyer)

Als erster französischer „Super-Dreadnought" kam im Sommer 1915 die *Provence* in Dienst, die hier bei forcierter Fahrtstufe zu sehen ist. Der dichte schwarze Qualm ist das Kennzeichen für die kohlengeheizten Kessel, die aber bereits Ölzusatzfeuerung hatten. Hier sieht man auch die Spieren für das Bullivant-Torpedoschutznetz-System, das jedoch 1917 wieder von Bord gegeben wurde, weil es – wie überall anders ebenso – unbefriedigend blieb und kaum praktischen Nutzen brachte. Im gleichen Jahr wurde übrigens auch der Höhenrichtbereich des achteren schweren Turmes von 12° auf 18° erweitert und damit die Schußweite von 14 500 auf 18 000 m gesteigert. [Französische Marine (Sammlung Breyer)]

Die *Lorraine* konnte wegen der durch den Krieg bewirkten industriellen Schwierigkeiten erst mit beträchtlicher Verspätung fertiggestellt werden. Während ihre Schwesterschiffe in wenig mehr als drei Jahren gebaut wurden, dauerte es bei ihr runde vier Jahre, bis sie die Flagge setzen konnte. Diese Aufnahme demonstriert ein schiffsarchitektonisch bereits recht harmonisches Aussehen. Charakteristisch für die französischen Kriegsschiffe jener Zeit sind die Schornsteinmündungen mit ihrem tellerförmigen Abschluß oberhalb der Ummantelung. Ungewöhnlich hoch ist der dritte Turm postiert – seine Feuerhöhe entspricht nahezu derjenigen von Turm B. Diese Aufnahme stammt aus der Zeit von 1916/17, weil die Spieren der Torpedoschutznetze noch vorhanden sind.

[Französische Marine (Sammlung Breyer)]

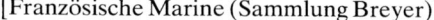

Erste Modernisierungsmaßnahmen

Am 31. August 1918 wurde entschieden, die *Bretagne* anläßlich ihrer nächsten in Brest anstehenden Überholung mit modernen Feuerleitanlagen auszurüsten, für die ein Dreibeinmast in der Position des bisherigen vorderen Pfahlmastes erforderlich wurde. Diese Modernisierung wurde noch im gleichen Jahr in Angriff genommen und 1920 abgeschlossen. Hier ist die *Bretagne* im Trockendock zu sehen, noch im ursprünglichen Zustand. Den Heckanker führten die französischen Großkampfschiffe nicht in einer Klüse, sondern freihängend, wie hier zu sehen ist.

[Französische Marine (Sammlung Breyer)]

Bei der Entwicklung des Bordflugwesens ging die französische Marine eigene Wege. Nachdem 1918/20 die Schlachtschiffe *Paris* und *Bretagne* für kurze Zeit zu Versuchen mit einer auf Turm B aufgebauten Flugzeug-Startplattform ausgerüstet worden waren, erprobte sie 1924 auf der *Lorraine* ein anderes System: Diese erhielt in etwa halber Höhe ihres vorderen Mastes eine nach Steuerbord-voraus gerichtete Schweberampe mit einer Aufhängung für ein kleines Flugzeug, die als Starthilfe in einer Kufe vorwärtsschnellte und es freigab, sobald sie den Endpunkt erreicht hatte. Dieses System war von der US-Marine für die Marineluftschiffe *Akron* und *Macon* entwickelt worden. Es waren wohl weniger Schwierigkeiten beim Startvorgang, die den Franzosen den Anlaß zum Abbruch der Versuche gaben, sondern mehr die umständliche Art und Weise, wie das Flugzeug bis zum vorderen Mast geschafft und zu seiner Startrampe gehievt werden mußte.

Das obere Bild zeigt die *Lorraine* mit der Startrampe an ihrem Dreibeinmast; das andere Bild vermittelt eine Detailansicht dieser Versuchsanlage, zu der das Flugzeug gerade gehievt wird. Danach mußte es mit seiner Aufhängung bis zum Mast herangeschoben werden, um starten zu können.

(Sammlung Breyer)

Auf der *Lorraine* (oberes Bild) wurde ebenso wie auf ihren Schwesterschiffen in der zweiten Hälfte der 20er Jahre der Anteil der Kessel-Ölzusatzheizung gesteigert. Dabei sind auch neue Feuerleitmittel installiert worden. An der äußeren Erscheinungsform der Schiffe änderte dies so gut wie nichts – so wie sich die *Lorraine* hier darbietet, hatte sie bereits Anfang der 20er Jahre nach ihrem ersten Umbau ausgesehen, bei dem sie u. a. den Dreibeinmast erhalten hatte. Genau das gleiche Bild bot auch die *Bretagne,* nachdem sie als erstes Schiff ihrer Klasse diesen Umbau absolviert hatte (unteres

Bild). Um sie voneinander zu unterscheiden, mußte man schon sehr genau hinschauen. Ein Hilfsmittel bot sich in dem dicken Dampfrohr hinter dem vorderen Schornstein, das nur *Bretagne* führte.

Beim weiteren Hinschauen entdeckt man auf beiden Schiffen das Fehlen der beiden vorderen 13,8-cm-Geschütze. Diese waren bereits bei der ersten Modernisierung ausgebaut worden, weil bei forcierter Fahrt viel Wasser in ihre Kasematten eindrang.   [Französische Marine (Sammlung Breyer)]

Erneuter Umbau

Alle drei Schiffe der *Provence*-Klasse wurden in den ersten 30er Jahren einer erneuten Modernisierung unterzogen. Hierbei erhielten sie moderne Hochleistungs-Kessel ausschließlich mit Ölfeuerung, sechs an der Zahl, gegenüber zuvor achtzehn weniger, aber dennoch leistungsfähiger als jene: Von ihnen gespeist, gaben die Maschinen fortan 43 000 PS ab statt der ursprünglichen 29 000 PS. Das war jedoch durchaus noch nicht alles, was bei diesem Umbau geändert wurde: Abermals sind neue Feuerleitmittel installiert worden, die Flak erhielt wiederum einige Verstärkungen, die schwere Artillerie bekam neue Rohre. Auch der Innenschutz konnte – wenngleich auch nur in beschränktem Umfang – verbessert werden. Hier sieht man die *Bretagne* während des Umbaus, aufgenommen etwa 1934 in La Seyne. (BfZ)

Bei ihrer dritten Modernisierung war auch die schwere Artillerie aller drei Schiffe neuberohrt worden. Sie erhielten die 34-cm-Geschützrohre, die einstmals für die Schlachtschiffe der *Normandie*-Klasse vorgesehen waren. Ihre Mittelartillerie war gleichzeitig um abermals vier Rohre reduziert worden (die beiden hinteren jeder Seite), wogegen die schwere Flak verdoppelt wurde. Seit diesem Zeitpunkt hatte der hintere Schornstein die gleiche Höhe wie der vordere.

Diese beiden Bilder zeigen die *Provence* (oben) und die *Bretagne* (unten) nach dieser Modernisierung. Die Aufnahme der *Provence* ist etwa 1935 entstanden, die der *Bretagne* um 1938. Auf der *Provence* fehlen noch die seitlich abgespreizten Antennenausleger am achteren Schornstein. Auffällig sind die breit ausladenden Gitterrahen am Dreibeinmast.

(Sammlung Breyer)

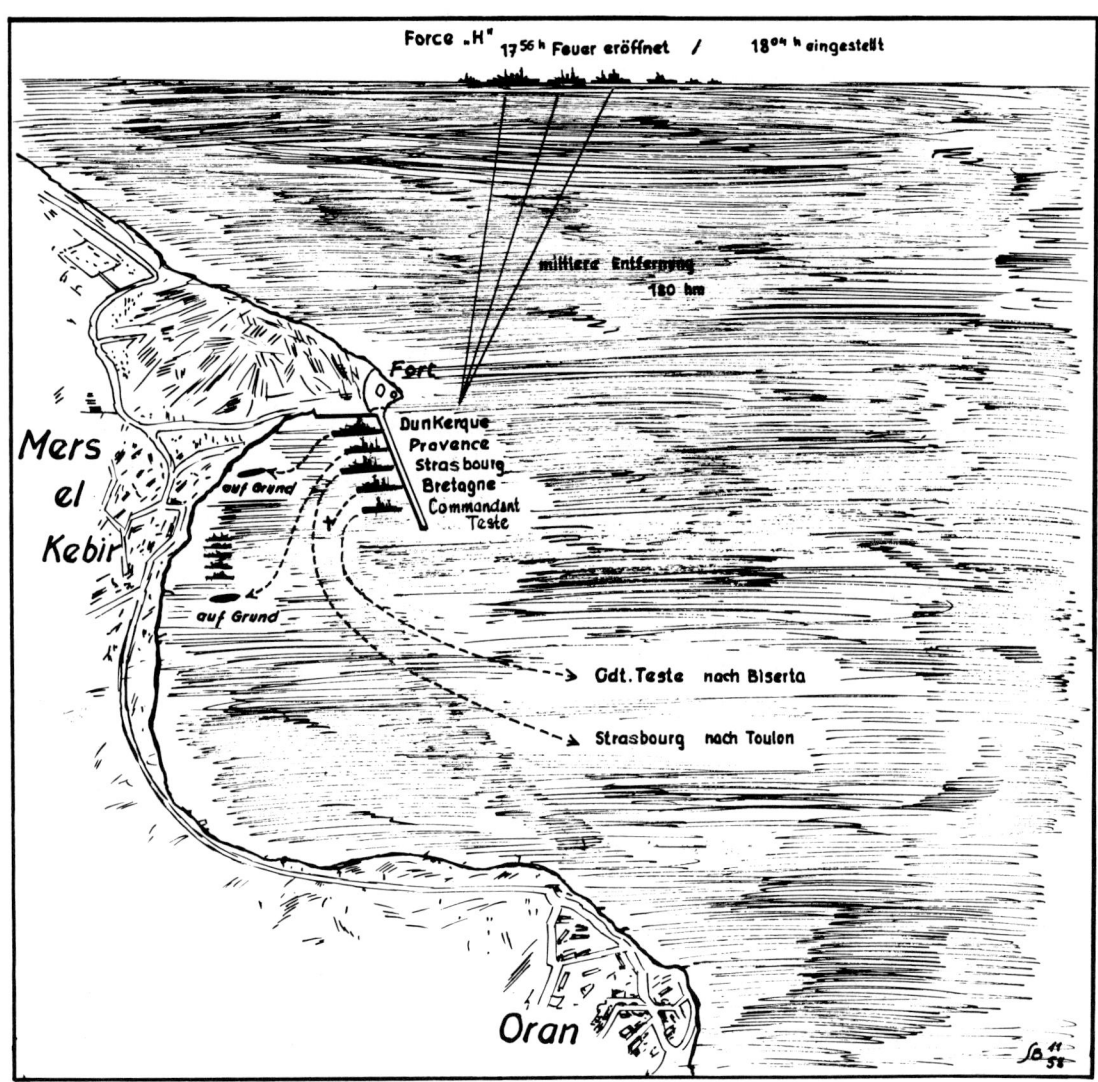

Force „H" 17⁵⁶ʰ Feuer eröffnet / 18⁰⁴ʰ eingestellt

mittlere Entfernung
180 hm

Fort

Dunkerque
Provence
Strasbourg
Bretagne
Commandant
Teste

Mers
el
Kebir

auf Grund

auf Grund

→ Cdt.Teste nach Biserta

→ Strasbourg nach Toulon

Oran

Die britische Flottenoperation „Catapult" hatte zum Ziel, die durchweg intakt gebliebene Flotte des geschlagenen Frankreich nicht in deutsche Hände fallen zu lassen. Die Briten bemächtigten sich daher am 3. Juli 1940 der in ihrem Machtbereich liegenden französischen Einheiten und marschierten mit einem Flottenverband vor Mers-El-Kebir auf und stellten dem Befehlshaber des dort versammelten Teiles der französischen Flotte – im wesentlichen deren Kern darstellend – ein Ultimatum auf Übergabe oder Selbstversenkung der Schiffe. Als die Franzosen die britischen Forderungen ablehnten, eröffnete die unter dem Befehl von Vizeadmiral Sommerville stehende Force „H" (bestehend aus dem Schlachtkreuzer *Hood,* den Schlachtschiffen *Valiant* und *Resolution,* dem Flugzeugträger *Ark Royal,* zwei leichten Kreuzern und elf Zerstörern) um 17,56 Uhr das Feuer auf eine mittlere Entfernung von etwa 18 000 m. Die französischen Schiffe waren in einer äußerst ungünstigen Lage, weil sie bewegungslos festlagen und im britischen Feuer fahrklar gemacht werden mußten, um den Hafen verlassen und das Feuer erwidern zu können. Die *Dunkerque* und *Provence* wurden so schwer beschädigt, daß sie noch innerhalb des Hafens auf Grund gesetzt werden mußten, die *Bretagne* sank wenige Meter von ihrem Liegeplatz entfernt, und nur der *Strasbourg* und einigen Zerstörern sowie dem Flugzeugmutterschiff *Commandant Teste* gelang es, zu entkommen. Insgesamt verloren dabei auf den französischen Schiffen 1147 Männer ihr Leben.

(Zeichnung: Verfasser)

Die britische Operation „Catapult" traf die nach der französischen Kapitulation im Hafen von Mers-El-Kebir bei Oran liegende französische Kernflotte überraschend und völlig unvorbereitet. Die *Provence* (im Vordergrund) wurde schwer getroffen und mußte auf einer Untiefe aufgesetzt werden. Später ist sie dann geborgen worden und konnte dann im November 1940 nach Toulon überführt werden. Noch schwe-

rer traf es die *Bretagne:* Sie kenterte im Feuer der britischen Schlachtschiffe unter heftigen Detonationen. 1952 wurde sie geborgen und alsbald darauf abgewrackt. Im Hintergrund ist sie zu sehen, bereits über und über brennend. Zwischen ihr und der *Provence* versucht die *Strasbourg* auszulaufen.

(Sammlung Breyer)

Wesentlich umfangreicher wurde auf *Lorraine* der dritte Umbau vorgenommen, der im Sommer 1934 begann und Anfang 1936 abgeschlossen wurde. Hierbei verlor das Schiff zugunsten einer Bordfluganlage seinen dritten schweren Turm. An seiner Position wurde eine große Flugzeughalle zur Aufnahme von vier Flugzeugen errichtet, auf ihr Dach kam ein 22 m langes, voll schwenkbares Katapult. Das Einstellen der Flugzeuge in die Halle erfolgte durch ein seitwärtiges Tor unter Zuhilfenahme eines der beiden Kräne. Um dem gesteigerten Platzbedarf der Halle gerecht zu werden, mußte der achtere Schornstein um 5 m zurückverlegt werden. Am 3. Juli 1940 lag die *Lorraine* in Alexandria und fiel den Engländern im Zuge der Operation „Catapult" in die Hände. Am 31. Mai 1943 ist sie dann den freifranzösischen

Streitkräften übergeben worden, die es in Fahrt brachten und nach Dakar verlegten. In den beiden folgenden Jahren nahm die *Lorraine* dann wieder aktiv am Kriegsgeschehen teil: Zunächst im August 1944 bei der alliierten Invasion in Süd-Frankreich, später auf Blockadestellung vor der Gironde-Mündung und im April 1945 beim Angriff auf die deutsche „Atlantikfestung" Royan-Gironde Nord, in allen Fällen durch die Beschießung deutscher Stellungen an Land. Nach Kriegsende blieb sie noch bis 1953 als Schulschiff und Hulk erhalten. Dieses Foto zeigt sie am 13. September 1944 bei der Rückkehr der französischen Flotte in das gerade eben befreite Toulon. Ihre Bordfluganlage war zu diesem Zeitpunkt bereits ausgebaut.

(BfZ)

Entscheidung für den Vierlingsturm

Sozusagen als eigenständigen Beitrag zur Kampfwert-Steigerung des Großkampfschiffes entschloß sich die französische Marine zur Einführung des Vierlingsturmes für die schwere Artillerie, ohne allerdings über das gerade eingeführte Kaliber 34 cm hinauszugehen. Als erste sollten damit die vier im Rahmen des 1913er Bauprogrammes bewilligten Schiffe der *Normandie*-Klasse ausgerüstet werden. Darüber hinaus

war für 1915 eine zweite Viererserie Schlachtschiffe vorgesehen, die ebenfalls mit 34-cm-Vierlingstürmen ausgerüstet werden sollten, die *Lyon*-Klasse.

Die vier Schiffe der *Normandie*-Klasse wurden sämtlich 1913 auf Kiel gelegt und kamen 1914/15 zu Wasser. Die Arbeiten an ihnen wurden bei Kriegsausbruch wesentlich eingeschränkt und im Sommer 1915 schließlich ganz eingestellt,

zunächst wegen der Einberufung vieler auf den Werften beschäftigter Facharbeiter zur Armee, dann aber auch wegen der durch die Kriegsanstrengungen kritisch gewordenen Verhältnisse, an denen Frankreich schwer zu tragen hatte. So wurden die Arbeiten zuletzt nur noch so weit gefördert, daß die Helgen freigemacht werden konnten. Nach Kriegsende sind die Schiffe dann sämtlich zu Schrott verarbeitet worden, nachdem 1919 rein studienhaft erwogen worden war, sie als Schlachtkreuzer von 32 kn Geschwindigkeit und veränderter Hauptbewaffnung – die Debatten bewegten sich um sechs 43,2-cm-Geschütze – fertigzustellen. Wie diese Schiffe nach den Originalplänen aussehen sollten, zeigt ein Gemäldeabdruck aus jener Zeit (oben). Das Foto der *Normandie* (unten) entstand am 19. Oktober 1914, unmittelbar nach ihrem Stapellauf, und auf dem Bild der vorhergehenden Seite sieht man die *Languedoc,* wie sie am 1. Mai 1915 ihre Helling verläßt.

[Französische Marine (Sammlung Breyer)]

Im Dezember 1913 wurde ein fünftes Schlachtschiff der *Normandie*-Klasse bewilligt. Der Grund für diese Maßnahme lag darin, daß nach den vier Schiffen der *Courbet*-Klasse nur drei der *Provence*-Klasse gebaut worden waren. Um den Divisionsverband von jeweils vier Schiffen aufrechterhalten zu können, wurde die *Normandie*-Klasse um ein fünftes Schiff – die *Béarn* – aufgestockt, das dann mit den drei Einheiten der *Provence*-Klasse operieren sollte. Anfang 1914 wurde die *Béarn* begonnen, doch kam sie über das erste Baustadium nicht hinaus, weil im Sommer 1915 auch auf ihr die Arbeiten eingestellt wurden. Ab Dezember 1918 sind diese dann wieder aufgenommen worden, aber nur, um die Helling freizumachen. Im Frühjahr 1920 konnte sie diese dann

verlassen. Das Schicksal ihrer Schwestern blieb ihr indessen erspart. Anstatt zu Schrott zerlegt zu werden, wurde sie zum Flugzeugträger umkonstruiert und konnte im Spätsommer 1926 als solcher in Dienst gestellt werden. Im Vergleich zu den ebenfalls aus Großkampfschiffen umgebauten britischen, amerikanischen und japanischen Trägern erwies sich die *Béarn* weniger gelungen, nicht zuletzt wegen ihrer unzureichenden Geschwindigkeit. Wie sie aussah, zeigen diese beiden Aufnahmen, von denen die obere – sie entstand am 1. Februar 1933 – gerade den Start eines Flugzeuges zeigt.

[Französische Marine (Sammlung Breyer)]

Im Juni 1940 konnte die *Béarn* nach Fort de France/Martinique entkommen, wo sie demobilisiert wurde. Vier Jahre später ist sie dann in New Orleans grundüberholt und neu bewaffnet worden, aber wegen ihrer geringen Geschwindigkeit konnte sie nur als Flugzeugtransporter verwendet werden. Als solcher war sie über das Ende des Zweiten Weltkrieges hinaus eingesetzt: In jener Zeit, als sich der Konflikt in Französisch-Indochina zum Krieg auszuweiten begann, brachte die *Béarn* Truppen und andere Verstärkungen nach dort. Den Rest ihrer Jahre verbrachte sie als Schul- und Wohnhulk in Toulon. 1967 ist sie in Italien abgebrochen worden. Wie die *Béarn* zuletzt – als Flugzeugtransporter – aussah, zeigt diese Aufnahme aus 1945/46.

[Französische Marine (Sammlung Breyer)]

Mit dem ihnen auf Reparationskonto zugesprochenen deutschen Schlachtschiff *Thüringen* wußten die Franzosen nicht allzuviel anzufangen. Im April 1920 war es ausgeliefert und nach Cherbourg überführt worden. Vorübergehend diente es als Zielschiff, um dann 1923/24 in Gâvres-Lorient abgewrackt zu werden. Diese Aufnahme zeigt sie schon in Lorient liegend, zu einem Zeitpunkt, da gerade mit den ersten Abbrucharbeiten begonnen worden war.

(Sammlung Breyer)

Großkampfschiffe als Kriegsbeute

Das zweite Großkampfschiff, das Frankreich nach dem Ende des Ersten Weltkrieges als Beute zufiel, war die *Prinz Eugen* der ehemaligen K. und K. Kriegsmarine. Diese wurde im Sommer 1920 nach Toulon überführt, desarmiert und weitgehend abgerüstet, und diente dann zunächst Flugzeugen als Bombenabwurfziel. Endgültig ist sie dann als Artillerie-Zielschiff und für diverse Versuche verwendet worden. Hier liegt sie nach einem Ansprengversuch auf Grund. Wenig später sank sie im Feuer der Schlachtschiffe *Bretagne* und *France* südlich von Toulon. (BfZ)

40

Frankreichs „Antwort" auf die deutschen Panzerschiffe

Auf Grund des Washingtoner Flottenvertrages war Frankreich das Recht zugestanden worden, in den Jahren 1927 und 1929 je ein Schlachtschiff als Ersatzbauten für ihre den neuzeitlichen Anforderungen nicht mehr entsprechenden alten Schlachtschiffe in Bau zu geben, und zusätzlich konnte es für die 1922 verlorengegangene *France* einen weiteren Ersatzbau beanspruchen. Davon machte Frankreich erst Gebrauch, als in Deutschland das erste 10 000-ts-„Panzerschiff" gebaut wurde. Als „Antwort" auf den deutschen Panzerschiffbau wurden gegen Ende 1932 die *Dunkerque* und zwei Jahre später die *Strasbourg* auf Kiel gelegt. Die Franzosen schöpften dabei weder das Verdrängungslimit von 35 000 ts noch die zulässige Kalibergrenze von 40,6 cm aus,

sondern begnügten sich mit einem wesentlich leichteren Typ von etwas mehr als 26 000 ts und 33-cm-Geschützen. Ihr Plus lag in der vergleichsweise hohen Geschwindigkeit von mehr als 29 kn, die im wesentlichen nur deshalb erreichbar war, weil auf größere Panzerdicken verzichtet wurde. Nach herkömmlichen Anschauungen waren die beiden *Dunkerque's* damit eigentlich in die Kategorie der Schlachtkreuzer (die es allerdings bei den seit 1922 abgeschlossenen Flottenabkommen offiziell nicht gab, weil sie in der Gattung „Capital ships" erfaßt waren) einzuordnen. Hier sehen wir die *Dunkerque*, wie sie kurz nach ihrer am 1. Mai 1937 erfolgten Indienststellung aussah. 1939 erhielt sie einen höheren Schornsteinaufsatz.

(Sammlung Breyer)

41

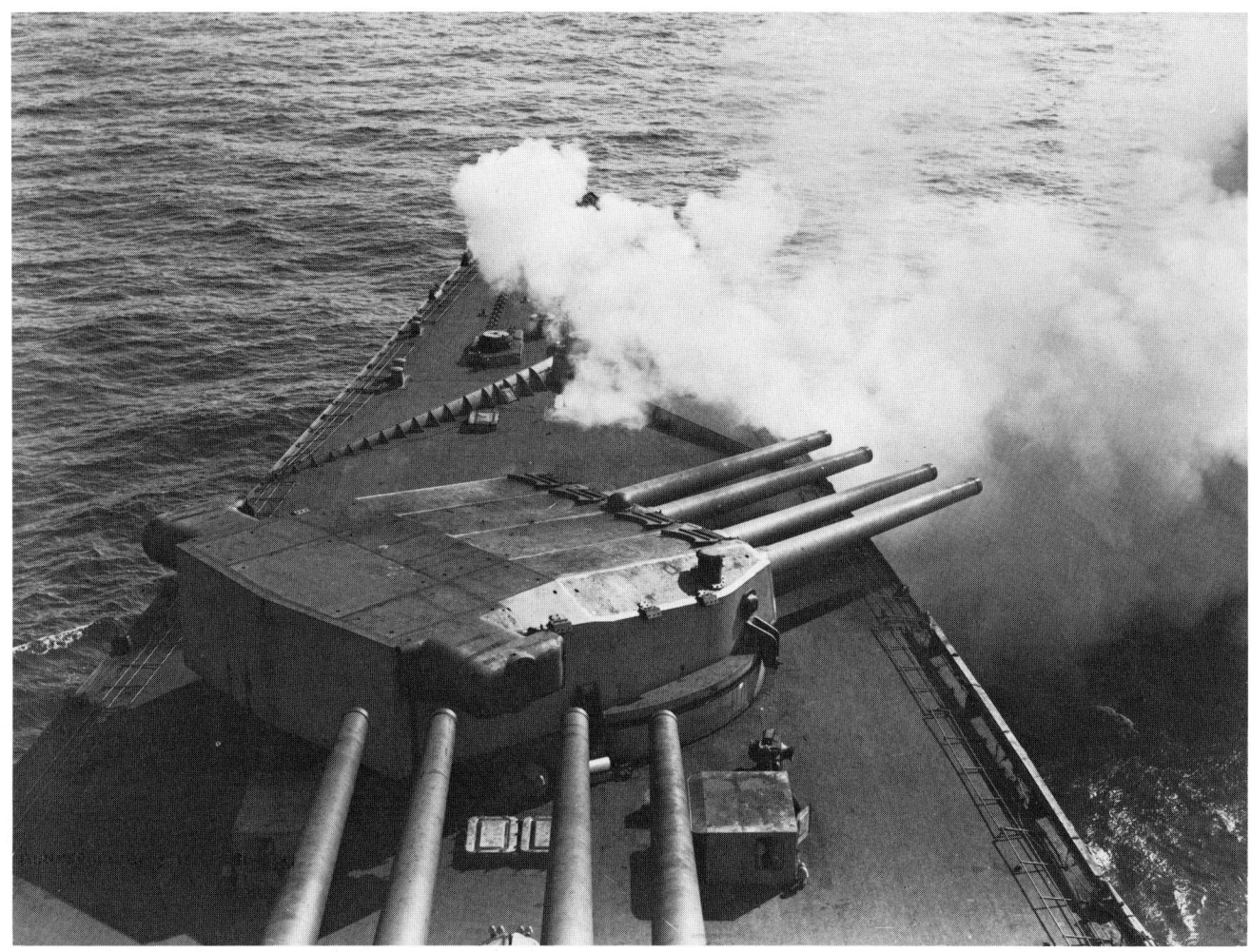

Auf der *Dunkerque*-Klasse verwirklichte die französische Marine ein artillerietechnisches Monster, das sie bereits vor dem Ersten Weltkrieg zuerst bei der *Normandie*-Klasse und dann mit der *Lyon*-Klasse vorgesehen hatte: Für die Wahl von Vierlingstürmen für die *Dunkerque*-Klasse gab ein einfaches Rechenexempel den Ausschlag: Bei vier 33-cm-Zwillingstürmen hätte ein Gesamtgewicht von 6240 t akzeptiert werden müssen, wogegen zwei Vierlingstürme nur 4520 t erforderten, so daß eine Gewichtseinsparung von immerhin 1720 t erzielt werden konnte. Um den Durchmesser ihrer Barbetten nicht zu groß werden zu lassen, durften die Rohre nicht in Einzelwiegen gelagert werden; deshalb hat man sie paarweise in einer gemeinsamen Wiege gebettet. Beide Türme wurden in vorlicher Position zusammengefaßt, um die Ausdehnung der Zitadelle möglichst kurz zu halten, wodurch wiederum Gewichte eingespart wurden, die den

Schutzeinrichtungen zugute kommen konnten. Um den gleichzeitigen Ausfall beider Türme durch einen unglücklichen Treffer zu erschweren, wurden sie in beträchtlichem Abstand voneinander angeordnet; er betrug 27 m, gemessen zwischen den Mittelpunkten beider Barbetten. Gewisse Schwierigkeiten mußten in Kauf genommen werden: Einmal bei der Aufnahme der erheblichen Rückstoßkräfte jener Geschütze durch die Schiffsverbände dieser verhältnismäßig leicht gebauten Schiffe, zum anderen wurde die Schiffsführung durch Knall, Feuer und Rauch derart belästigt, daß die vollen Bestreichungswinkel der Türme nicht ausgenutzt werden konnten. Hier sieht man die nach Steuerbord gerichteten schweren Türme der *Dunkerque* kurz nach der Abgabe einer Salve. Das Bild wurde am 21. September 1936 aufgenommen.

(BfZ)

42

Vorzeitiger Abschluß der *Dunkerque*-Serie

Die französische Marine wünschte ursprünglich vier Einheiten der *Dunkerque*-Klasse – zumindest hielt sie so viele für erforderlich, um ein Gegengewicht zu den deutschen „Panzerschiffen" zu erhalten. Nachdem sich jedoch Italien mit der 1934 erfolgten Inbaugabe zweier Schlachtschiff-Neubauten das qualitative Limit der bestehenden Flottenabkommen voll auszunutzen anschickte, wichen die Franzosen von ihren ursprünglichen Plänen ab und schlossen die *Dunkerque*-Klasse mit der im Spätherbst 1934 in Bau gegebenen *Strasbourg* ab. Von da ab forcierten sie ihre Entwurfsarbeiten für entsprechende „Antwortbauten". Gerade diese Folge von

Rüstung, Gegenrüstung und Antwortrüstung ist ein typisches Beispiel dafür, wie in der Machtpolitik ein Keil den anderen treibt.

Hier ist die halbfertige *Strasbourg* nach ihrer im Dezember 1936 erfolgten Ausflutung aus dem Baudock ihrer Bauwerft zu sehen. Über den Barbetten der Mittelartillerie-Türme sind hüttenähnliche Abdeckungen zu sehen; diese sollten das Eindringen von Nässe und Schmutz in das Schiffsinnere verhindern. Diese Aufnahme entstand im Laufe des Jahres 1937. (Sammlung Breyer)

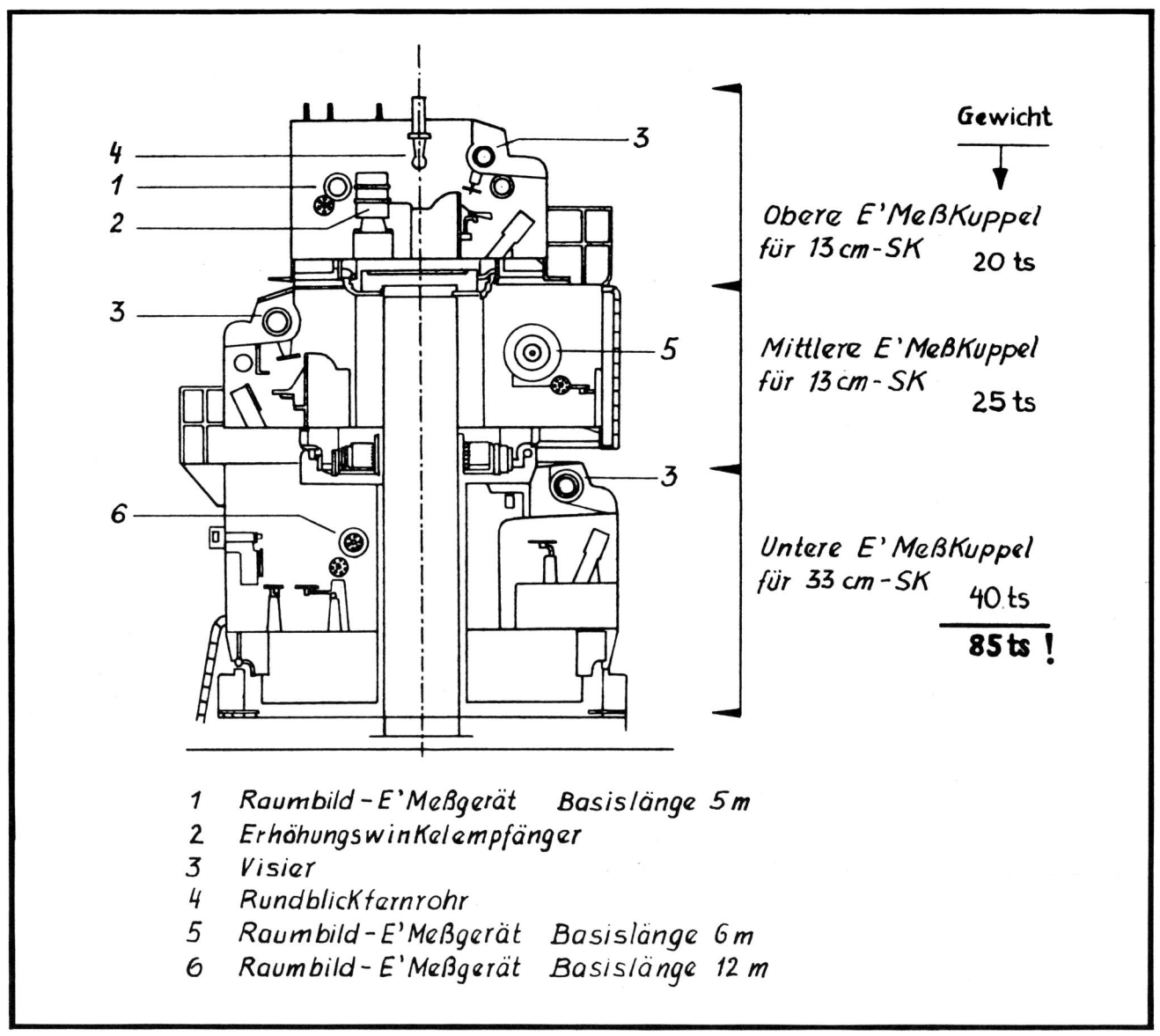

Gewicht

Obere E'Meßkuppel
für 13 cm-SK   20 ts

Mittlere E'Meßkuppel
für 13 cm-SK   25 ts

Untere E'Meßkuppel
für 33 cm-SK   40 ts
─────────
85 ts !

1 Raumbild – E'Meßgerät   Basislänge 5 m
2 Erhöhungswinkelempfänger
3 Visier
4 Rundblickfernrohr
5 Raumbild – E'Meßgerät   Basislänge 6 m
6 Raumbild – E'Meßgerät   Basislänge 12 m

Die *Strasbourg* kam erst Ende 1938 in Dienst und unterschied sich nur geringfügig von ihrem Schwesterschiff. Am deutlichsten traten die Abweichungen auf ihr im Bereich von Brücke und Turmmast zutage: Während die *Dunkerque* auf der Decke des aus dem Brückenblock herausragenden Kommandostandes eine Entfernungsmeß-Drehhaube hatte, befand sich diese bei der *Strasbourg* viel weiter oben, auf der obersten Turmmastgalerie; dafür war ihr Kommandostand voll in die Brückenaufbauten integriert und diese vergrößert worden. Auf diesem Foto wird der mehrstöckige, sehr massige Turmmast besonders deutlich. Bemerkenswert an ihm waren seine drei übereinander gestaffelten Entfernungsmeß-Drehhauben, die um eine gemeinsame Achse voll schwenkbar waren. Sie verursachten aber eine enorme Anhäufung von Gewichtsmassen in größer Höhe, was für die Schiffsstabilität sicher nachteilig war. Wie dieses Drehhaubensystem gegliedert war, macht die Zeichnung deutlich, die auch über die einzelnen Gewichte Auskunft gibt.

(Foto: Sammlung Breyer; Zeichnung: Verfasser)

Glücklose Jagd auf deutsche Handelsstörer

Erfolge blieben beiden Schiffen versagt, obwohl sie an mehreren Operationen teilnahmen: Strasbourg wurde bald nach Kriegsbeginn zur Jagd auf das deutsche Panzerschiff *Admiral Graf Spee* angesetzt, *Dunkerque* wenig später auf die deutschen Schlachtschiffe *Scharnhorst* und *Gneisenau*. In der Folgezeit nahmen beide an Geleitschutz-Operationen teil; im April 1940 sind sie dann in das Mittelmeer verlegt worden, das sie nicht mehr verlassen sollten. Hier sieht man beide Schiffe kurz vor Kriegsbeginn im Hafen von Brest, im Vordergrund die *Strasbourg,* rechts im Hintergrund die *Dunkerque.*

(BfZ)

Die *Dunkerque*-Klasse stellte den ersten Großkampfschifftyp dar, der schon vom Entwurf her für eine Bordfluganlage konzipiert war. Diese bestand aus einem um 360° schwenkbaren Hochleistungskatapult von 22 m Länge und einem Hangar mit Abmessungen von 15×7,5×5 m. Etatmäßig befanden sich vier Flugboote des Musters Loire-Nieuport-130 an Bord, von denen jedoch höchstens nur zwei im Hangar Platz fanden, aber auch nur mit abgenommenen Tragflächen und Höhenleitwerken. Das dritte Flugboot wurde auf dem Katapult gefahren, das vierte befand sich wahrscheinlich in zerlegtem Zustand an Bord. Das obere Bild vermittelt einen Blick von Steuerbord-achtern auf die *Strasbourg*. Man schaut dabei auf den Hangar, dessen Rolltor geöffnet ist. Das untere Bild zeigt ein gerade eben von Bord der *Strasbourg* katapultiertes Flugboot vom Typ Loire-130. Im Hintergrund liegt der Großzerstörer *Volta* an seiner Ankerboje.

(Sammlung Breyer und BfZ)

Als deutsche Truppen im Zuge des Unternehmens „Lila" am 27. November 1942 in Toulon einmarschierten, gab der französische Flottenchef, Admiral de Laborde, den Befehl zur Selbstversenkung der dort liegenden zahlreichen französischen Flotteneinheiten. Hierzu gehörten die Schlachtschiffe *Dunkerque, Strasbourg* und *Provence,* vier Schwere und drei Leichte Kreuzer, dreißig Zerstörer, drei Torpedoboote, sechzehn U-Boote und elf Kanonenboote und kleinere Fahrzeuge. Die dort herrschenden Wassertiefen waren jedoch durchweg zu gering, als daß die Schiffe hätten unter die Wasseroberfläche gebracht werden können. Aber zusätzliche Sprengladungen und Inbrandsetzungen taten ein übriges, so daß die meisten Schiffe kaum mehr reparabel waren. Diese Bilder zeigen die auf etwa 14 m Wassertiefe gesunkene *Strasbourg,* oben mit Blick auf das Mittelschiff, darunter von Backbord-achtern (rechts daneben der Schwere Kreuzer *Colbert*). Im Frühjahr 1943 ist sie unter italienischer Regie gehoben worden und wurde danach Zug um Zug ausgeschlachtet: Aufbauteile, Panzerplatten und sogar das Katapult gelangten als Schrott nach Italien. Im Mai 1944 ist das Wrack zur „Konservierung" der französischen Marine übergeben worden, die es an einer entlegenen Stelle vor Anker legte. Dort erhielt es im August 1944 bei einem Angriff der US Air Force schwere Bombentreffer und sank abermals. Im August 1945 wurde das Wrack geborgen. In den folgenden Jahren bis 1951 diente es als Versuchsobjekt für Unterwasser-Ansprengversuche. Erst 1955 ist es dann zum Abbruch verkauft worden. (BfZ)

Auf die 1934 in Italien in Bau gegebenen beiden Schlachtschiffe der *Vittorio Veneto*-Klasse „antwortete" Frankreich im Jahr darauf mit ebenfalls zwei Neubauten. *France* und *Verdun* sollten sie zunächst heißen, aber die endgültigen Namen lauteten *Richelieu* und *Jean Bart*. Äußerlich entsprachen sie weitgehend der *Dunkerque*-Klasse, aber sie waren wesentlich kampfstärker, widerstandsfähiger und auch schneller als diese. Die äußere Ähnlichkeit ergab sich aus der gleichen Entwurfskonzeption: Zugunsten einer möglichst kleinen, aber um so besser geschützten Zitadelle Placierung der schweren Artillerie – und diese wiederum in Vierlingstürmen – im Vorschiff. Dabei beschränkten sich die Franzosen auf das Kaliber 38 cm, nachdem zuvor zwölf Rohre eines Kalibers zwischen 34 und 35 cm – ebenfalls in Vierlingstürmen – erwogen worden waren. Aber mit ihnen wäre die Zitadelle in ihrer Längsausdehnung so stark angewachsen, daß bei der Panzerung geringere Dicken hätten in Kauf genommen werden müssen. Hier ein seltenes Bild der *Richelieu,* aufgenommen im Mai oder Juni 1940 auf der Reede vor Brest, kurz vor ihrer Verlegung nach Dakar.

(Sammlung Breyer)

Den Waffenstillstand in Frankreich erlebte die *Richelieu* in Dakar, wohin sie im Zeichen des drohenden Zusammenbruchs im Juni 1940 noch verlegt werden konnte. Dort ist sie wenig später im Zuge der britischen Maßnahmen, sich der französischen Flotte zu bemächtigen oder sie auszuschalten, beschädigt worden: Nach der Ablehnung ähnlicher Bedingungen wie in Mers-El-Kebir forcierte ein britisches Motorboot die Balkensperre und warf einige Wasserbomben unter das Heck der *Richelieu*. Unmittelbar darauf griffen sechs „Swordfish"-Flugzeuge des Trägers *Hermes* an und erzielten einen Torpedotreffer auf ihr. Die Schäden waren jedoch keineswegs so schwer, daß die *Richelieu* als nachhaltig ausgeschaltet gelten konnte. Als Ende September 1940 ein starker britischer Flottenverband Dakar angriff, um die Landung gaullistischer Truppen vorzubereiten, war sie wieder kampfbereit. Mit ihren 38-cm-Geschützen erwiderte sie das Feuer und erzielte dabei auf dem britischen Schlachtschiff *Barham* einen Treffer. Die energische französische Verteidigung gab den Engländern Anlaß, das Unternehmen abzubrechen. Dieses Bild zeigt die *Richelieu* in Dakar liegend, durch Balkensperren gesichert. Hier erkennt man auch ihre Bordfluganlage, die genau derjenigen der *Dunkerque*-Klasse entsprach.

(BfZ)

In letzter Stunde in Sicherheit gebracht

Mit der erst im März 1940 aus dem Baudock in St. Nazaire ausgefluteten *Jean Bart* vollbrachten die Franzosen eine Bestleistung: Im Frühjahr 1940, als sich Frankreichs baldiger Zusammenbruch immer deutlicher abzuzeichnen begonnen hatte, war dieses Schiff erst zu 77% fertiggestellt. Es befand sich noch in dem neu angelegten Ausrüstungsbecken seiner Bauwerft, das jedoch noch durch einen Erddamm vom Fahrwasser getrennt war. Nach den bisher geltenden Terminplänen hätte das Schiff erst im Oktober mit den Probefahrten beginnen sollen, so daß bis dahin genügend Zeit für das Wegbaggern des Dammes gewesen wäre. Aber die prekäre Lage Frankreichs zwang dann zum raschen Handeln: Ende Mai begannen die Franzosen mit dem Wegbaggern des Dammes; fertig wurden sie damit am 19. Juni 1940 um 02,00 Uhr. Nur 90 Minuten später bugsierten sie das Schiff aus dem Ausrüstungsbecken, es lief dabei auf Grund, kam wieder frei und erreichte schließlich das Fahrwasser. In diesem Moment griffen deutsche Flugzeuge an und erzielten auf ihm sogar einen leichten Bombentreffer. Aber nach und nach kamen alle seine Anlagen in Gang, obwohl sie zuvor noch nie erprobt worden waren. Mit eigener Kraft erreichte das Schiff am 22. Juni Casablanca, wo es dann den gesamten Krieg über blieb. Als man es nach dort verlegte, war es noch keineswegs kampffähig: Nur der vordere schwere Turm hatte schon seine Geschütze erhalten, aber diese waren noch nicht einsatzfähig, und die Mittelartillerie fehlte noch ganz. In den folgenden Monaten bekamen die Franzosen immerhin den vorderen 38-cm-Vierlingsturm gefechtsklar, und dies kam ihnen im November 1942 zugute, als die Alliierten in Französisch-Nordafrika landeten. Daher konnte sie das Feuer erwidern, als die Alliierten vor Casablanca erschienen. Sie zog jedoch das Feuer des amerikanischen Schlachtschiffes *Massachussetts* auf sich und wurde dabei schwer beschädigt. Nachdem die Franzosen ihren Widerstand eingestellt hatten, arbeiteten sie mit den Alliierten zusammen, und in jener Zeit wurden in britischen Konstruktionsbüros Pläne bearbeitet, die einen Um- und Fertigbau der Jean Bart zu einem „Flugzeugträger-Schlachtschiff" betrafen. Die 38-cm-Vierlingstürme sollten beibehalten werden, dahinter schloß sich dann ein 130 m langes Flugdeck mit einer Aufbauteninsel an Steuerbord an. Zum Eigenschutz sollten sechzehn 11,4-cm-Flak in Doppeltürmen eingebaut werden. Zum Glück hat man diesen höchst fragwürdigen Zwitterentwurf nicht realisiert. Hier sieht man die *Jean Bart* mit ihrem durch Treffer aufgerissenen Vorschiff (oben) und ihr beschädigtes Achterschiff, auf dem man auch die bereits eingebaute Flugzeughalle erkennt (rechte Seite).

(Sammlung Breyer und BfZ)

Als dritten Neubau der 1935 begonnenen Schlachtschiff-Serie hatten die Franzosen am 17. Januar 1939 im „Salou"-Baudock in Brest die *Clemenceau* auf Kiel gelegt, nachdem am gleichen Tag die *Richelieu* aus diesem ausgeflutet worden war. Als die deutschen Truppen in Brest einmarschierten, fanden sie von der *Clemenceau* die 133 m lange, 20 m breite und 10 m hohe Zitadelle in diesem Baudock vor – in Zahlen umgesetzt bedeutete dies, daß der Bau der *Clemenceau* erst zu etwa 10% vorangekommen war. Dieser Torso wurde zur deutschen Beute erklärt, obwohl kaum daran zu denken war, die Bauarbeiten in eigener Regie fortführen zu können. Um das Dock für den eigenen Bedarf nutzbar zu machen, ließ die dt. Militärverwaltung den Torso behelfsmäßig schwimmfähig machen und ausfluten. Er wurde dann unweit davon an einer entlegenen Stelle vor Anker gelegt. Kurz nach Beginn der alliierten Invasion erwogen die deutschen Verteidiger von Brest, den Torso vor die Hafeneinfahrt zu schleppen und dort als Sperrschiff zu versenken. Dazu kam es aber nicht mehr: Im August 1944 sank der Torso nach Bombentreffern, die er bei einem US-Luftangriff erhalten hatte. 1948 haben ihn die Franzosen geborgen und danach bis 1951 verschrottet. Diese aus dem Jahr 1943 stammende Aufnahme zeigt die kastenförmige Zitadelle der *Clemenceau* nach dem Ausfluten aus dem Baudock. Nach oben schließt die Zitadelle mit dem unteren Panzerdeck ab, das hier erst teilweise verlegt zu sehen ist.

(BfZ)

Nachdem die Alliierten in Französisch-Nordafrika Fuß gefaßt hatten, erhielt die FFL (Forces Francaises Libres) – in der sich französische Patrioten zusammengefunden hatten – starken Zulauf. Hierzu gehörte auch die *Richelieu* mit ihrer Besatzung. In dem desolaten Zustand, in dem sich das Schiff befand, konnte es jedoch nicht eingesetzt werden. Deshalb lief es im Januar 1943 mit Kurs auf die amerikanische Ostküste aus, wo es in der Marinewerft New York überholt und modernisiert wurde. Schon im August waren die Arbeiten im wesentlichen beendet; die nächsten Monate verbrachte das Schiff bei der britischen Home Fleet, hauptsächlich um dort das Einfahren der Besatzung und die Herstellung der Kriegsbereitschaft zu absolvieren. Dieses Bild zeigt die *Richelieu* Anfang 1943 beim Einlaufen in New York. (BfZ)

So sah die *Richelieu* aus, nachdem sie in der Marinewerft New York modernisiert worden war: Die Bordfluganlage hatte man schon in Dakar ausgebaut, drei ihrer 1940 in Dakar durch Kampfeinwirkungen beschädigten und nicht mehr reparablen 38-cm-Geschütze waren gegen intakte Rohre der *Jean Bart* ausgewechselt worden, dazu hatte sie zahlreiche Fla-Waffen, Radar und andere Einrichtungen amerikanischen Standards erhalten. Ihren buntscheckigen Tarnanstrich (er entsprach der Measure-12-Norm der US Navy) behielt sie nicht lange. Von Anfang 1944 ab nahm die *Richelieu* aktiv am Kriegsgeschehen teil, zunächst im Rahmen der britischen Home Fleet (mit der sie im Februar 1944 bei dem Vorstoß einer britischen Trägerkampfgruppe gegen Norwegen als deren Fernsicherung teilnahm), dann im Rahmen der Britsh Eastern Fleet im Indischen Ozean. Dort blieb sie noch bis Ende 1945, ehe sie nach Europa zurückkehrte. Im Frühjahr 1946 traf sie in Cherbourg ein, sechs Jahre nachdem sie Brest verlassen hatte. Dieses Bild zeigt sie bei einer Unternehmung im Indischen Ozean im Kriegsjahr 1944.

(BfZ)

Diese Ansicht der *Richelieu* von achtern zeigt die Massierung ihrer Mittelartillerie im Achterschiff: Sie besteht aus drei 15,2-cm-Drillingstürmen; ursprünglich waren außer den drei achtern Türmen noch zwei weitere auf den beiden Seitendecks in Höhe zwischen Turmmast und Schornstein vorgesehen, im ganzen also fünfzehn Rohre, aber die letzteren sind nie eingebaut worden (die entsprechenden Barbetten hatte nur noch *Richelieu* erhalten, aber schon nicht mehr *Jean Bart*). Beim dritten Schiff, der *Clemenceau*, schuf man übrigens zugunsten größerer Bestreichungswinkel der Fla-Bewaffnung wieder ein anderes Aufstellungsschema der Mittelartillerie. Dieses Foto der *Richelieu* entstand in der Nachkriegszeit.

(BfZ)

Die *Jean Bart* traf im Oktober 1945 in Brest ein, um dort repariert und endgültig fertiggestellt zu werden. Wegen notorischen Geldmangels kamen die Arbeiten nur sehr langsam voran. Zeitweise wurde erwogen, den Weiterbau überhaupt einzustellen, aber das rief den Protest der französischen Öffentlichkeit hervor. So konnte erst Anfang 1949 mit den ersten Probefahrten begonnen werden. Die fehlenden 38-cm-Geschütze erhielt man aus den für das dritte und vierte Schiff produzierten Beständen, von dem ein Teil übrigens in deutsche Hände gefallen und in verbunkerten Stellungen in der Küstenverteidigung Norwegens eingegliedert worden war und erst nach Kriegsende nach Frankreich zurückkam. Die Beschaffung der Fla-Waffen mußte indessen so weit zurückgestellt werden, daß sie erst 1951/52 eingebaut werden

konnten. Die endgültige Indienststellung fand dann auch erst im Mai 1955 statt, mehr als fünfzehn Jahre nach der Kiellegung. Die erheblichen Kosten, die dabei noch einmal für sie aufgebracht werden mußten – und dies in einer Zeit, in der das Schlachtschiff längst seinen Nimbus verloren hatte – machten sich kaum bezahlt: Zwar nahm das Schiff noch an dem britisch-französischen Suez-Abenteuer im Herbst 1956 teil, aber auf den Einsatz seiner schweren Artillerie zur Unterstützung der See-Landungen wurde dann verzichtet, weil man rechtzeitig eingesehen hatte, daß dieser zu unangemessen großen Verlusten unter der Zivilbevölkerung führen würde. Diese Aufnahme zeigt die *Jean Bart* in den frühen 50er Jahren, noch ohne Fla-Bewaffnung, deren vorbereitete Positionen aber klar zu erkennen sind. (BfZ)

Diese beiden Detailaufnahmen der *Richelieu* stammen aus den frühen 50er Jahren. Auf ihnen sieht man die Gliederung der Aufbauten, den größten Teil der Fla-Bewaffnung und vor allem den eigenwillig konstruierten Schornstein. Nach dem ursprünglichen Entwurf hatten die *Richelieu* und ihre Schwesterschiffe einen in Form und Position ähnlichen Schornstein und separat davon eine achtere Leitstandgruppe wie *Dunkerque* und *Strasbourg* erhalten sollen. Während der Bauarbeiten wurden jedoch die Pläne geändert: Man vereinigte beide miteinander, indem man den Leitstand auf den Schornstein setzte und dessen Öffnung nach hinten wegbog. Damit nahmen die Franzosen eine Entwicklung vorweg, die in den 60er Jahren erstmals auf amerikanischen Kriegsschiffen in Form von „macks" (aus *m*ast *a*nd sta*ck*'s) wiederkehrte. Das französische Vorgehen war indessen weniger auf Gewichts- oder Platzprobleme zurückzuführen, sondern primär auf den Wunsch, einen Teil der achteren Leitstandgruppe den störenden Rauchgasen zu entziehen, die bei einer Anordnung wie

seither über sie hinwegziehen mußten; darüber hinaus gewann man dadurch auch einen größeren optischen Horizont.

Auf dem oberen Bild sieht man vom steuerbord-achteren Oberdeck aus auf den Schornstein und die dicht unterhalb seine Mündung postierte E-Meß-Drehhaube. Zwei weitere Drehhauben erkennt man auf dem Turmmast. Das nebenstehende Bild ist aus etwas größerer Entfernung aufgenommen

und zeigt die Backbordseite des Mittelschiffes. Die beiden vorderen 10-cm-Fla-Zwillingslafetten befinden sich auf der Position des nicht eingebauten backbord-vorderen 15,2-cm-Turmes. Zwischen dem Turmmast (in dem übrigens ein Fahrstuhl verkehrte) und dem Schornstein blickt man auf die Barring mit den Beibooten. Das Steuerboot-Ladegeschirr ist hochgetoppt, das an Backbord befindet sich in Nullstellung.

(BfZ)

So bot sich die *Richelieu* dem Betrachter in den Nachkriegsjahren. Ihr blieben nach Kriegsende nur noch zehn Jahre aktive Dienstzeit beschieden, die sie vorwiegend mit der Ausbildung von Nachwuchs verbrachte. 1956 kam sie in das Reserveverhältnis, 1968 landete sie bei den Abwrackern im italienischen La Spezia. Diese Aufnahme entstand 1954, also noch während ihrer aktiven Dienstzeit.

(BfZ)

Jean Bart bot sich dem Betrachter in einem etwas vorteilhafteren „look" dar als ihr Schwesterschiff *Richelieu.* Zurückzuführen war das im wesentlichen auf ihren nicht ganz so hohen Turmmast, wodurch sie schlanker wirkte. Was auf diesem Bild nicht zu sehen ist, sind die unterhalb der Wasserlinie nachträglich angebauten Torpedowulste. Durch diese sollte zum einen die Verdrängungszunahme (jene ergab sich aus den zusätzlich an Bord eingebauten Mehrgewichten, hauptsächlich aus den Fla-Waffen) ausgeglichen werden, zum anderen wurde dadurch der Unterwasserschutz verbessert. Die Fla-Bewaffnung der *Jean Bart* war die stärkste, die jemals auf einem Großkampfschiff untergebracht wurde. Sie bestand aus 52 Rohren zwischen 57 und 100 mm Kaliber. Theoretisch war sie in der Lage, pro Minute 3832 Schuß damit abzugeben und einen wohl für damalige Verhältnisse schwerlich zu durchbrechenden Feuervorhang um das Schiff zu legen.

(Sammlung Breyer)

Das letzte Großkampfschiff in Europa

Noch einmal *Jean Bart,* von Steuerbord-achtern gesehen, aufgenommen in Toulon. Dort lag sie seit ihrer Außerdienststellung im Sommer 1961 als stationäres Artillerieschulschiff. Von da ab dauerte es noch sieben Jahre bis zu ihrer Streichung. 1969 ist sie als letztes französisches Großkampfschiff verschrottet worden. Mit ihr trat in Europa das letzte Großkampfschiff ab, wenn man von der türkischen *Yavuz* einmal absieht. (Sammlung Breyer)

Großkampfschiffe
der italienischen Marine

Seiner Zeit voraus

Mit den kurz nach der Jahrhundertwende in Bau gegebenen Linienschiffen der *Regina Elena*-Klasse entstand ein besonders eigenwilliger Übergangstyp. Ihr Schöpfer war der agile Konstrukteur Vittorio Cuniberti, der alsbald besonderen Einfluß auf die Entwicklung der Schlachtschiffe ausüben sollte. Diese letzten „klassischen" Linienschiffe der italienischen Marine entstanden unter dem Leitgedanken, sie stärker als jedes schnellere Schiff und schneller als jedes stärkere Schiff zu machen. Damit nahm die italienische Marine etwas vorweg, was in den 20er Jahren von der deutschen Marine beim Bau der 10000-ts-Panzerschiffe praktiziert wurde. Bei dieser neuen Klasse reduzierte Cuniberti die schwere Artillerie auf zwei 30,5-cm-Geschütze (in Einzeltürmen), um dann eine „halbschwere" Artillerie von zwölf 20,3-cm-Geschützen einzuschieben, letztere aber nicht – wie damals vielfach oder überhaupt ausschließlich üblich – in Kasematten, sondern in Zwillingstürmen auf den Seitendecks, so daß in der Breitseite acht schwere Rohre verfügbar waren. Die Geschwindigkeit steigerte er auf über 21 kn, womit diese Schiffe allen anderen Typvertretern ihrer Zeit eindeutig überlegen waren. Daß dabei auf eine starke Panzerung verzichtet werden mußte, lag auf der Hand. Wären diese Schiffe noch vor der britischen *Dreadnougth* fertiggestellt worden, so hätten sie durchaus eine Spitzenstellung beanspruchen können. Ihre Bauzeit war aber viel zu lang – teilweise dauerte sie sieben Jahre –, so daß sie bereits bei ihrer Ablieferung entwertet waren. Dieses Bild zeigt die *Regina Elena,* vermutlich kurz nach ihrer Indienststellung. Übrigens sah keines der vier Schiffe dieser Klasse so aus wie das andere. Der *Regina Elena* am ähnlichsten war nur *Vittorio Emanuele,* doch hatten deren Schornsteine eine um 2,50 m größere Höhe.

[Italienische Marine (Sammlung Breyer)]

Nachdem auf Grund einer vom 27. Juni 1909 datierenden Novelle zu dem Flottengesetz von 1905 der Bau von Großkampfschiffen ermöglicht wurde, bot sich Chefkonstrukteur Cuniberti die Gelegenheit zum Umsetzen seiner Ideen. Diese hatte er erstmals in dem britischen Flottenhandbuch „Jane's Fighting Ships" von 1903 veröffentlicht, als er zum zukünftigen Schlachtschiffbau Stellung nahm und dessen Steigerung zum „all big gun battleship" empfahl. In seinen Überlegungen sah er sich bald danach durch die Lehren des russisch-japanischen Krieges von 1904/05 bestätigt. Ihren sichtbaren Ausdruck fanden seine Ideen in der 1909 auf Kiel gelegten *Dante Alighieri,* dem ersten italienischen Großkampfschiff. Nicht nur, daß es mit seinen 23 kn Geschwindigkeit der schnellste Vertreter seiner Gattung und Zeit wurde: Auf ihm führte er auch den zuerst in Österreich-Ungarn konzipierten Drillingsturm und die nach ihm selber benannte „Cuniberti-Aufstellung" der schweren Artillerie ein. Je ein Turm vorn und achtern, zwei Türme im Mittelschiff und alle in

der Schiffslängsachse – zu diesem Schema war er gekommen, weil er sich zu einer überhöhten Anordnung der Türme nicht entschließen konnte. Mit der Anordnung eines Teiles der Mittelartillerie in Zwillingstürmen nahm er eine Entwicklung vorweg, die erst nach dem Ersten Weltkrieg wiederkehrte und sich dann allgemein im Schlachtschiffbau durchsetzte. Die Anordnung der Antriebsanlage mußte sich weitgehend an der Bewaffnung orientieren: Die Turbinen wurden zwischen den beiden mittleren schweren Türmen installiert, während die Kessel hinter dem vorderen und vor dem hinteren Turm zusammengefaßt wurden – die Schornsteingruppierung macht das deutlich. Diese Luftaufnahme der *Dante Alighieri* vermittelt besonders gut die Anordnung ihrer Artillerie. Diese allein ist – so will es hier scheinen – „tonangebend", während die spärlichen Aufbauten nur die Bedeutung von Beiwerk zu haben scheinen. Aber diese Architektur ist von Cuniberti sehr bewußt gewählt worden: Durch sie erreichte er für die Artillerie optimale Bestreichungswinkel.   (BfZ)

Von ihrer Architektur her war die *Dante Alighieri* keineswegs ein „schönes" Schiff. Dafür waren ihre Aufbauten zu spärlich und auch zu wenig beeindruckend. Wenig Sinn für Harmonie der Formen verrieten die vier dünnen Schornsteine, die paarweise dicht an dicht standen und zwischen denen jeweils ein Mast errichtet war. Daß man nicht jeweils zwei Schorn-steine zu einem einzigen vereinigte, erscheint aus heutiger Sicht kaum verständlich. Auf der Brücke sieht man übrigens das dreibasige „Triplex"-Entfernungsmeßgerät, mit dem auch französische Großkampfschiffe jener Zeit ausgerüstet waren.

[Italienische Marine (Sammlung Breyer)]

Die einzige Modernisierungsmaßnahme bei der *Dante Alig-hieri* wurde 1923 vorgenommen: Hierbei ist der vordere Pfahlmast durch einen Dreibeinmast mit einem zweistöckigen Vormars ersetzt worden. Die vorderen Schornsteine wurden gleichzeitig um je etwa 3 m erhöht. Ab 1925 befand sich zeitweise ein Schwimmerflugzeug an Bord, das außerhalb des Einsatzes auf dem dritten schweren Turm abgestellt wurde.

(Barilli)

Einen bemerkenswerten Schritt unternahm die italienische Marine mit den drei Schlachtschiffen der *Conte di Cavour*-Klasse, deren Kiellegung 1910 erfolgte. Bei ihnen entschloß sie sich zu dem vermeintlichen Wagnis von überhöht angeordneten schweren Türmen. Ungewohnt war deren Stückzahl von dreizehn Rohren, aber diese ergab sich zwangsläufig daraus, daß in den überhöhten Positionen nur Zwillingstürme eingebaut wurden, in den Oberdeckspositionen hingegen Drillingstürme. Vom Standpunkt der Schiffsstabilität war das auch eine absolut richtige Maßnahme. Diese Aufnahme wurde am 11. November 1913 aufgenommen und zeigt die *Giulio Cesare* bei den Maschinenerprobungen. Die schwarzqualmenden Schornsteine deuten auf forcierten Kesselbetrieb hin. Deutlich erkennbar sind auch die unterhalb des Batteriedecks aufgerollten Torpedoschutznetze mit ihren Spieren.
[Ansaldo, Genua (Sammlung Breyer)]

Für das dritte Schiff der *Conte di Cavour*-Klasse wählten die Italiener den Namen eines ihrer größten Künstlers aus: *Leonardo da Vinci*. Das war einer der ganz seltenen Fälle, daß ein Kriegsschiff nicht nach einem Souverän, Staatsmann oder Feldherrn benannt worden ist. Von ihren Schwesterschiffen unterschied sich die *Leonardo da Vinci* dadurch, daß sie die Ladebäume an den Stützbeinen der beiden Dreibeinmasten hatte, und damit doppelt so viele wie ihre beiden Schwestern. Auch waren die Brückenaufbauten etwas anders gestaltet. Hier sieht man die *Leonardo da Vinci* beim Anschießen der schweren Artillerie. Die Aufnahme entstand noch vor der Indienststellung. (BfZ)

▶

Die Hintergründe des Untergangs der *Leonardo da Vinci* am 2. August 1916 in Tarent sind bis heute ungeklärt geblieben. Nach Meinung der einen Seite – vorwiegend der italienischen – hatte dabei ein österreichischer Sabotagetrupp seine Hände im Spiel, während von anderer Seite eher eine innere Explosion ohne Feindeinwirkung für wahrscheinlich gehalten wird. Die These einer inneren Explosion ist durchaus nicht von der Hand zu weisen, denn die italienische Marine verwendete britisches Cordit als Treibladungen. Die drei Marinen – neben der britischen noch die japanische und eben die italienische –, die mit Cordit umgegangen sind, hatten während des ersten Weltkrieges empfindliche Verluste von Großkampfschiffen durch hochgehendes Cordit hinnehmen müssen. So mag auch die *Leonardo da Vinci* einer solchen Explosion zum Opfer gefallen sein. 249 Besatzungsmitglieder fanden dabei den Tod. Das obere Bild zeigt das Wrack der *Leonardo da Vinci* während der drei Jahre nach ihrem Untergang durchgeführten Bergungsarbeiten. Auf dem unteren Bild ist sie in Tarent kieloben eingedockt zu sehen; zwar war ihre Wiederherstellung erwogen worden, aber die Schäden erwiesen sich bei der Inspektion als zu schwer, als daß ein solches Vorhaben zu rechtfertigen gewesen wäre. Nach Abdichtung wurde das Wrack ausgedockt und 1923 abgebrochen. (BfZ)

1924/26 wurden *Conte di Cavour* (oberes Bild) und *Giulio Cesare* (unten) modernisiert. Dabei erhielten sie im Wechsel gegen den seitherigen Dreibeinmast hinter dem Schornstein einen Vierbeinmast vor diesem. Auf diesem neuen Mast wurde der für die Artillerie-Feuerleitung wichtig gewordene Vormars errichtet. Von dem weggefallenen Dreibeinmast blieb das verkürzte Standbein stehen und diente seither als Ladebaumpfosten. Diese Maßnahmen waren aber nicht ausreichend, um die rasch veraltenden Schiffe in einem befriedigenden Zustand zu erhalten. 1928 änderte sich ihr Status: *Conte di Cavour* wurde in Reserve gelegt, *Giulio Cesare* diente fortan als Artillerieschulschiff. (BfZ)

Bordflugzeuge für Großkampfschiffe

Die Einführung des Bordflugwesens stand die italienische Marine von Anfang an sehr aufgeschlossen gegenüber. Sichtbar wurde das an Versuchen wie hier auf der *Conte di Cavour,* die auf dem Backbord-Vorschiff ein fest aufgebautes Katapult erhalten hatte. Diese Aufnahme stammt aus dem Jahr 1926 und zeigt den Start eines Macchi-M 18-Schwimmerflugzeuges. Der vordere Turm mußte dafür nach Steuerbord-voraus geschwenkt werden. (Sammlung Breyer)

Italiens „Antwort" auf die französische *Dunkerque*-Klasse

Als „Antwort" auf den Bau der französischen *Dunkerque* entschloß sich Italien – das sich vorerst noch nicht zum Neubau von Schlachtschiffen entschließen mochte – zum Totalumbau seiner alten Schlachtschiffe. Als erste gingen im Oktober 1933 *Conte di Cavour* und *Giulio Cesare* in die Werft. Außer den Barbetten der vorderen und hinteren schweren Türme (der mittlere wurde ganz ausgebaut) verlo-

ren sie zunächst einmal sämtliche Aufbauten, danach auch die Maschinen und Kessel, um von Grund auf erneuert zu werden. Hier sieht man die „abgetakelte" *Conte di Cavour* in der Umbauwerft in Triest. Das Bild ist am 3. März 1934 aufgenommen worden, also ein halbes Jahr nach Beginn der Arbeiten.

(BfZ)

Kaum noch wiederzuerkennen waren *Conte di Cavour* (Bild) und *Giulio Cesare* nach ihrem Totalumbau, der je Schiff 43 Monate dauerte. Gemessen am Umfang der Bauarbeiten war ihre Modernisierung nur mit jener der japanischen Groß-kampfschiffe zur gleichen Zeit meßbar. Ein charakteristisches Beispiel dafür bot der Schiffskörper: Auch er wurde verlän-gert, aber nicht wie bei den japanischen Großkampfschiffen über das Heck hinaus, sondern durch Anstücken einer rund 10 m langen Vorschiffssektion mit einem neuen Vorsteven. Die Verlängerung des Schiffskörpers wurde notwendig, um einen günstigeren Schlankheitsgrad zu erreichen, was wie-derum mit der geforderten Geschwindigkeitssteigerung kor-respondierte. Dafür wurde eine völlig neue Antriebsanlage installiert; ihre Leistungsabgabe übertraf die der alten Anlage um mehr als 60 000 PS. Nicht nur wesentlich moderner geworden waren diese Schiffe, sondern sie wirkten auch buchstäblich „schön" im Sinne ästhetischer Anschauungswei-sen. Sie gaben damit jenem Harmonieempfinden Ausdruck, zu dem die italienischen Kriegsschiff-Designer in den 20er und 30er Jahren gefunden hatten. (BfZ)

Auch das war zur Steigerung ihrer Kampfkraft getan worden: die alten 30,5-cm-Rohre wurden durch Ausbohren auf 32-cm-Kaliber gebracht. Gegenüber den 452 kg schweren 30,5-cm-Granaten betrug das Gewicht eines 32-cm-Ge-schosses schon 525 kg. Dabei ist auch die Schußweite um mehr als 4000 m gesteigert worden. Selbst die Mittelartillerie wurde völlig erneuert. Zwar behielt man das Kaliber 12 cm bei, aber an Stelle der alten Kasemattgeschütze kamen moderne Turmgeschütze zum Einbau. Allerdings: Gemessen am Gewicht einer Breitseite von schwerer und mittlerer Artillerie war dies alles eher eine Einbuße, denn den 6074 kg von ehedem standen jetzt nur 5382 kg gegenüber, also fast 700 kg weniger. Dies war jedoch primär darauf zurückzufüh-ren, daß man beim Umbau den mittleren Turm ausgebaut hatte. Notwendig war diese Maßnahme deshalb, um den erforderlichen Raum für die geforderte stärkere Antriebsan-lage zu erhalten – alles hat seinen Preis, besonders im Kriegsschiffbau. Hier sieht man die *Conte di Cavour* beim Anschießen der achteren 32-cm-Türme im Frühjahr 1937. (BfZ)

Ihre „Feuertaufe" erhielten *Conte di Cavour* und *Giulio Cesare* schon vier Wochen nach Italiens Eintritt in den Krieg. Bei Punta Stilo stießen sie auf Teile der britischen Mittelmeerflotte, wobei es zu einem 105 Minuten dauernden Gefecht kam. Dabei erzielte das britische Schlachtschiff *Warspite* einen schweren Treffer auf der *Giulio Cesare*. Dies war für den italienischen Befehlshaber, Admiral Campioni, der Anlaß, seine Zerstörer angreifen und Rauchschleier legen zu lassen, wonach dann die Fühlung abriß und beide Flotten abdrehten. Hier sieht man die beiden italienischen Schlachtschiffe in diesem Gefecht, aufgenommen von der *Conte di Cavour* aus mit Blick auf die feuernde *Giulio Cesare*.

(Sammlung Breyer)

Viel schlimmer kam es wenige Monate später für die Italiener: In der Nacht zum 12. November 1940 griffen zwanzig von dem britischen Flugzeugträger *Illustrious* gestartete „Swordfish"-Torpedoflugzeuge das im Hafen von Tarent liegende Gros der italienischen Flotte an und erzielten auf drei Schlachtschiffen Torpedotreffer. Am schlimmsten traf es die *Conte di Cavour*: Sie sank auf Grund, nachdem sie von einem einzigen Torpedo getroffen worden war, und zwar nicht etwa von einem herkömmlichen 53,5-cm-Torpedo, sondern von einem 45,7-cm-Flugzeugtorpedo, der gegenüber ersterem eine um 30% geringere Sprengkraft besaß. Er riß den Schiffskörper weit unterhalb des Seitenpanzers in einer Größe von etwa 12 × 8 m auf und brachte das Schiff zum schnellen Sinken. Dies ließ erkennen, daß der Unterwasserschutz dieser Klasse viel zu wünschen übrig ließ, obwohl sie bei ihrer Modernisierung das Pugliese-Schutzsystem erhalten hatte. Dieser damals völlig neue Unterwasserschutz bestand aus einem viertelkreisförmig zur Außenhaupt gebogenen Torpedoschott. In dem so eingegrenzten Raum wurde Heizöl gefahren. In seinem Zentrum befand sich ein leerer Zylinder von 3,60 m Durchmesser, und dieser hatte die Aufgabe, als Expansionsraum zu dienen und den Detonationsstoß bei einem Unterwassertreffer aufzunehmen. An sich hatten die Italiener gehofft, daß ihre Schiffe in dem vor Tarent gelegenen, nur etwa zwölf bis fünfzehn Meter tiefen „Mare Grande" vor Lufttorpedotreffern sicher zu sein, da diese beim Abwurf erfahrungsgemäß tiefer tauchen. Im Hinblick darauf hatten die Engländer ihre Lufttorpedos aber besonders sorgfältig geregelt, so daß diese die eingestellte Tiefe von zehn Metern ohne Tiefertauchen beibehielten. Zudem hatten die Torpedos Magnet- und Aufschlagzündung und trafen daher die Schiffe nicht nur sehr tief, sondern auch wirkungsvoll genug. Diese Fehlkalkulation mag mit zu den Ursachen dafür zählen, daß die Italiener den Verschlußzustand ihrer Schiffe zu wenig ernst nahmen und damit selbst die Katastrophe noch ausgeweitet haben. Hier sieht man die auf Grund liegende *Conte di Cavour*, oben kurz nach dem Angriff, unten nach dem Beginn der Bergungsarbeiten, bei denen zunächst Teile der Bewaffnung abgebaut wurden.

(BfZ und Sammlung Breyer)

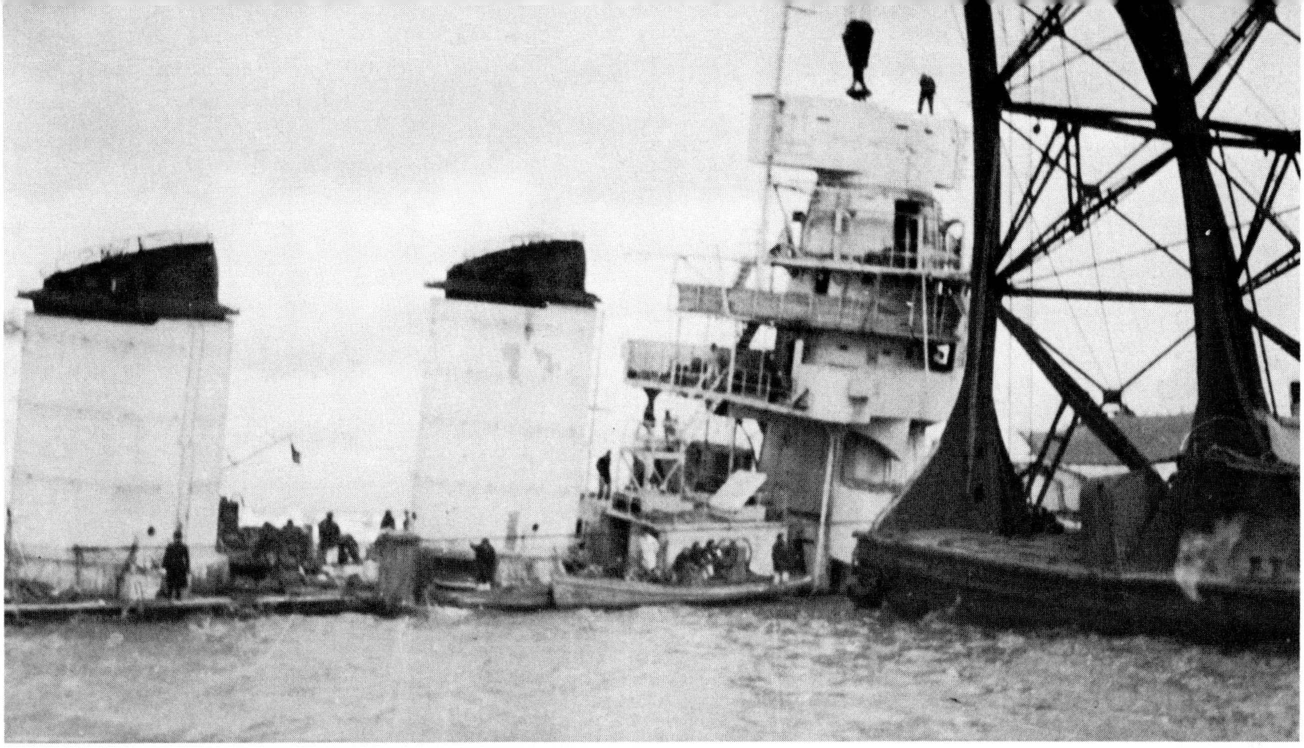

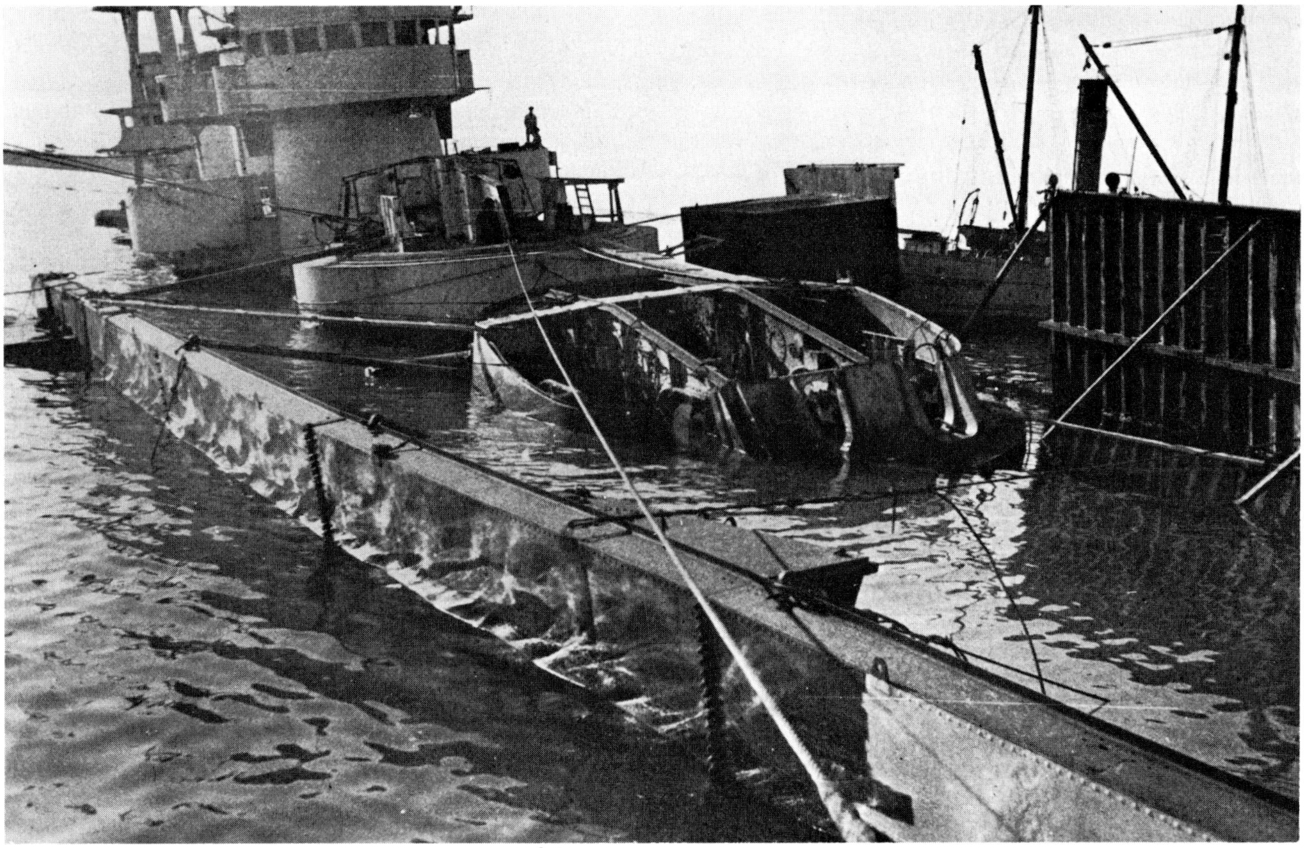

Nachdem die *Conte di Cavour* im Juli 1941 gehoben worden war, ist sie zur Wiederherstellung nach Triest geschleppt worden. Bis zum Spätsommer 1943 waren die Arbeiten noch nicht abgeschlossen. Im Zuge des Ausscherens Italiens aus dem Krieg fiel das Schiff in deutsche Hände, aber ein Weiterführen der Arbeiten kam nicht mehr in Betracht. So blieb sie in Triest liegen, bis sie am 15. Februar 1945 bei einem amerikanischen Luftangriff schwer getroffen wurde und ein zweites Mal sank. 1946 wurde das Wrack gehoben und alsbald verschrottet. Hier sieht man die *Conte di Cavour* Anfang Dezember 1941 – ein Jahr nachdem Tarent-Desaster – in ihrer Reparaturwerft in Triest. Im Hintergrund erkennt man den Turmmast der zu dieser Zeit noch in der Endausrüstung befindlichen *Roma*. (BfZ)

Im Zuge der Wiederherstellungsarbeiten sollte *Conte di Cavour* auch modernisiert werden, allerdings nur im Bereich der Bewaffnung. So war der Ersatz der bisher aus 12-cm-Geschützen bestehenden Mittelartillerie durch 13,5-cm-Geschütze vorgesehen, an Stelle der acht 10-cm-Flak sollten zwölf 65-mm-Flak L/64 in Einzeltürmen aufgestellt werden, und für die bisherige leichte Fla-Bewaffnung waren insgesamt dreiundzwanzig 20-mm-Flak L/65 in Zwillings- und Einzellafetten geplant. Darüber hinaus sollte auf der Turmmast-Drehhaube eine Radarkuppel errichtet werden. Die Skizze macht den Rückstand deutlich, der damals vorgesehen war.

(Zeichnung: Verfasser [nach „Orrizonte Mare" No. 1 Corazzate classe Conte di Cavour])

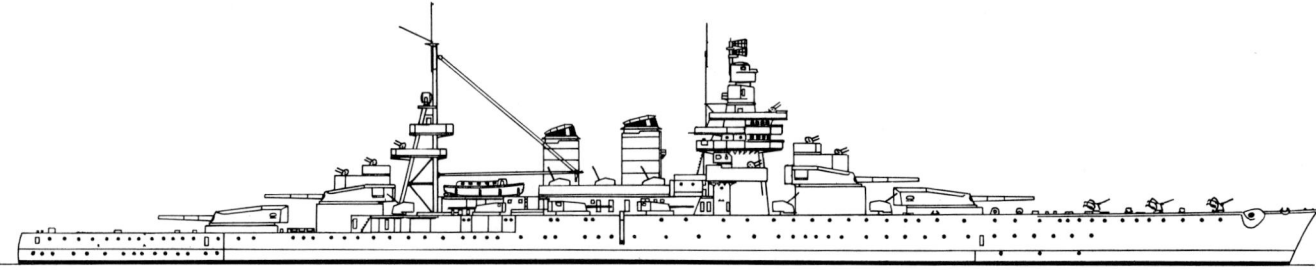

Die 1911 entworfenen und bewilligten Schlachtschiffe der *Caio Duilio*-Klasse waren im wesentlichen Abkömmlinge der *Conte di Cavour*-Klasse. Beiden gemeinsam war die aus dreizehn 30,5-cm-Rohren bestehende Hauptbewaffnung und ihre Anordnung, dazu auch die Antriebsanlage. Aber bei dieser jüngeren Klasse waren die Italiener wieder zu einer vollwertigen Mittelartillerie zurückgekehrt, doch war diese teilweise sehr ungünstig – weil zu weit vorlich – placiert, so daß sie bei forcierter Fahrt durch die Bugsee behindert wurde.

Abweichend von der *Conte di Cavour*-Klasse war auch der mittlere Turm um ein Deck niedriger postiert – dies als Ausgleich für den höheren Gewichtsbedarf, der bei der Mittelartillerie entstanden war. Von ihrer Architektur her war die Klasse wesentlich gefälliger anzusehen als ihre Vorgänger. Das wurde u. a. durch die Anordnung des vorderen Dreibeinmastes v o r dem vorderen Schornstein bewirkt. Diese Aufnahme von 1924 zeigt die *Andrea Doria*.

(BfZ)

Noch einmal *Andrea Doria,* aufgenommen in den frühen 20er Jahren, hier mit einem Bordflugzeug Macchi-M 18, das auf dem mittleren Turm abgestellt ist. Da ein Katapult noch fehlt,

mußte das Flugzeug mit Hilfe eines Ladebaumes zu Wasser gebracht werden, um starten zu können.

(BfZ)

Caio Duilio in den späten 20er Jahren, ausgerüstet mit einem Katapult auf dem Backbord-Vorschiff. Dieses war fest eingebaut und hing vorn um etwa 5 m über das Oberdeck. Zur Übernahme des Flugzeuges nach seiner Wasserung war auf dem Batteriedeck dicht vor der vorderen 15,2-cm-Kasematte ein Ladepfosten installiert worden, dessen Pfosten außer Gebrauch schräg nach vorn gekippt wurde, um das Durchschwenken des vorderen Turmes nicht zu beeinträchtigen. Die Anordnung der Bug-Ankerklüsen entsprach übrigens jener der britischen Großkampfschiffe dieser Ära: An Steuerbord zwei, an Backbord nur eine Klüse.

(Sammlung Breyer)

Kurz vor Abschluß der Umbauarbeiten an *Conte di Cavour* und *Giulio Cesare* gingen auch *Andrea Doria* und *Caio Duilio* zur Verjüngung in die Werft. Der Umfang dieser Maßnahmen war bei ihnen nicht geringer, eher noch etwas größer. Als die *Andrea Doria* im Februar 1939 mit ihren Maschinenerprobungen begann, war sie noch ohne Bewaffnung (Bild unten).

Besonders gut zu sehen ist hier die Barbette des dritten schweren Turmes, davor der neue achtere Mast, die neuen Schornsteine und der ebenfalls neue vordere Mast. An Backbord erkennt man achtern zwei Bootsdavits, die außer Gebrauch an der Rumpfseite niedergelegt wurden.

(BfZ)

Andrea Doria, aufgenommen im Jahr 1940, vermutlich kurz vor der Wiederindienststellung nach dem großen Umbau. Aus dieser Perspektive wird sichtbar, wie sehr dieses Schlachtschiff und seine Schwester *Caio Duilio* bei ihrer Modernisierung der *Vittorio Veneto*-Klasse angeglichen worden sind. Aus großen Entfernungen beobachtet, war es vor allem der vierte Turm, durch den sie von der *Vittorio Veneto*-Klasse zu unterscheiden und zu identifizieren waren. (BfZ)

Bei ihrer Modernisierung hatten *Caio Duilio* und *Andrea Doria* ebenfalls die neuen 90-mm-Flak erhalten, die es – mit automatischem Ladebetrieb ausgestattet – auf 12 Schuß in der Minute brachten und als recht gutes Fla-Waffensystem galten. Obwohl die italienischen Schlachtschiffe über eine nach Stückzahl und Kaliber ausreichend starke Fla-Bewaffnung verfügten, blieben ihre Abschußerfolge im Krieg hinter den Erwartungen zurück. Es muß daher wohl an dem unzureichenden Ausbildungsstand des Bedienungspersonals gelegen haben. Ein Beispiel für viele: Bei dem britischen Luftangriff auf Tarent im November 1940 schoß die italienische Schiffsflak nur zwei der angreifenden zwanzig britischen „Swordfish"-Torpedoflugzeuge ab, ein längst veraltetes Muster, das mit etwa 220 km/h Geschwindigkeit außerordentlich langsam war. Hier ein Blick auf das Steuerbord-Seitendeck der *Caio Duilio* mit den fünf nach querab gerichteten 90-mm-Türmen. Im Kielwasser ist der Leichte Kreuzer *Giuseppe Garibaldi* zu sehen. (BfZ)

Der Nachkriegs-Marine erhalten geblieben

Abweichend zur modernisierten *Conte di Cavour*-Klasse hatten *Caio Duilio* und *Andrea Doria* eine andere Mittelartillerie erhalten: Für sie war das neu verfügbare 13,5-cm-Geschütz rechtzeitig fertiggeworden; die Stückzahl blieb die gleiche wie bei ihren Vorgängern. Diese 13,5-cm-Geschütze wurden in überhöht angeordneten Drillingstürmen zusammengefaßt und flankierend von Brückenaufbauten und Turm B postiert – eine im Fall eines unglücklichen Treffers nicht ungefährliche Ansammlung hoher Kampfwerte auf engstem Raum! Hier blickt man auf das Vorschiff der *Caio Duilio*, aufgenommen am 4. August 1947. Man erkennt außer den schweren Türmen sowohl die Mittelartillerie wie auch einige leichte Fla-Waffen. (BfZ)

►

Im Zuge der Kapitulation Italiens im September 1943 wurden *Caio Duilio* und *Andrea Doria* nach Malta überführt und dort interniert. Beide durften jedoch schon im Sommer 1944 wieder in die Heimat zurückkehren und bildeten danach den Kern der italienischen Rest- bzw. Nachkriegsflotte, wenngleich auch vorwiegend nur zu Ausbildungszwecken. Immerhin versahen sie ihren Dienst noch länger als ein Jahrzehnt, bis sie 1956 gestrichen und alsbald danach zu Schrott zerlegt wurden. 1948 ist die obere Aufnahme entstanden; sie zeigt das Vorschiff der *Caio Duilio*. Auch hier wird die Anhäufung schwerer und mittlerer Türme auf engem Raum deutlich: Die Länge von der vorderen schweren Barbette bis zur hinteren der Mittelartillerie betrug nur rund 30 m, gemessen zwischen den Vertikalachsen der erwähnten Barbetten. Mit einiger Sicherheit war das zu wenig, um in diesem Bereich die Wirkung eines schweren Treffers noch lokalisieren zu können. Das Bild darunter zeigt ebenfalls die *Caio Duilio*, hier mit dem bekannten Anstrich der Nachkriegszeit, aufgenommen Anfang der 50er Jahre. (BfZ und Sammlung Breyer)

Italiens Beitrag zum Typ des „Super-Dreadnought" waren die vier in den Jahren 1914 und 1915 auf Kiel gelegten 30 000-ts-Schlachtschiffe der *Francesco Caracciolo*-Klasse, die artilleristisch genau so stark werden sollten wie die seit 1912 im Bau befindliche britische *Queen Elizabeth*-Klasse, mit der gleichzeitig der Übergang zum „schnellen Schlachtschiff" eingeläutet worden war. Mit der vorgesehenen Geschwindigkeit von 28 kn sollten diese italienischen Neubauten noch schneller werden als die britischen. Aber dieser Schritt richtete sich kaum an die Adresse Großbritanniens, sondern er war wohl eher eine auf die österreich-ungarisch *Ersatz Monarch*-Klasse fällig gewordene „Antwort". Die hohe Geschwindigkeit der *Francesco Caracciolo*-Klasse zwang zu einer wesentlichen Vergrößerung des Schiffskörpers, einmal wegen des erhöhten Raumbedarfs für die 105 000 PS starke Maschinenanlage, zum anderen aber auch aus Gründen eines optimalen Schlankheitsgrades im Hinblick auf die geforderte Geschwindigkeitsleistung. Dafür mußten bei der Panzerung gewisse Einschränkungen hingenommen werden. Sehr vorteilhaft hatten die Italiener dabei auch die Anordnung der schweren Artillerie vorgenommen: Ihre paarweise vorn und achtern placierten Türme hatten jeweils einen so großen Abstand voneinander, daß selbst schwere Treffer hätten lokalisiert werden können. Der Krieg verhinderte indessen die Fertigstellung der Schiffe: Zugunsten des Baus von Zerstörern, U-Booten und leichten Vorfeld-Fahrzeugen wurden die Arbeiten an ihnen gestoppt und nach Kriegsende nicht wieder aufgenommen, mit Ausnahme der *Francesco Caracciolo* selbst: An ihr – die am weitesten vorangekommen war – wurden die Arbeiten ab Herbst 1919 fortgeführt, aber nur um die Helling freizubekommen. Am 12. Mai 1920 ist sie dann vom Stapel gelaufen. Wenige Wochen danach wurde sie an eine Großreederei verkauft, die sie zu einem 25 300-BRT-Schnellfrachter umbauen lassen wollte. Aber auch aus diesen Plänen wurde nichts, weil betriebswirtschaftliche Gründe gegen deren Verwirklichung sprachen. Hier sieht man die *Francesco Caracciolo* beim Stapellauf. Ihre Bugform entsprach jener von französischen Großkampfschiffen dieser Zeit.

(Sammlung Breyer)

78

Nachdem Frankreich eine Ratifizierung des Londoner Flottenvertrages von 1930 abgelehnt hatte und seinerseits mit der *Dunkerque*-Klasse zur Wiederaufnahme des Schlachtschiffbaus geschritten war, zeigte sich Italien nicht mehr länger bereit, sich vertraglichen Beschränkungen seines Flottenbaus zu unterwerfen. Die Folge war die Inbaugabe zweier Schlachtschiffe im Herbst 1934. Nach den damaligen amtlichen Verlautbarungen – die Standardverdrängung der Schiffe wurde mit 35 000 ts angegeben, ihr Hauptkaliber mit 38,1 cm – entsprachen sie jenen Bestimmungen, die im Washingtoner Flottenabkommen von 1922 festgelegt worden waren. In bezug auf das Hauptkaliber war das richtig, aber die angegebene Verdrängung war in Wirklichkeit um mehr als 6000 ts höher. Als erstes Schiff der Klasse kam am 25. Juli 1937 die *Vittorio Veneto* zu Wasser, so benannt nach jener kleinen Stadt, in der im Herbst 1918 die letzte große Schlacht an der Alpenfront geschlagen wurde, die mit dem Sieg über die in der Auflösung begriffene österreich-ungarische Front endete. Diese beiden Bilder zeigen das festlich begangene Ereignis: Oben liegt das Schiff noch auf der Helling, unten ist es in seinem Element angelangt. Am Vorschiff erkennt man drei aufgemalte Liktorenbündel, das aus der Römerzeit übernommene Symbol für die Ausübung der Amtsgewalt, dessen sich der italienische Faschismus in jener Zeit oft bediente und es zu seinem eigenen Symbol machte.

(BfZ)

Unwirklicher Anblick während der Probefahrten

Ende 1939 begannen *Vittorio Veneto* und *Littorio* mit ihren ersten Erprobungen. Sie boten dabei noch einen fast unwirklichen Anblick, da wichtige Ausrüstungsteile – außer den Waffenleitgeräten fehlten noch die gesamte Fla-Bewaffnung und die Bordfluganlage – noch nicht eingebaut waren. Diese Aufnahme der *Vittorio Veneto* ist im Dezember 1939 entstanden.

(BfZ)

◄

Wenige Wochen nach der *Vittorio Veneto* kam deren Schwesterschiff zu Wasser, das den Namen *Littorio* erhielt. Das war die Bezeichnung sowohl für das Liktorenbündel wie auch für seinen römischen Träger, den Liktor, und wurde zum Symbol für den Faschismus in Italien. Am 30. Juli 1943 – unmittelbar nach dem Zusammenbruch des Mussolini-Regimes – erhielt das Schiff einen neuen Namen, nämlich *Italia*. Damit sollte der Bruch mit dem Faschismus dokumentiert werden. Hier sieht man die *Littorio* noch auf der Helling liegend. Man erkennt besonders gut ihren Bugwulst. Für den bevorstehenden Stapellauf ist beiderseits am Vorschiff je ein stilisiertes Liktorenbündel aufgeschweißt.

[ansaldo, Genua (Sammlung Breyer)]

Die zweite Neubauserie

1938 waren zwei weitere Schlachtschiffe der *Vittorio Veneto*-Klasse in Bau gegeben worden, *Impero* und *Roma*. Sie wichen nur in Nuancen von ihren Vorgängern ab. Den Auftrag für die *Impero* hatte die Ansaldo-Werft in Genua erhalten. Ihr Kiel wurde auf der gleichen Helling gestreckt, von der im Jahr zuvor die *Littorio* abgelaufen war. Die *Impero* lief am 15. November 1939 vom Stapel (Bild).

(Sammlung Breyer)

Fla-Bewaffnung immer stärker hervortretend

Zur Abwehr hochfliegender Flugzeuge hatten die Schlachtschiffe der *Vittorio Veneto*-Klasse je zwölf 90-mm-Flak; diese waren einzeln in Türmen untergebracht. Den jeweils sechs Geschützen an jeder Seite war ein optisch messendes Feuerleitgerät zugeordnet. Hier sieht man die 90-mm-Flaktürme der Steuerbordseite mit ihrem erhöht darüber postierten Feuerleitgerät an Bord der *Vittorio Veneto*. Die Aufnahme entstand anläßlich der werftseitigen Übergabe des Schiffes an die Marine. Hier haben sich leitende Vertreter von Werft und Marine zu einem fotografischen Stelldichein zusammengefunden.

(Sammlung Breyer)

Roma war das letzte Schlachtschiff der *Vittorio Veneto*-Klasse und im September 1938 in Triest auf Kiel gelegt worden. Einen Tag nach Italiens Eintritt in den Krieg an deutscher Seite lief sie vom Stapel, zwei Jahre später wurde sie in Dienst gestellt. Hier sieht man sie im Jahr 1942 kurz vor ihrer Fertigstellung während der letzten Ausrüstungsarbeiten. Ihren Tarnanstrich hat sie bereits erhalten. Auf beiden Bildern erkennt man besonders gut die Bewaffnung.

(Sammlung Breyer und BfZ)

Enttäuschendes Unterwasser-Schutzsystem

Bei dem britischen Trägerflugzeug-Angriff auf Tarent am 12. November 1940 mußte die *Littorio* drei Tropedotreffer einstecken. Von diesen erwies sich der dritte als besonders verheerend: Er riß ein 15×10 m großes Loch und bewirkte das Vollaufen des Vorschiffes, das sich auf Grund legte. Dabei hatte das Schiff noch das Glück, in einem Hafen mit geringen Wassertiefen zu liegen. Hätte es diese Treffer auf hoher See erhalten, so wäre es wohl nur schwerlich zu halten gewesen. So konnte es nach monatelanger Reparatur im Sommer 1941 wieder zur Flotte treten. Die Schlachtschiffe der *Vittorio Veneto*-Klasse hatten ebenfalls das Pugliese-Schutzsystem erhalten; was man sich von ihm versprochen hatte, hielt es jedoch nicht. Insgesamt war es für die italienische Marine eine schwere Enttäuschung. Was dabei besonders schwer wog, war die Unmöglichkeit, die Standfestigkeit nachträglich noch wesentlich zu verbessern. Ein solcher Umbau hätte tiefgreifende Eingriffe in die Konstruktion in einem Ausmaß erforderlich gemacht, wofür weder Zeit noch Material noch Arbeitskräfte zur Verfügung gestanden hätten. Auf dem Bild oben sieht man die mit dem Vorschiff auf Grund liegende *Littorio*. Vorn ist das Bergungsschiff *Po* längsseits gegangen, daneben weitere Fahrzeuge. Die Zeichnung verdeutlicht die Lage ihrer drei Lufttorpedotreffer und läßt den Grad der Eintauchung erkennen.

(BfZ; Zeichnung: Verfasser)

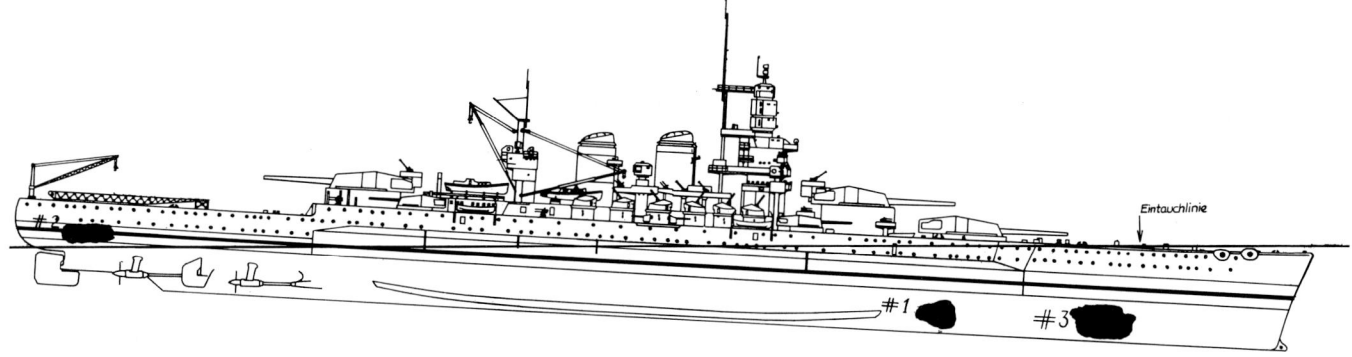

Eintauchlinie

#1   #3

Kaum hatte man die schweren Schäden der *Littorio* zu reparieren begonnen, traf es am 28. März 1941 die *Vittorio Veneto* schwer: In der Seeschlacht bei Kap Matapan erhielt sie von Trägerflugzeugen der britischen *Formidable* zwei Lufttorpedotreffer. Mit über 4000 t Wasser im Schiff konnte sie aber nach Tarent eingebracht werden. Diese Aufnahme ist in den ersten Apriltagen des Jahres 1941 entstanden, als die

Vittorio Veneto eingedockt werden konnte. Die beiden Hohlzylinder auf der Back dienten – längsseits am Schiffskörper festgemacht – als Auftriebskörper, um Krängungen auszugleichen und ein Tieferfallen zu verhindern. Da diese beim Eindocken hinderlich waren, wurden sie kurzerhand auf das Vorschiff gesetzt.

(BfZ)

Ein Novum im Bordflugwesen war die Verwendung katapultierbarer Jagdflugzeuge auf italienischen Schlachtschiffen. Verwendet wurden Reggiane Re-2000-Jagdeinsitzer, die es auf 530 km/h Geschwindigkeit brachten und mit zwei 12,7-mm-Maschinengewehren bewaffnet waren. Diese Maßnahme war ein Notbehelf, da die Gefährdung der italienischen Flotte auf Grund der alliierten Luftüberlegenheit im Mittelmeer immer stärker anwuchs und eigene Träger nicht zur Verfügung standen, deren Flugzeuge die eigenen Flottenverbände hätten abschirmen können. Die Re-2000 wurden daher nur in Fällen unmittelbar bevorstehender Luftangriffe

gestartet und mußten dann einen Festland-Flugplatz zu erreichen versuchen, um landen zu können. Damit entfielen sie für die eigentliche Aufgabe des Bordflugzeuges, der Aufklärung. *Vittorio Veneto* und *Roma* hatten je zwei, *Littorio* nur eine Re-2000 an Bord. Vergleichbar war die Ausrüstung dieser italienischen Schlachtschiffe mit Jagdflugzeugen nur noch mit den britischen „CAM ships" des Zweiten Weltkrieges mit ihren Sea Hurricane's. Hier ein Ende Oktober 1942 aufgenommenes Bild der *Vittorio Veneto* mit einem ihrer Re-2000 auf dem Katapult.

(Sammlung Breyer)

Ein besonderes Charakteristikum der *Vittorio Veneto*-Klasse war die ungewöhnlich große Feuerhöhe des dritten schweren Turmes. Mit Rücksicht auf die starke Gasdruckwirkung seiner Geschütze war diese Anordnung geboten, um die außerhalb des Einsatzes auf dem Achterschiff abgestellten Bordflugzeuge nicht zu gefährden. Der dort vorhandene Platz hätte durchaus die Errichtung eines Hangars (etwa wie auf der französischen *Dunkerque*-Klasse zugelassen, aber darauf haben die Italiener aus heute nicht mehr zu eruierenden Gründen verzichtet. Vielleicht erschien ihnen eine wettersichere Unterbringung wegen der zumeist im Mittelmeer herrschenden günstigen Wetterlage nicht erforderlich. Hier sieht man zweimal die *Roma* von achtern, noch ohne die Tarnbemalung, aufgenommen im Mai 1942 (oben), dann im darauffolgenden August schon mit dem neuen Anstrich.

(BfZ)

In der Ausrüstung

Ursprünglich hatten *Vittorio Veneto* und *Littorio* einen leicht sichelförmig gestalteten Vorsteven. Nach den ersten Erprobungen in See ist dann ein kurz unterhalb der Wasserlinie angreifender gerader Vorsteven angestückt worden, so daß beiderseits ganz vorn ein etwas stärkerer Spantenausfall möglich wurde, um das Vorschiff trockener zu bekommen. Dies hatte auch ein Ansteigen der Länge über alles um 1,80 m zur Folge. Während auch *Impero* noch mit dieser Bugform zu Wasser kam, erhielt *Roma* bereits vor dem Stapellauf den neuen Bug, der zudem um fast 1,50 m höher war, weil auch

der vordere Decksprung vergrößert worden war. Von ihren Schwesterschiffen wich die *Roma* auch noch davon ab, daß sie an Steuerbord nur eine Bugankerklüse hatte. Hier sieht man die beiden von Cantieri Navali Riuniti dell'Adriatico in Triest gebauten Schiffe dieser Klasse, oben die *Vittorio Veneto* im Jahr 1939 bei der Ausrüstung und noch mit der ursprünglichen Bugform. Das Bild auf der rechten Seite entstand im Frühjahr 1942 und zeigt die *Roma* mit der deutlich abweichenden Bugform.

(BfZ)

88

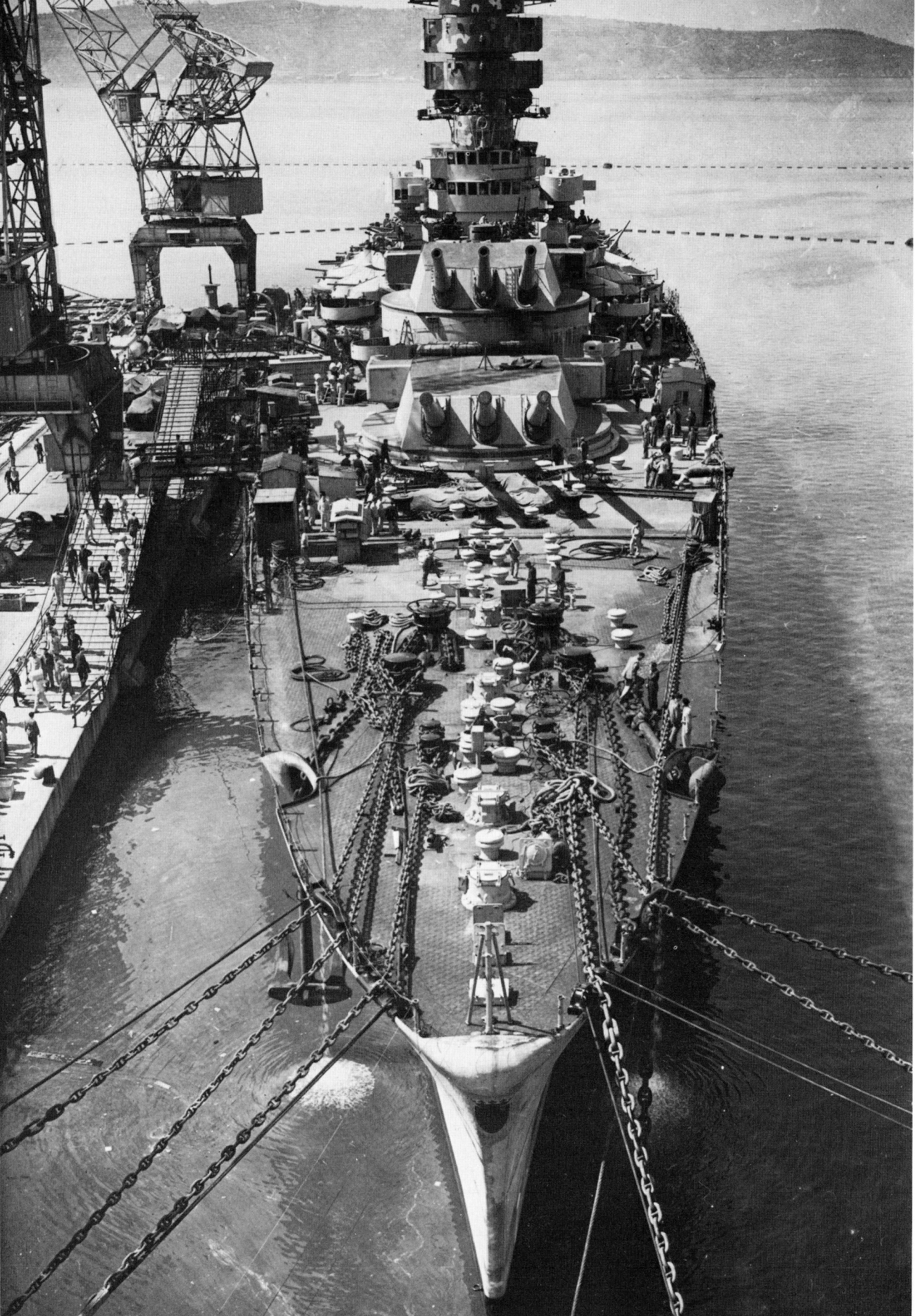

Tragisches Ende der *Roma*

Diese drei Probefahrtaufnahmen der *Roma* machen die natürliche Begabung der Italiener für das „styling", für harmonische Formen überaus deutlich, das seit den 20er Jahren auch beim Kriegsschiffbau Eingang gefunden hat. Der schlanke Rumpf mit dem eingezogenen Vorsteven, die machtvollen Drillingstürme der schweren Artillerie, der klar gegliederte Brückenturm und die beiden der Höhe nach gestaffelten Schornsteine mit ihren flachen Schrägkappen waren seinerzeit Ausdruck einer Kriegsschiff-Architektur, die in der übrigen Welt nahezu einmalig war und gerne kopiert wurde. Nicht zu Unrecht zählten die Schlachtschiffe der *Vittorio Veneto*-Klasse zu den „schönsten" der Welt. Um so tragischer waren die Umstände, die zum Verlust der *Roma* führten: Nachdem die italienische Flotte den Kapitulationsbedingungen gehorchend ausgelaufen war, um sich in Malta internieren zu lassen, wurde sie von deutschen Kampffliegerverbänden angegriffen, um ihr Überlaufen zu verhindern. Hierbei erhielt die *Roma* zwei Treffer von SD-1400 X-Gleitbomben, die zu ihrem Untergang führten. Dabei fanden mehr als 1200 Mann ihrer Besatzung den Tod. Den ersten Treffer bekam sie zwischen dem zweiten schweren Turm und dem backbord-vorderen Turm der Mittelartillerie, der zweite schlug an Steuerbord in Höhe des achteren Schornsteines zwischen den beiden hinteren 90-mm-Flak-Türmen ein. Auch das Schlachtschiff *Italia* – die seitherige *Littorio* – erhielt bei diesem Angriff einen schweren Bombentreffer. Im Grunde genommen widerfuhr der italienischen Flotte von ihrem bisherigen Verbündeten das gleiche, was die Engländer drei Jahre zuvor in Mers-El Kebir den Franzosen zugefügt hatten. (BfZ)

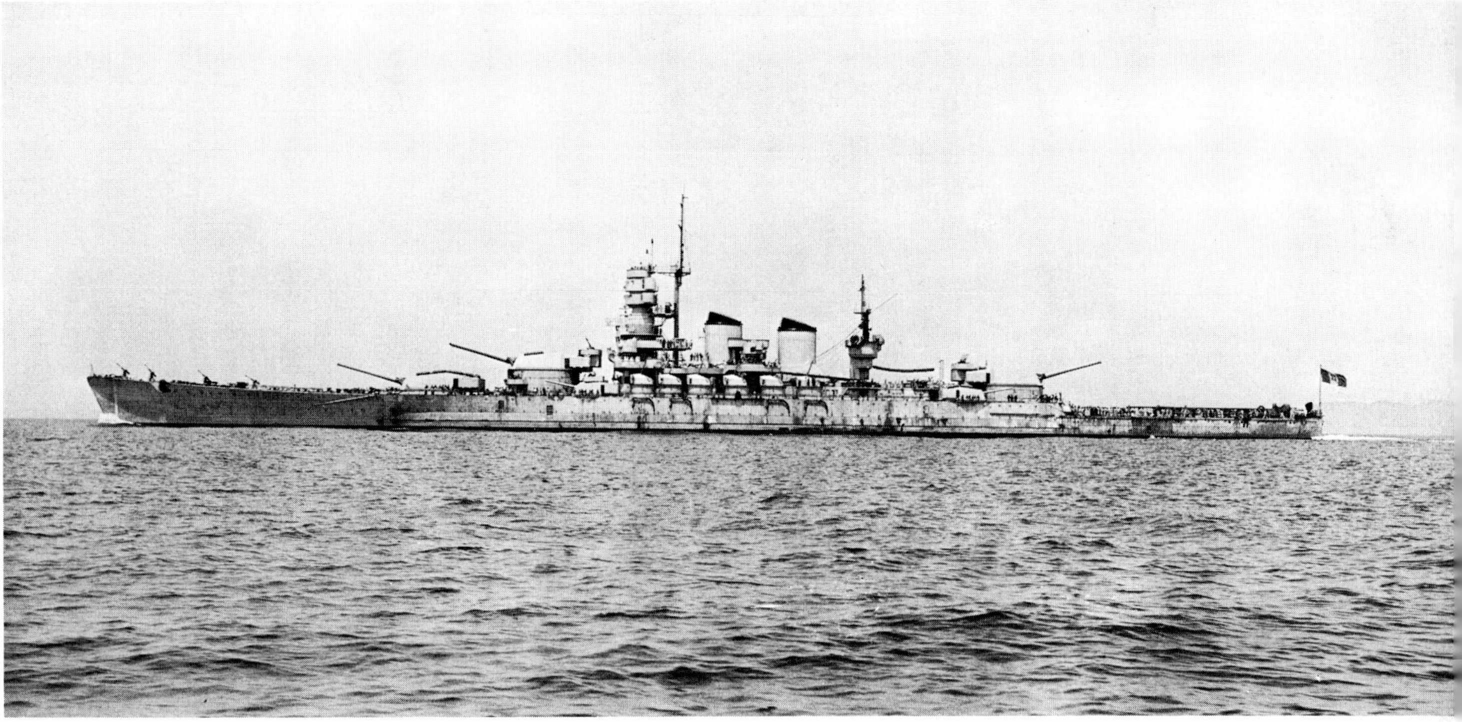

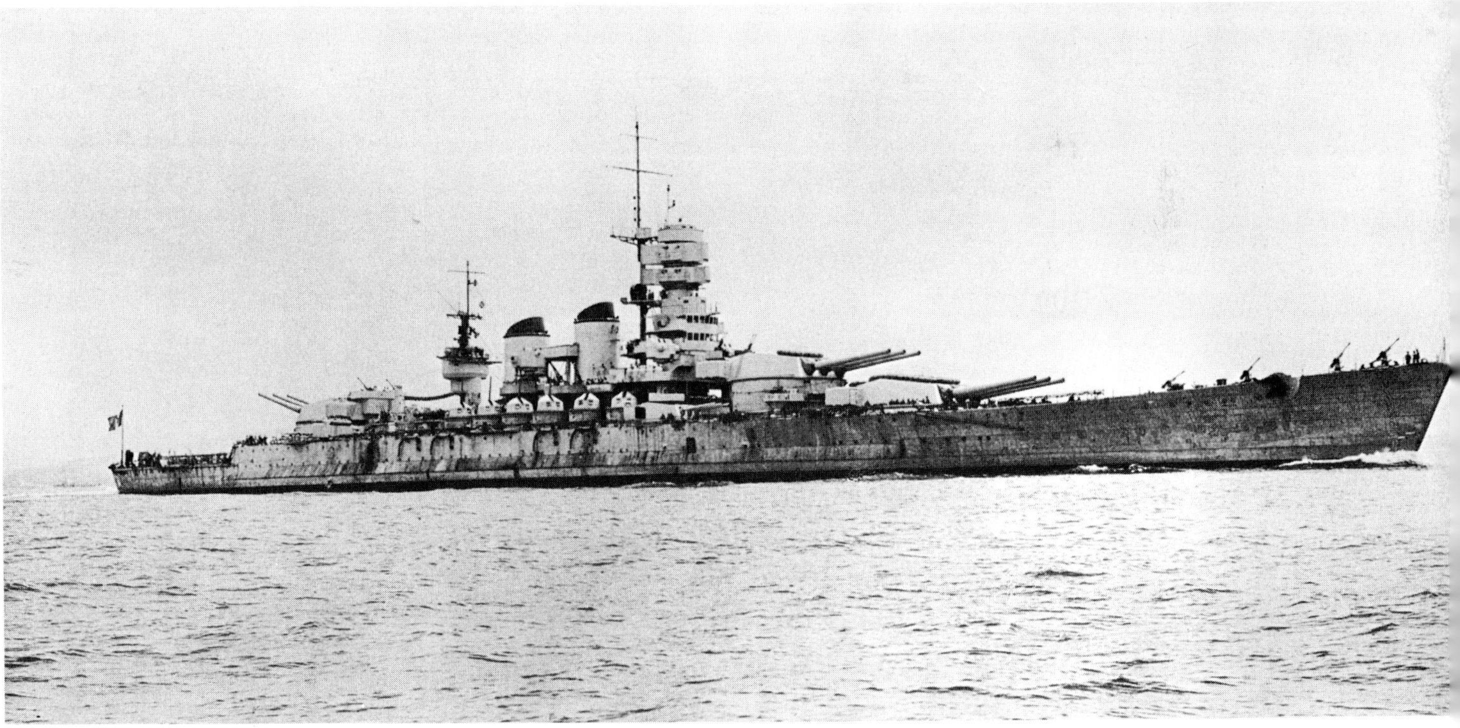

Die erst im Herbst 1939 zu Wasser gekommene *Impero* wurde am 1. Juni 1940 von Genua nach Brindisi verlegt, weil man sie dort für weniger gefährdet hielt. An einen Weiterbau – alsbald wegen Stahlmangels ohnehin nicht mehr vertretbar – war dabei kaum mehr zu denken. Im Januar 1942 ist sie dann nach Venedig geschleppt worden, wenig später nach Triest. Dort ist sie beim Ausscheiden Italiens aus dem Krieg zur deutschen Beute erklärt worden und diente danach als stationäres Ziel- und Versuchsobjekt. Am 20. Februar 1945 ist sie bei einem US-Luftangriff so schwer getroffen worden, daß sie auf flachem Wasser sank. Im Herbst 1947 wurde sie geborgen, nach Venedig geschleppt, auf Strand gesetzt und dann nach und nach abgebrochen, die letzten Reste erst 1950. Diese Bilder sind vor Venedig entstanden, oben am 14. August 1948, hier gut sichtbar die noch aus der Kriegszeit stammende Tarnbemalung. Die Aufnahme darunter, datiert ebenfalls von 1948, zeigt die auf Grund liegende *Impero* von der Steuerbordseite. Man erkennt hier auch die Barbetten des dritten schweren Turmes. Wesentliche Teile des Rumpfes sind bereits abgebrochen. (BfZ)

Ein nicht realisierter Plan

Vittorio Veneto und die nunmehrige *Italia* – die bei der italienischen Kapitulation bedingungsgemäß Malta angelaufen hatten – wurden gleich darauf nach Alexandria verlegt und von dort aus zum Südausgang des Suezkanals, wo sie den restlichen Krieg über blieben. In dieser Zeit wurde die Frage erörtert, ob beide Schiffe – Italien galt nach dem Umsturz und der Kapitulation zwar nicht als Alliierter, wurde aber als mit-kriegführender Staat gegen Deutschland akzeptiert – für die Sicherung von Trägerkampfgruppen der britischen Flotten im Indischen Ozean und im Pazifik herangezogen werden sollen; aber davon kam man wegen ihres hierfür nicht genügend großen Fahrbereichs und anderer logistischer Unzulänglichkeiten schon bald wieder ab. Anfang 1946 durften beide in die Heimat zurückkehren. Diese Aufnahme der *Vittorio Veneto* aus dem Jahr 1947 zeigt ihren achteren 38,1-cm-Drillingsturm. (BfZ)

Auf Grund des im Februar 1947 geschlossenen Friedensvertrages und seinen Rüstungsbeschränkungen (die schon 1951 wieder aufgehoben worden sind) wurden Italien zwei seiner fünf noch vorhandenen Schlachtschiffe belassen, nämlich *Caio Duilio* und *Andrea Doria;* das dritte alte Schlachtschiff, die *Giulio Cesare,* erhielt die Sowjetunion zugesprochen, während *Vittorio Veneto* und *Italia* zum Abwracken bestimmt wurden. Damit hatte man verhindern wollen, daß die Sowjetunion eines von ihnen für sich beansprucht. 1948 wurden beide außer Dienst gestellt und bis 1950 in La Spezia abgewrackt. Hier sieht man die *Vittorio Veneto,* aufgenommen am 5. September 1948, schon mit deutlich erkennbaren Spuren des Abbruchs.

(BfZ)

Niemals haben die Geschütze italienischer Schlachtschiffe dem Gegner wirklich ernsthaften Schaden zugefügt. Das lag an der Führung der italienischen Marine, die ihre großen Einheiten oft nur halbherzig und zaghaft einsetzten. Hier ein Blick während der Abbrucharbeiten auf den achteren Turm der *Vittorio Veneto* mit den drei machtvollen 38-cm-Geschützen.

(Sammlung Breyer)

Großkampfschiffe der österreich-ungarischen Marine

Hochentwickelter Vor-Dreadnought-Linienschiffstyp

In den Jahren 1905/06 entstanden die Pläne für die drei Linienschiffe der *Radetzky*-Klasse, die sämtlich in den Jahren 1908 bis 1910 zu Wasser kamen. Dem Beispiel des Auslandes folgend, hauptsächlich aber in Anlehnung an die nur wenig früher fertiggewordenen Einheiten der italienischen *Regina Elena*-Klasse, erhielten sie eine aus in vier auf den Seitendecks postierten Zwillingstürmen bestehende Sekundärartillerie aus 24-cm-Geschützen. Insgesamt stellten diese Schiffe eine wesentliche Weiterentwicklung der in den ersten Jahren des neuen Jahrhunderts erbauten *Erzherzog Karl*-Klasse dar, die als erste österreichische Linienschiffe eine „halbschwere"

Batterie – acht 19-cm-Geschütze – erhalten hatten. Mit dieser *Radetzky*-Klasse hatte auch die K. und K. Marine jenes Entwicklungsstadium erreicht, in dem der Übergang zum „all big gun battleship" die einzigmögliche Konsequenz war. Äußerlich ähnelten die Schiffe stark der nur wenig früher erbauten britischen *King Edward VII.*-Klasse. Auf größere Entfernungen konnten beide eigentlich nur an den Bordkränen zwischen den Schornsteinen identifiziert werden, die nur die *Radetzky*-Klasse hatte. Hier ist die *Erzherzog Franz Ferdinand* etwa 1916/17 zu sehen.

(Sammlung Stockinger)

Daß die österreich-ungarische Doppelmonarchie frühzeitig zum Bau von Großkampfschiffen übergehen konnte, war in erster Linie Admiral Graf Montecuccoli zuzuschreiben, seit 1904 Chef der Marinesektion und damit Träger ihres Spitzenamtes. Als ihm die Triester Werft im Jahr 1910 anbot, auf zwei frei werdenden Helgen mit dem Bau von Großkampfschiffen zu beginnen, griff er sofort zu: Unter seiner persönlichen Verantwortung wurden dort noch im gleichen Jahr die beiden Großkampfschiffe *Tegetthoff* und *Viribus Unitis* auf Kiel gelegt, deren Baukosten die Werft zunächst vorfinanzierte. Das war für ihn ein hohes persönliches Risiko, da eine gesetzliche Grundlage dafür noch nicht vorlag. Andererseits zeigte sein Wagemut auch von großem Verantwortungsbewußtsein dem Facharbeiterstamm der Werft gegenüber, da wegen des herrschenden Auftragsmangels ein größerer Teil von ihm in nächster Zeit hätte entlassen werden müssen.

Seine Initiative fand Anerkennung im darauffolgenden Jahr, als die gesetzgebenden Körperschaften einem langfristigen Flottenbauplan zustimmten, der bis zum Jahr 1920 einen Bestand von sechzehn Schlachtschiffen vorsah, wodurch die beiden heranwachsenden Einheiten parlamentarisch abgesichert wurden. Schon bald darauf wurden zwei weitere Schiffe auf Kiel gelegt. Das erste zu Wasser gekommene Schiff war die *Viribus Unitis,* deren Stapellauf am 20. Juni 1911 erfolgte. Hier ist der Augenblick ihres Aufschwimmens mit dem Achterschiff zu sehen. Unterhalb des Bugrammsporns kann man die Mündung des Bug-Torpedorohres erkennen. Prominentester Gast bei diesem Stapellauf war der österreichische Thronfolger, Erzherzog Franz Ferdinand. Fast genau drei Jahre später wurde sein Leichnam nach dem Attentat von Sarajevo auf diesem Schiff in die Heimat überführt.

(BfZ)

In ihrer Architektur zeigten die Schlachtschiffe der *Viribus Unitis*-Klasse – in der K. und K. Kriegsmarine war diese nach dem zuerst auf Kiel gelegten Schiff als *Tegetthoff*-Klasse bezeichnet worden – eine unverkennbare Ähnlichkeit mit den Linienschiffen der *Radetzky*-Klasse. Das war nicht verwunderlich, denn zwischen beiden Entwürfen lagen nur wenige Jahre, und ihre Konzeption erfolgte unter der Leitung des Generalschiffbauingenieurs Siegfried Popper, der – obwohl seit 1907 im Ruhestand – diesen ersten Großkampfschiffen der K. und K. Marine noch seinen persönlichen Stempel aufgeprägt hat. Vergleicht man beide Klassen miteinander, so gewinnt man den Eindruck, als sei der *Viribus Unitis*-Entwurf durch einfache lineare Vergrößerung der *Radetzky*-Klasse entstanden, wobei jeweils einer der 24-cm-Türme in die überhöhende Position gesetzt wurde. Das obere Bild zeigt die *Tegetthoff* vor Anker liegend. Unten die *Viribus Unitis*, aufgenommen im Juli 1914; ihre Flagge ist auf Halbmast gesetzt und mit einem Trauerflor versehen – auf dem Schiff befindet sich der Sarg mit dem Leichnam des am 28. Juni 1914 in Sarajevo ermordeten österreichischen Thronfolgers, um in die Heimat überführt zu werden.

(BfZ)

Das vierte Schiff der *Viribus Unitis*-Klasse erhielt einen ungarischen Namen: *Szent István,* Heiliger Stefan, nach dem König Stephan I. des Heiligen (977–1038), dem nachmaligen Patron Ungarns. Mit diesem Namen trug Österreich den Gefühlen der Ungarn Rechnung, deren Volksvertreter ihre Zustimmung zu dem großen Flottenbauprogramm von 1911 davon abhängig gemacht hatten, daß die Danubius-Werft in Fiume – das einzige ungarische Unternehmen dieser Art – an jenem Programm beteiligt wird. Die Danubius-Werft hatte bisher nur kleinere Schiffe gebaut; jetzt mußte sie mit erheblichem Aufwand erweitert und zum Bau großer Schiffe eingerichtet werden, deren erstes die *Szent István* wurde, die

jedoch erst Ende 1915 in Dienst gestellt werden konnte. Von ihren drei Schwesterschiffen unterschied sie sich durch den Plattformkranz um den vorderen Schornstein, der sich von der Brücke bis zur Vorkante des achteren Schornsteines erstreckte und auf dem mehrere Scheinwerfer postiert waren. Ein weiteres Unterscheidungsmerkmal war ihr anders gestalteter Lüfterschacht vor dem achteren Mast. Diese Bilder zeigen die *Szent István* etwa 1916/17, oben zusammen mit *Tegetthoff* (Bildmitte) und *Viribus Unitis* (im Hintergrund) in Pola liegend. Die Torpedoschutznetze hatte die *Szent István* (unten) als einziges Schiff ihrer Klasse nicht mehr erhalten.

(Sammlung Stockinger)

Entscheidung für den Drillingsturm

Die K. und K. Marine gehörte zu den ersten, die sich für den Drillingsturm entschieden; sie war zugleich die erste, die das vermeintliche Risiko der überhöhten Aufstellung von Drillingstürmen in Kauf zu nehmen bereit war. Keines dieser Geschütze ist jedoch – mit Ausnahme derer von *Tegetthoff* und *Prinz Eugen* im Mai 1915 bei der Beschießung von Ancona – gegen einen Gegner zum Schuß gekommen. Hier sieht man ein Übungsschießen von *Viribus Unitis* nicht lange nach ihrer Indienststellung.

(BfZ)

Erste Schutzmaßnahmen gegen Fliegerbomben

Seit 1916/17 führten die Schlachtschiffe der *Viribus Unitis*-Klasse über ihren Schornsteinöffnungen haubenförmige Gitter, über die man Drahtnetze verspannte. Dies schien zum Schutz gegen unglückliche Bombentreffer geboten, weil die Rauchgasschächte ohne Panzergrätings waren, die Bomben hätten widerstehen können. Zuerst waren die Netze flach über den Schornsteinöffnungen verspannt worden, später befestigte man diese auf darübergestülpten Rohrrahmen, die anfangs eine geringere Höhe hatten als zuletzt. Auf diesem Bild der *Viribus Unitis* kann man das gut erkennen. Über ihr ein Flugboot der K. und K. Flottenflugabteilung.

(BfZ)

Zur Abwehr von Torpedobooten hatten die Schlachtschiffe der *Viribus Unitis*-Klasse eine aus achtzehn Geschützen bestehende Batterie, die später auf zwölf reduziert wurde. Aufgestellt waren diese Geschütze auf den Decken der schweren Türme und auf den beiden Seitendecks. Offiziell wurden diese als „7-cm-Torpedobootabwehrgeschütze L/50 K 10" geführt, aber kurioserweise betrug ihr Kaliber nur 6,6 cm. Zwei von diesen Geschützen sind hier auf *Prinz Eugen* zu sehen, deren achterster Turm feuert. Vor dem Ankerspill sieht man an Oberdeck zwei Beiboot-Davits, die aus ihren Halterungen herausgenommen und an Deck niedergelegt wurden, um das Schußfeld bei der Torpedobootabwehr nicht zu behindern. Das Bild entstand im Sommer 1914.

(BfZ)

Die ab 1913 im Mittelmeerraum immer deutlicher zutage tretenden Anzeichen für bevorstehende Machtverschiebungen nahm die K. und K. Marine zum Anlaß, Ersatzbauten für vier veraltete Linienschiffe zu fordern. Doch die der Donaumonarchie eigene Schwerfälligkeit des Staatsapparates führte zu beträchtlichen Verzögerungen in dem diesbezüglichen Gesetzgebungsverfahren, so daß die Aufträge für die vier Ersatzbauten erst im Sommer 1914 erteilt werden konnten, unmittelbar vor dem Ausbruch des Krieges. Das erste Schiff hätte am 8. August auf Kiel gelegt werden sollen, aber dieses Vorhaben wurde angesichts der politischen Ereignisse und der bald darauf folgenden Mobilmachung zunächst zurückgestellt und später gänzlich aufgegeben.

Von ihrer gesamten Konzeption her waren diese Neubauten verbesserte Ausgaben der *Viribus Unitis*-Klasse mit einer auf 35,5 cm Kaliber verstärkten Hauptartillerie, deren Unterbringung in je zwei Drillings- und Zwillingstürmen – letztere in überhöhter Position – erfolgen sollte. Anscheinend ist nur ein einziges Geschütz fertiggestellt worden, und dieses gelangte auf einer Behelfslafette an der Landfront zum Einsatz.

Dieses Präzisionsmodell eines Großkampfschiffes jener *Ersatz Monarch*-Klasse wurde von Hartmut Franke und Ludwig Lohberger im Maßstab 1:100 gebaut und ihm ist die dritte Entwurfsvariante zugrunde gelegt.

(Franke/Lohberger)

Großkampfschiffe der russischen bzw. sowjetischen Marine

Von der Entwicklung rasch überholt

Im Jahr 1903 begann in Rußland der Bau zweier Linienschiffsklassen, die neben ihrer schweren Artillerie von jeweils vier 30,5-cm-Geschützen erstmalig auch eine aus 20,3-cm-Geschützen bestehende „halbschwere" Artillerie erhielten. Allerdings war letztere in der Stückzahl sehr unterschiedlich: Bei der für die Schwarzmeerflotte bestimmten und im Schwarzmeerraum gebauten *Svjatoj Jevstafi*-Klasse waren es vier solcher Geschütze, ausnahmslos in Kasematten untergebracht, bei der für die Ostsee bestimmten und in St. Petersburg gebauten *Imperator Pavel I.*-Klasse dagegen vierzehn, und von diesen waren zwar noch sechs in Kasemat-

ten untergebracht, die übrigen acht aber in Türmen an Oberdeck. Die Schiffe beider auch größenmäßig stark differierenden Klassen wurden erst 1910 fertig, weil der Krieg mit Japan zu beträchtlichen Bauverzögerungen führte, nicht zuletzt deshalb, weil – bei der *Svjatoj Jevstafi*-Klasse weniger, bei der *Imperator Pavel I.*-Klasse wesentlich mehr – die Erfahrungen dieses Krieges Anlaß zu Umkonstruktionen gaben. Von beiden war zweifelsfrei die *Imperator Pavel I.*-Klasse der stärker ausgereifte Linienschiffstyp. Diese stellte daher den Höhe- und Endpunkt der russischen Vor-Dreadnougth-Linienschiffs-Entwicklung dar. Als diese

beiden Schiffe nach 7½ Jahren Bauzeit endlich in Dienst genommen werden konnten, waren sie bereits von der Entwicklung überholt. Beide Bilder zeigen die *Imperator Pavel I.*, nicht lange nach ihrer Indienststellung. Die beiden Gittermasten entsprachen zeitgemäßen amerikanischen Vorbildern; im Winter 1916/17 sind diese Masten drastisch gekürzt worden.

(BfZ und Sammlung Breyer)

Nach der schweren Niederlage gegen Japan war es für Rußland außerordentlich schwer, im Rahmen des Neuaufbaus der Flotte auch noch zum Dreadnought-Bau überzugehen. 1907 wurden die Mittel dafür in Aussicht gestellt, woraufhin eine öffentliche Ausschreibung für den Entwurf eines Großkampfschiffes vorgenommen wurde. Insgesamt gingen 51 Entwürfe in- und ausländischer Konstruktionsbüros und Werften ein, von denen zehn in die engere Wahl kamen (unter diesen nur ein einziger russischer !); das Prädikat des besten Entwurfs wurde der deutschen Werft von Blohm & Voss zuerkannt, aber verwirklicht werden konnte dieser nicht, weil die endgültige Bewilligung davon abhängig gemacht wurde, daß die Schiffe auf eigenen Werften gebaut werden. Unter der Leitung von Chefkonstrukteur Krylov wurde daraufhin ein neuer Entwurf gefertigt, der deutlich von Einflüssen des damaligen italienischen Chefkonstrukteurs Cuniberti geprägt war. So hatte man sich für die Wahl von Drillingstürmen der schweren Artillerie und auch für eine gleiche Anordnung wie auf der unter der Leitung von Cuniberti entworfenen *Dante Alighieri* (siehe Seite 61) entschieden, und auch in bezug auf die überdurchschnittlich große Geschwindigkeit folgte man dem italienischen Beispiel. Dieser Entwurf führte zur Inbaugabe einer vier Einheiten umfassenden Klasse, die sämtlich im Frühjahr 1909 auf Kiel gelegt wurden, alle in St. Petersburg, je zwei bei der Baltischen Werft und bei der Admiralitätswerft. Benannt wurde die Klasse nicht nach dem zuerst zu Wasser gekommenen Schiff, sondern nach der *Gangut,* die im Oktober 1911 als letztes vom Stapel lief. Erbaut wurde sie auf einer überdachten Helling der Admiralitätswerft. Auf dem oberen Bild sieht man sie kurz vor dem Stapellauf. Unten ein zeitgenössisches Gemälde mit einem Schlachtschiff dieser Klasse in der Ausrüstung; im Hintergrund erkennt man einen weiteren Schlachtschiffrumpf, dahinter die überdachte Helling mit einem weiteren Neubau auf Stapel.

(Sammlung Breyer; Gemäldeabdruck aus „Sudostroe'ne")

So sahen die Schlachtschiffe der *Gangut*-Klasse nach ihrer Fertigstellung aus: Unten die *Petropavlovsk* vor Anker liegend, oben die *Poltava* bei forcierter Fahrt, etwa 1916/17 aufgenommen. Vergleicht man diese Klasse mit der italieni-schen *Dante Alighieri* (siehe Seite 61/62), so wird die Ähnlichkeit überaus deutlich.

(Sammlung Breyer und BfZ)

Die *Sevastopol* wurde 1925 in *Parižskaja Kommuna* umbenannt und um die Jahreswende 1929/30 in das Schwarze Meer verlegt. Auf dem Marsch nach dort erlitt sie im Nordatlantik durch schweres Wetter erhebliche Schäden, weshalb sie den französischen Hafen Brest zur Notreparatur anlaufen mußte. Dort ist dieses Bild entstanden; im Vortopp ist die Flagge des Gastlandes gesetzt. Der Abschluß des vorderen Schornsteines ist etwas zurückgebogen, um das Brückenpersonal vor den Rauchgasen zu bewahren.

(Sammlung Breyer)

Diese Aufnahme der *Parižskaja Kommuna* aus den frühen bis mittleren 30er Jahren hat Seltenheitswert: Diese zeigt ein auf dem dritten schweren Turm aufgebautes Katapult. Mit diesem wurden Versuche durchgeführt, die der Einführung von entsprechenden Anlagen vorausgingen, welche die neuen Kreuzer erhielten und die auch für die vorgesehenen Schlachtschiff-Neubauten bestimmt waren. Im übrigen entspricht das Aussehen der *Parižskaja Kommuna* hier noch jenem von 1929/30, als sie in das Schwarze Meer verlegte. Gut erkennbar ist hier auch ihr neuer Sichelform-Vorsteven, den sie schon zuvor erhalten hatte. Hier hat das Schiff über die Toppen geflaggt; es ist anzunehmen, daß dies aus Anlaß eines kommunistischen Staatsfeiertages geschah.

(Sammlung Breyer)

Das erste Debut eines unter der Sowjetflagge fahrenden modernisierten Schlachtschiffes hatte im September 1934 die *Marat* gegeben, als sie zu einem Flottenbesuch in dem polnischen Hafen Gdynia festmachte. Bei der *Marat* handelte es sich um die einstmalige *Petropavlovsk*. Diese war in den Jahren 1926–28 zunächst einer Grundreparatur unterzogen worden, wobei sie neue Kessel und Geschützrohre erhielt. 1931–34 folgte dann eine Modernisierung bei der Baltischen Werft in Leningrad, aus der das Schiff um einiges verjüngt zurückkehrte. Bei ihr wurde das Vorschiff um etwa 1 m erhöht und ein sichelförmiger Vorsteven angebaut. Die weiteren Modernisierungsmaßnahmen betrafen hauptsächlich den Bereich von Brücke und vorderem Mast, was vor allem durch den Übergang zu neuzeitlichen Feuerleitsystemen und den damit notwendigen Einsatz entsprechender Leitgeräte erforderlich wurde. Zur Gewinnung von Rauchgasfreiheit im Brücken- und Leitstand-Bereich wurde der vordere Schornstein in seiner oberen Hälfte nach hinten geknickt. Dieses Bild wurde im Mai 1937 auf Spithead Reede bei der Flottenschau anläßlich der Krönung Georgs VI. zum britischen König aufgenommen, zu der die Sowjetunion die *Marat* entsandt hatte. (Sammlung Breyer)

Aus der *Gangut* wurde 1925 die *Oktjabrskaja Revolucija*. Nach einer ersten Grundreparatur ging sie im Oktober 1931 zur Modernisierung in die Werft. Als sie dann nach drei Jahren von dort zurückkam, bot sie einen völlig neuen „look". Im Grunde waren bei ihr die gleichen Modernisierungsmaßnahmen wie zuvor auf der *Marat* vorgenommen worden, aber alles unter stärkerer Betonung nach außen hin: Größere Brückenaufbauten, ein wesentlich stärkerer Mast, dann der S-förmig zurückgebogene Schornstein und die erheblich vergrößerten Aufbauten um den achteren Mast mit den beiden schweren Balkenkränen zum Ein- und Aussetzen eines Bordflugzeuges und gelegentlich wohl auch von Torpedoschnellbooten waren ihr Attribut an das Moderne. Hier ist die *Oktjabrskaja Revolucija* etwa Mitte der 30er Jahre zu sehen. (Sammlung Breyer)

Die *Parižskaja Kommuna* ging 1938 zum großen Umbau in die Werft und wurde in ganz ähnlicher Weise wie *Oktjabrskaja Revolucija* modernisiert, der sie dann in der äußeren Erscheinungsform sehr nahekam. Was sie von jener unterschied, war die Form der am achteren Mast installierten Krananlage, wozu an diesem Stützbeine angebracht wurden. Hier sieht man die *Parižskaja Kommuna* nach diesem Umbau, etwa 1940 aufgenommen. (Sammlung Breyer)

Um die sowjetische Ostseeflotte vollends auszuschalten, flog die deutsche Luftwaffe im September 1941 mit Sturzkampfflugzeugen mehrere schwere Angriffe auf ihre in Kronstadt und in Leningrad liegenden Teile, da diese mit ihrer weitreichenden Artillerie den deutschen Vormarsch längs der Küste hemmten. Hierbei erhielten auch die Schlachtschiffe *Oktjabrskaja Revolucija* und *Marat* schwere Treffer. Besonders hart getroffen wurde die *Marat,* deren Vorschiff bis einschließlich Brücke und vorderem Schornstein durch einen 1000-kg-Bombenvolltreffer zerstört wurde, so daß sie vor der Hafenmole auf Grund sank. Dort blieb sie den weiteren Krieg über liegen, aber den Sowjets gelang es nach und nach, die Türme C und D und dann auch noch den Turm B wieder feuerbereit zu bekommen. Als stationäre Batterie unterstützte die *Marat* – die 1943 wieder ihren alten Namen *Petropavlovsk* erhielt und später in *Volchov* umbenannt wurde – im Kriegsjahr 1944 sehr wirkungsvoll den Angriff der Roten Armee auf die deutsche Abwehrfront bei Oranienbaum. Die *Oktjabrskaja Revolucija,* die am 16. September 1941 von deutscher Heeresartillerie schon einige 15-cm-Treffer hatte einstecken müssen, befand sich bei diesen Luftangriff außerhalb des Hafens von Kronstadt und konnte im Bereich des Seekanals zahlreichen Stuka-Angriffen ausweichen, doch erhielt sie ebenfalls einige (zwischen drei und sechs) Bombentreffer, die jedoch weniger große Schäden als auf der *Marat* anrichteten. Im Oktober darauf ist sie zur Baltischen Werft in Leningrad verlegt worden, wo die Reparatur ihrer Schäden erfolgte. Dabei mußte sie im April 1942 abermals vier Bombentreffer einstecken. Wiederholt griff sie von dort aus mit ihrer Artillerie in die Landkämpfe bis zur Befreiung Leningrads ein. Im Juni 1944 unterstützte sie dann die Offensive der Roten Armee gegen die der Karelischen Landenge vorgelagerten und von den Finnen verteidigten Inseln. Auf diesem Bild sieht man die *Oktjabrskaja Revolucija* während des Luftangriffs am 21. September 1941 im Bombenhagel; mit ihrem Heck liegt sie zur Molenöffnung hin.

(Sammlung Breyer)

Spuren des Zensors

Während die *Marat* – die 1943 wieder ihren alten Namen *Petropavlovsk* erhalten hatte – noch bis Anfang der 50er Jahre als Wrack vor Kronstadt liegenblieb und dann an Ort und Stelle abgebrochen wurde, blieb die *Oktjabrskaja Revolucija* (entgegen anderslautender Nachrichten hat sie diesen Namen bis zuletzt behalten!) noch bis Mitte der 50er Jahre im Dienst. Diese beiden Aufnahmen stammen aus der Nachkriegszeit und zeigen sie in leicht veränderter Gestalt. Ihr fehlen die beiden Balkenkrane am achteren Mast und auf dem Vorschiff und auf dem achteren Batteriedeck sind zusätzliche schwere Flak postiert. Das Bild auf Seite 111 wurde in der „Illjastrivovannja Gazeta" vom 10. August 1948 veröffentlicht und läßt deutliche Spuren des Zensors erkennen: Wegretuschiert sind sowohl die beiden Zwillingslafetten der schweren Flak auf dem Vorschiff wie auch die 37-mm-Zwillinge auf dem vorderen Turm. Diese Maßnahme ist vom Gesichtspunkt der militärischen Geheimhaltung nur schwer zu begreifen, weil andererseits die Radarantenne (anscheinend ein britisches Gerät) auf der Vormars-Drehhaube nicht dem Retuscheur zum Opfer fiel. Auf dem linken Bild kann man noch eine andere interessante Feststellung machen: Beiderseits des achteren Mastes erkennt man je einen Bordkran, wie er für große Überwasser-Einheiten der ehemaligen deutschen Kriegsmarine charakteristisch war. Des Rätsels Lösung: Es dürfte sich um die Bordkräne handeln, die sich zuvor auf dem im Frühjahr 1941 an die Sowjetunion abgegebenen Kreuzer „L" (ex *Lützow*) befunden hatten; die Kreuzer erhielt erst den Namen *Petropavlovsk*, später ist er in *Tallinn* umgetauft worden. Wegen seiner im Kriege erlittenen irreparablen Schäden war an seine Fertigstellung nicht mehr zu denken; deswegen hat man wohl alles verwertet, was nur in Betracht kam. Die Bordkräne erhielt das Schlachtschiff *Oktjabrskaja Revolucija* im Austausch gegen die alten Balkenkräne, welche das Schußfeld der Fla-Waffen zu sehr eingeengt haben dürften.

(Sammlung Breyer)

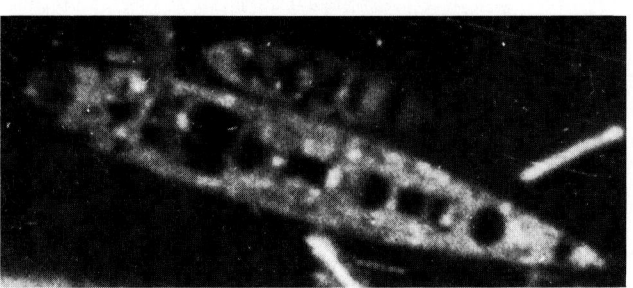

Nicht mehr in Dienst gestellt wurde die *Poltava*, nachdem sie 1920 den neuen Namen *Mikhail Frunze* erhalten hatte und bald danach durch einen Brand weitgehend zerstört worden war. Diese während des Krieges entstandene Luftaufnahme zeigt sie 1942 im Kohlenhafen von Leningrad liegend, wenn auch aus größerer Höhe. Immerhin erkennt man, daß z. B. die schweren Türme nicht mehr an Bord sind. Nach Kriegsende wurde der Rumpf abgebrochen.

(Sammlung Breyer)

Ausgediente Großkampfschiffe

Mitte der 50er Jahre – nach Stalins Tod und schon in der Ära des gegenüber großen Kriegsschiffen sehr skeptischen Chruschtschow – schlug auch für die beiden betagten Schlachtschiffe die Stunde der Aussonderung: Beide wurden 1956 abgebrochen, *Oktjabrskaja Revolucija* in Kronstadt, *Sevastopol* vermutlich in Sevastopol. Beide sind auf diesen Bildern schon recht weit abgerüstet zu sehen, oben die *Oktjabrskaja Revolucija*. (Sammlung Breyer)

Als Gegengewicht zu den türkischen Flottenrüstungsanstrengungen wurden 1911 für das Schwarze Meer drei Schlachtschiffe eines mit der *Gangut*-Klasse verwandten Typs in Bau gegeben. Auch ihre Hauptbewaffnung sowie deren Anordnung entsprachen derjenigen der *Gangut*-Klasse. Und doch gab es trotz aller äußeren Ähnlichkeit zwischen beiden Klassen von der Konzeption her erhebliche Unterschiede: Mit dieser neuen Klasse war die russische Marine nach dem mit der *Gangut*-Klasse signalisierten Ansatz zum Schnellen

Schlachtschiff wieder in das Glied derer zurückgetreten, die dem „Normaltyp" den Vorzug gaben – dem besser geschützten, dafür aber langsameren Schlachtschiff. Typschiff der Klasse war die *Imperatrica Marija*, die im Sommer 1915 zur Flotte trat. Hier ist sie Ende 1915 vor Sevastopol liegend zu sehen. Aus dieser Perspektive wird die große äußere Ähnlichkeit mit der *Gangut*-Klasse überdeutlich.

(Sammlung Breyer)

Nach mehreren Vorstößen gegen die türkische und die bulgarische Küste und einem Gefecht mit dem Kleinen Kreuzer *Breslau* (türkisch *Midilli*) fiel die *Imperatrica Marija* einem Unglück zum Opfer: Am 20. Oktober 1916 gab es auf ihr – die auf der Reede vor Sevastopol lag – eine heftige Explosion und gleich darauf eine zweite; in ihrer vordersten Kartuschkammer hatte sich das dort gelagerte Pulver entzündet. Der Brand griff auf eine Granatkammer über und verursachte dort die Explosion. Das Schiff erlitt dabei schwere Schäden, so daß es kenternd unterging. Das untere

Bild ist im Frühjahr 1918 nach dem Waffenstillstand aufgenommen worden und zeigt eine Gruppe deutscher Marineoffiziere zusammen mit einigen russischen Marineangehörigen auf dem Außenboden der kieloben liegenden *Imperatrica Marija*. Das Kreuz weist auf Admiral Hopmann hin, seinerzeit ranghöchster Offizier der Kaiserlichen Marine im Schwarzmeerbereich. Das Wrack wurde erst 1922 geborgen und dann im Trockendock der Marinewerft Sevastopol abgebrochen.

(BfZ)

Fertigstellung mit großer Verspätung

Volja, aber niemals *Wolga!*

Seit der bürgerlichen Revolution führte das Schlachtschiff *Imperator Aleksandr III.* den neuen Namen *Volja,* zu deutsch „Freiheit". Als das Schiff im Herbst 1918 in Sevastopol von einem deutschen Besatzungsstamm übernommen worden war, wurde daraus lautmalerisch „Wolga". Aber weder dieser noch ein anderer Name ist diesem Schiff jemals von deutscher Seite zugeteilt worden; selbst eine Indienststellung unter deutscher Regie hat niemals stattgefunden. Das Schiff hatte im April 1918 von Sevastopol nach Novorossijsk verlegt und war erst im August auf Grund eines deutschen Ultimatums nach Sevastopol zurückgekehrt. Hier sieht man es vor der Krim-Küste.   (BfZ)

◀ Das dritte Schiff der *Imperatrica Marija*-Klasse hatte den Namen *Imperator Aleksandr III.* erhalten und war im Herbst 1911 bei der Russischen Schiffbau-Gesellschaft (vor und während des Zweiten Weltkrieges als „Nordwerft" und heute unter der Bezeichnung „61. Kommunar" bekannt) in Nikolaev begonnen worden und erst im Sommer 1917 zur Flotte getreten. Man sieht es hier bei den letzten Ausrüstungsarbeiten in seiner Bauwerft. Rechts im Hintergrund kann man die Hellinganlage erkennen, auf der sie gebaut worden ist. Noch vor der Indienststellung waren zwei 13-cm-Geschütze (die beiderseits vordersten) ausgebaut und ihre Kasematten geschlossen worden, weil diese auf *Imperatrica Marija* bei forcierter Fahrt viel Wasser übernahmen. Die *Imperatrica Marija* behielt diese Geschütze bis zuletzt, aber die *Ekaterina II.,* zweites Schiff der Klasse, hatte eine um 2 m größere Länge über alles, weshalb bei ihr die beiderseits vordersten Kasematten 2 m achterlicher lagen und weniger naß waren.   (BfZ)

Schlachtschiff im „Exil"

Der Zusammenbruch des deutschen Kaiserreiches im November 1918 zog die Räumung der bisher besetzten Gebiete Rußlands nach sich, wo inzwischen der Bürgerkrieg zwischen den „Weißen" und den Bolschewisten begonnen hatte. Vor ihrem Abzug übergaben die Deutschen das Schlachtschiff *Volja* den weißrussischen Militärbehörden, die ihm den neuen Namen *General Alekse'ev* gaben, nach jenem Truppenführer, der mit einigen Tausend Kosaken und anderen Freiwilligen gegen die Bolschewisten kämpfte. In den danach folgenden zwei Jahren stellte dieses Schlachtschiff eine Art von „Fleet in being" dar, dessen alleinige Anwesenheit die bolschewistischen Truppen in ihrem Vormarsch hemmen sollte und·sie wohl auch hemmte. Als die weißrussischen Streitkräfte dem bolschewistischen Druck nicht mehr länger standhalten konnten und die Krim räumten, verließen die *General Alekse'ev* und andere weißrussische Flotteneinheiten am 31. Oktober

1920 Sevastopol, liefen Konstantinopel an und erreichten im Dezember den französisch-nordafrikanischen Hafen Bizerta, wo ihre Internierung erfolgte. Formell blieben die *General Alekse'ev* und die übrigen Einheiten im Dienst, bis im Oktober 1924 auf französische Weisung die Flaggen eingeholt werden mußten und nie mehr gesetzt werden durften. Von der durch die französische Regierung angebotenen Rückgabe dieses Schiffes und der übrigen Einheiten wollte die Sowjetunion nichts wissen. Eine von ihr nach Bizerta entsandte Kommission hatte zuvor diese Schiffe in einem sehr desolaten Zustand vorgefunden, so daß es ihr aussichtslos erschien, sie jemals wieder einsatzbereit zu bekommen. In den Jahren 1926 bis 1937 wurde die *General Alekse'ev* dann

Zug um Zug abgebrochen. Ihre 30,5-cm-Geschütze lagerten die Franzosen in dem Arsenal der bei Bizerta gelegenen Festung Sidi-Abdullah ein. Von diesen sollen einige während des Winterkrieges 1939/40 nach Finnland gekommen sein, andere fielen während des Zweiten Weltkrieges dem Deutschen Afrikakorps in die Hände und gelangten dann an der Kanalküste in verbunkerten Stellungen zum Einbau. Diese beiden Bilder sprechen für sich selbst: Links ist das Schlachtschiff *Imperator Aleksandr III.* noch in „guten" Tagen zu sehen, offenbar kurz nach seiner Indienststellung und noch ohne jeden äußerlichen Makel, oben einige Jahre später die nunmehrige *General Alekse'ev,* schon mit deutlich sichtbaren Spuren des Verfalls. (BfZ und Sammlung Breyer)

119

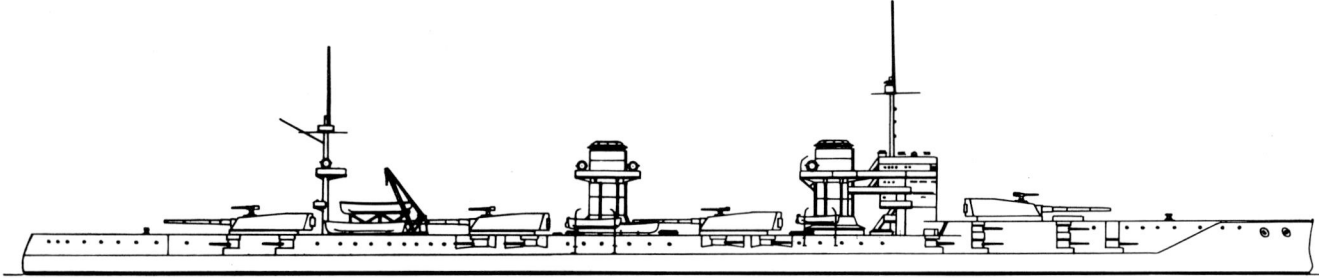

Die im Herbst 1912 erfolgte Inbaugabe einer vier Einheiten umfassenden Serie von Schlachtkreuzern – der *Borodino*-Klasse – stützte sich auf ein im gleichen Jahr beschlossenes Programm als Teil eines umfassenden Flottengesetzes, das den Bau von 24 Schlachtschiffen und 12 Schlachtkreuzern – ausnahmslos für die Ostsee und damit wohl schwerlich gegen eine andere Macht als Deutschland gerichtet – vorsah. Auch diese Klasse hatte mit der *Gangut*-Klasse einiges gemeinsam, so vor allem das Aufstellungsschema der schweren Artillerie. Mit Rücksicht auf die geforderte hohe Geschwindigkeit erhielten diese Schlachtkreuzer aber ein erhöhtes Vorschiff. Bemerkenswert an ihnen war die Aufstellung

eines Teiles der Mittelartillerie in zweistöckigen Kasematten. Alle vier Schlachtkreuzer wurden am 1. Januar 1914 auf Kiel gelegt, ausschließlich in St. Petersburg, je zwei bei der Baltischen Werft und bei der Admiralitätswerft. Dieser im sowjetischen Schrifttum veröffentlichte Gemäldeabdruck zeigt den Stapellauf eines dieser Schlachtkreuzer. Besonders gut gelungen ist dem Künstler dabei die Darstellung der Rumpfform mit den Kasematten der Mittelartillerie. Die Skizze zeigt das endgültig geplante Aussehen dieser Klasse nach neueren Erkenntnissen.

(Aus „Sudostroe'ne"; Zeichnung: Verfasser)

Keiner der Schlachtkreuzer der *Borodino*-Klasse wurde fertiggestellt. Zwar kamen alle noch zu Wasser, aber die Arbeiten an ihnen wurden Anfang 1917 gänzlich eingestellt, nachdem sie zuvor nur noch schleppend vorangekommen waren. Am weitesten fortgeschritten war der Bau der *Izmail,* deren komplette Maschinenanlage einbaubereit gewesen sein soll, weshalb nach dem Ende des Bürgerkrieges angeblich immer noch an ihre Fertigstellung gedacht war. Dies mag der Grund gewesen sein, weshalb sie nicht vor 1931 abgebrochen worden ist; ihre drei Schwesterschiffe endeteten hingegen bereits 1923/24 bei den Abwrackern, übrigens nicht in der Sowjetunion, sondern in Deutschland! Diese beiden seltenen Aufnahmen zeigen oben die *Izmail* bei ihrem Stapellauf am 22. Juni 1915 auf der Admiralitätswerft und unten die am 30. Oktober 1915 abgelaufene *Kinburn* zu Beginn ihrer Ausrüstungsarbeiten bei der Baltischen Werft. (Sammlung Breyer)

Über den Neubau von Schlachtschiffen lagen bis 1939/40 nur ungenaue, teils sehr widersprüchliche Nachrichten vor, denn auch damals schon gab die Sowjetunion weder über ihre Rüstungsvorhaben noch ihren Rüstungsstand irgendwelche Einzelheiten preis. Der Ausbau ihrer Streitkräfte vollzog (und vollzieht sich noch heute) unter strengster Geheimhaltung. Damals wußte man zwar, daß die Sowjets Kontakte in das westliche Ausland angebahnt hatten, um sich dessen Hilfe beim Neubau von Schlachtschiffen zu sichern. Was man weiter wußte, war das Heranwachsen eines Schlachtschiffes auf der Baltischen Werft in Leningrad. Mit der Einschätzung auf etwa 35 000 ts erschöpfte sich dieses Wissen. Einzelheiten konnten aber erst nach Beginn des deutschen Feldzuges gewonnen werden: Als sich die deutschen Heeresverbände im August 1941 Nikolaev näherten, bot sich ihnen schon aus einiger Entfernung ein imposanter Anblick: Auf einer Helling der dortigen Marti-Werft fanden sie den nahezu stapellaufbereiten Rumpf eines Schlachtschiffes vor, das sich bei näheren Feststellungen als erheblich größer erwies, als man bisher vermutet hatte. Und dieser Schlachtschiff-Neu-

bau entsprach größenmäßig jenem, den die deutsche Luftaufklärung über Leningrad erfaßt hatte. Nicht um 35 000-ts-Neubauten handelte es sich bei ihnen, sondern um 60 000-ts-Super-Schlachtschiffe, wie sie auch in Japan im Bau und in Deutschland begonnen worden waren.

Diesen sowjetischen Super-Schlachtschiffen von damals und weiteren Projekten wird im Rahmen des Anhanges ein besonderes Kapitel gewidmet. Wie sich den deutschen Truppen der auf der Helling liegende Schlachtschiffrumpf darbot, als sie vor Nikolaev standen, zeigt das obere Bild. Erst viele Jahre nach Ende des Zweiten Weltkrieges gaben die Sowjets einiges über diese Neubauten von damals preis. Es war zuerst Flottenadmiral Gorškov, der im Rahmen eines größeren, in der amtlichen Zeitschrift „Morskoj Sbornik" erschienenen Beitrages über die Rolle der Flotten im Krieg und im Frieden über sie berichtete. Wenig später erschien in der gleichen Zeitschrift diese künstlerische Darstellung eines der damals begonnenen Super-Schlachtschiffe (Bild unten).

(Foto: Bertermann †; Zeichnung: Aus „Morskoj Sbornik")

Britisches Großkampfschiff unter sowjetischer Flagge

Nach der Kapitulation Italiens beanspruchte die Sowjetunion ein Drittel der in alliierte Hände gefallenen italienischen Kriegsschiffe, bei denen es sich um durchweg moderne Typen handelte. Diesen Wünschen zeigten sich die angelsächsischen Verbündeten keineswegs geneigt. Ihre Ablehnung motivierten sie mit der Unmöglichkeit einer Verlegung dieser Einheiten in den sowjetischen Machtbereich mitten im Kriege. Als Ersatz boten sie daher Einheiten aus eigenen Beständen an; von diesem Angebot machten die Sowjets Gebrauch. So kam es im Sommer 1944 zur Überlassung einer Anzahl britischer und amerikanischer Einheiten. Darunter befand sich auch das britische Schlachtschiff *Royal Sovereign*. Unter dem neuen Namen *Archangel'sk* wurde dieses in der Zeit vom 20. bis 29. August 1944 von Rosyth nach Murmansk überführt und diente dann bis 1948 bei der sowjetischen Nordflotte. Anfang 1949 erfolgte seine Rückgabe an Großbritannien, wo es bald

darauf zu Schrott zerlegt wurde. Bemerkenswert dabei war, daß diese Rückgabe Zug um Zug mit der Übergabe des italienischen Schlachtschiffes *Giulio Cesare* erfolgte, das auf Grund des mit Italien geschlossenen Friedensvertrages der Sowjetunion zugesprochen worden war. Die Bilder auf Seite 123 und oben entstanden in Rosyth, kurz nachdem das Schiff von seinem sowjetischen Überführungskontingent übernommen worden war. Welch hohen Stellenwert die deutsche Seekriegsleitung der *Archangel'sk* – zu Unrecht – zumaß, ergibt sich aus der Tatsache, daß Anfang Januar 1945 mehrere deutsche U-Boote zu einem Angriff angesetzt wurden, deren sechs „Biber"-Klein-U-Boote in den Kola-Fjord eindringen und die *Archangel'sk* und andere lohnende Ziele durch Torpedoschüsse ausschalten sollten. Wegen Störungen an den „Biber"-Klein-U-Booten mußte das Unternehmen jedoch vorzeitig aufgegeben werden.   (BfZ)

Dieses Bild hat Seltenheitswert: Es ist das bisher einzige, das die ehemalige italienische *Giulio Cesare* als nunmehrige sowjetische *Novorossijsk* zeigt, aufgenommen im Schwarzen Meer, vermutlich vor Sevastopol. Am 3. Februar 1949 war dieses Schiff auf Grund des 1947 geschlossenen Friedensvertrages an die Sowjetunion ausgeliefert worden. Zug um Zug erfolgte dabei die Rückgabe der bisher als *Archangel'sk*

fahrenden britischen *Royal Sovereign*. Lange hatten die Sowjets die *Novorossijsk* nicht: Bei den Vorbereitungen zu den Feiern der 38. Wiederkehr der Oktoberrevolution, am 3. oder am 4. November 1955, wurde sie im Hafen von Sevastopol durch eine innere Explosion so schwer beschädigt, daß sie gesunken ist.

(Sammlung Breyer)

Großkampfschiffe
der übrigen Marinen

Dem Vorgehen Brasiliens folgend gab schon bald danach Argentinien zwei Großkampfschiffe in Bau, nicht bei der britischen Schiffbauindustrie (die fest mit diesen Aufträgen gerechnet hatte) und auch nicht in Deutschland (wo anfangs gute Aussichten auf den Zuschlag bestanden hatten), sondern in den USA: Dort wurden 1910 die Schlachtschiffe *Rivadavia* und *Moreno* begonnen, deren Indienststellung bald nach Ausbruch des Krieges in Europa erfolgte. Die Aufteilung der schweren Artillerie in sechs Türme und auch deren Anord-

nung ließ sowohl amerikanische als auch britische Einflüsse deutlich werden, erstere in den überhöhten Endtürmen, letztere in den diagonal zueinander versetzten Seitentürmen. Diese Bilder zeigen oben die *Rivadavia* klar zur Werftprobefahrt noch unter amerikanischer Flagge, hier in ihrer Bauwerft liegend, und unten im Jahre 1937. Hier erkennt man auch die Wandlung des achtern Mastes.

(BfZ und Sammlung Barilli)

Charakteristikum Gittermast

Mit ihren weit auseinanderstehenden Schornsteinen und den dazwischen angeordneten schweren Türmen erinnerten *Moreno* und *Rivadavia* ein wenig an die italienische *Dante Alighieri* (und auch an die russische *Gangut*-Klasse), während der Gittermast typisch für den amerikanischen Großkampfschiffbau war. Die vollwertige Mittelartillerie entsprach hingegen wieder deutschen Anschauungen. Ein besonderes Charakteristikum waren die beiden diagonal zueinander versetzten und durch einen Laufsteg verbundenen hohen Säulen, auf denen jeweils zwei Scheinwerfer postiert waren. An jeder der beiden Säulen war außerdem ein Bootskran angebracht. Hier wird die *Moreno* in den Hafen bugsiert. Das Aufnahmedatum ist unbekannt.

(BfZ)

Als Großbritannien zum Bau von „all big gun battleships" überging, sah Brasilien die Gelegenheit gekommen, durch sofortiges Nachziehen sich auf Jahre hinaus die maritime Überlegenheit gegenüber Chile und Argentinien zu sichern. Noch bevor die Engländer ihre *Dreadnought* in Dienst stellten, gab Brasilien die beiden Großkampfschiffe *Minas Gerais* und *São Paulo* in Auftrag, mit deren Bau im Jahr darauf begonnen wurde. Beide sind dann im Laufe des Jahres 1910 abgeliefert worden. Sie verkörperten einen Typ, wel-

cher der britischen *Dreadnought* in mancherlei Hinsicht ähnlich war. Das war zum Beispiel bei den Flügeltürmen der schweren Artillerie der Fall, die aber – anders als auf der *Dreadnought* – nicht auf gleichem Spant angeordnet waren, sondern diagonal zueinander. Neu hingegen war die überhöhte Aufstellung der vorderen und hinteren Türme. Hier sieht man die *Minas Gerais* auf einer ihrer ersten Werftprobefahrten, schon mit Torpedoschutznetzen versehen.

(Sammlung Breyer)

Aus dieser Perspektive wird die Abstammung der *Minas Gerais*-Klasse von der britischen *Dreadnought* deutlich: Der zwischen den Brückenaufbauten und dem Dreibeinmast stehende vordere Schornstein und die breite Lücke zwischen dem Mast und dem hinteren Schornstein sind ein ebenso typisches Signalement wie die Außenflächengestaltung der Schornsteine selbst, hier am achteren Schornstein besonders

gut erkennbar. Auf den beiden überhöhten Türmen befinden sich E-Meß-Drehhauben amerikanischer Herkunft, die anläßlich der Modernisierung in den USA installiert wurden, die *Minas Gerais* von 1920 bis 1921 und *São Paulo* bereits von 1917 bis 1919 absolvierten. Dieses Bild zeigt die *São Paulo* Anfang 1927. Unterhalb des Vormars-Fleckerstandes ist eine „range clock" zu erkennen.

(BfZ)

Nachdem Brasilien im Jahr 1917 an der Seite der Alliierten in den Krieg gegen die Mittelmächte eingetreten war, wurde vorübergehend die Entsendung der beiden Schlachtschiffe auf den europäischen Kriegsschauplatz erwogen. Dort sollten sie in die britische Grand Fleet integriert werden. Diese Erwägungen gingen auf ein entsprechendes Angebot der brasilianischen Marineleitung zurück. Zu einer Verwirklichung ist es jedoch nicht gekommen, da auf britischer Seite kein weiterer Bedarf an Schlachtschiffen mehr bestand. Hier ist die *São Paulo* im Kriegsjahr 1918 zu sehen. Ihren Tarnanstrich hatte sie offenbar als Vorleistung für die angebotene Entsendung zur Grand Fleet erhalten. (BfZ)

Nötig gehabt hätten die Modernisierung beide Schiffe, *Minas Gerais* ebenso wie *São Paulo,* aber durchgeführt wurde sie nur auf ersterer, und zwar von 1934 bis 1937. Sehr tiefgreifend waren die Verbesserungen und Änderungen jedoch nicht: Wohl wurden neue, ausschließlich ölgeheizte Kessel eingebaut, aber die alten Maschinen blieben, und auch bei der Hauptbewaffnung und bei den Schutzeinrichtungen blieb es beim alten. Für die *São Paulo* war die gleiche Modernisierung vorgesehen, aber darauf wurde verzichtet, weil sie sich in einem zu schlechten Zustand befand, der einen solchen Umbau kaum noch rechtfertigen konnte. Hier sieht man die modernisierte *Minas Gerais.* (Sammlung Barilli)

Mit der 1911 in England in Auftrag gegebenen *Rio de Janeiro* hoffte Brasilien einen weiteren Schritt getan zu haben, um die erstrebte maritime Vormachtstellung unter den südamerikanischen Mächten zu gewinnen. Ein Monster offenbarte sich in diesem Schiff, dessen Hauptartillerie in sieben Zwillingstürmen untergebracht war, zusammen vierzehn 30,5-cm-Geschütze, eine Stückzahl, die im Großkampfschiffbau nie mehr erreicht wurde. Unter dem Eindruck der allgemeinen Kalibersteigerung verlor Brasilien jedoch sein Interesse an der *Rio de Janeiro* und war froh, in der Türkei einen Interessenten gefunden zu haben, der es – noch halbfertig – erwarb und auf eigene Rechnung weiterbauen ließ. Hier ist dieses Schiff – auf dem niemals die brasilianische Flagge gesetzt worden war – zu sehen, aber nicht unter den türkischen Farben, sondern unter dem Union Jack: Bei Kriegsausbruch war der knapp vor der Fertigstellung stehende Neubau von Großbritannien beschlagnahmt und dann bald darauf unter dem Namen *Agincourt* in die Grand Fleet eingereiht worden (siehe Band I).

(Sammlung Breyer)

Brasiliens ehrgeizige Flottenbaupläne gipfelten in der 1913/14 entworfenen *Riachuelio*. Diese sollte den Platz der 1911 in England begonnenen *Rio de Janeiro* einnehmen. Mit ihr, deren Pläne im Februar 1914 von den brasilianischen Marinebehörden gebilligt worden waren, sollte ein Schlachtschiff entstehen, dessen Kampfwert dem der britischen *Queen Elizabeth*-Klasse entsprach, die seinerzeit als das „non plus ultra" im Großkampfschiffbau galt. Allerdings kam es nicht mehr zur Realisierung des Projekts: Finanzielle Schwierigkeiten verzögerten und der Ausbruch des Ersten Weltkrieges verhinderte die Inbaugabe. Diese Skizze zeigt den endgültigen Entwurf der *Riachuelio* nach dem „Design No. 781" von Vickers.

(Zeichnung: Verfasser)

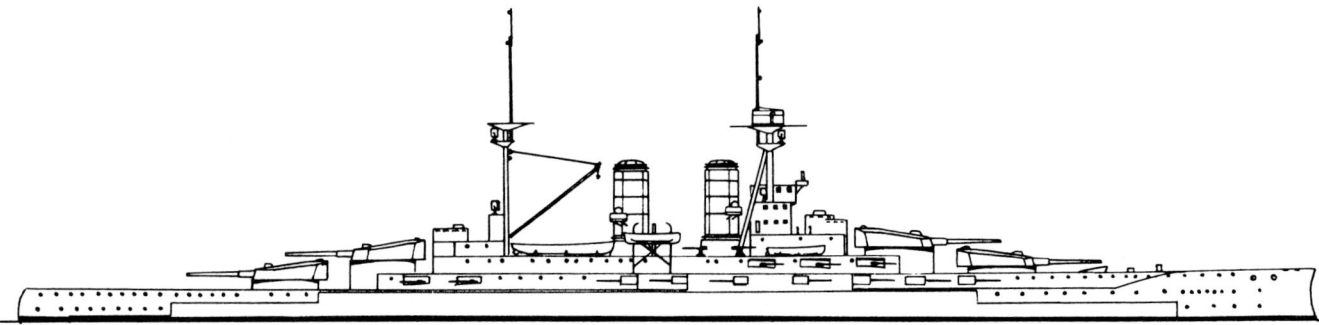

Als dritter und letzter südamerikanischer Staat leitete Chile 1911 die Beschaffung von Schlachtschiffen ein, indem es zwei Bauaufträge nach Großbritannien vergab. In ihrer Grundkonzeption entsprachen diese den um die gleiche Zeit begonnenen britischen Schlachtschiffen der *Iron Duke*-Klasse, mit dem Unterschied allerdings, daß das Kaliber der schweren Artillerie auf 35,6 cm festgelegt wurde, während Großbritannien noch an 34,3 cm festhielt. Von den beiden in Auftrag gegebenen Schiffen – denen zunächst die Namen *Libertad* und *Constitution* und dann *Valparaiso* und *Santiago* zugedacht waren und die endgültig *Almirante Latorre* und *Almirante Cochrane* heißen sollten – erhielt Chile nur das erste, und auch nicht sofort, sondern erst fünf Jahre nach seiner Fertigstellung: Großbritannien hatte beide bei Kriegsausbruch auf den Bauwerften beschlagnahmt und *Almirante Latorre* nach Fertigstellung unter dem Namen *Canada* in die Grand Fleet eingereiht, während der Bau des zweiten Schiffes zunächst stillgelegt und erst gegen Ende des Krieges wieder aufgenommen wurde, aber nicht zur Vollendung nach den ursprünglichen Plänen, sondern als Flugzeugträger *Eagle* für die Royal Navy (siehe Band I). *Almirante Latorre* konnte 1920 die chilenische Flagge setzen, die erst nahezu drei Jahrzehnte später eingeholt wurde, als die Aussonderung und Streichung erfolgte. Wenig später machte das Schiff seine letzte Reise; am Haken von Schleppern führte diese nach Yokohama, wo seine Zerlegung zu Schrott erfolgte. Diese beiden Fotos sind entstanden, kurz nachdem das Schiff dort eingetroffen war. Man erkennt hier gut seinen Steuerbord-Torpedowulst.

(BfZ)

Als „13 000-ts-Panzerschiff" entstehen sollte die griechische *Salamis* auf Grund des im Sommer 1912 mit der deutschen Vulcan-Werft in Hamburg abgeschlossenen Bauvertrages. Nachdem jedoch wenige Wochen später der Krieg gegen die Türkei ausgebrochen war und die griechische Flotte einen Versuch der türkischen Flotte erfolgreich abweisen konnte, in die Ägäis einzudringen, führte das zu einem bemerkenswerten Wandel: In der griechischen Marineleitung setzte sich die Forderung nach einem vollwertigen Großkampfschiff durch. Deshalb wurden Bauvertrag und Pläne der *Salamis* entspre-

chend geändert, was einen Größenzuwachs von 7000 ts bewirkte. Im Sommer 1913 erfolgte die Kiellegung der *Salamis,* die zwar gegen Ende 1914 noch zu Wasser kam, dann aber aus kriegsbedingten Gründen stillgelegt wurde. Nach dem Ende des Ersten Weltkrieges verweigerte Griechenland die Abnahme des unfertig gebliebenen Schiffes, dessen Fertigbau auf Grund der von den Siegermächten ausgehenden Knebelungsmaßnahmen unmöglich geworden war. Da eine Einigung nicht erzielt werden konnte, strengte die Bauwerft im Jahr 1923 einen Prozeß gegen Griechenland an,

der erst knapp zehn Jahre später entschieden wurde. Griechenland wurde die Zahlung einer Abfindungssumme auferlegt, das unfertige Schiff ging in den Besitz der Bauwerft über, die es abwracken ließ. Während des Ersten Weltkrieges wurden deutscherseits Erörterungen angestellt, ob ein Fertigbau für die Hochseeflotte möglich ist. Dies mußte jedoch verneint werden, da es nicht möglich war, die erforderlichen Geschütze in weniger als zwei Jahren zu bauen. Daß im Falle eines Fertigbaus die *Salamis* unter dem Namen *Tirpitz* hätte in Dienst gestellt werden sollen, ist nicht zu belegen und wäre

aus mannigfaltigen Gründen sogar abwegig gewesen. Die Bilder auf Seite 132 zeigen die *Salamis* offenbar kurz nach dem Stapellauf. Die beiden auf dieser Seite aus verschiedenen Blickwinkeln entstandenen Aufnahmen stammen aus der Zeit kurz nach Kriegsende; zu sehen ist hier die *Salamis* im Hamburger Roßhafen. Längsseits hinter ihr liegt der Schlachtkreuzer *Mackensen* der Kaiserlichen Marine, der 1923 bis 1924 im Hamburger Roßhafen abgebrochen wurde.

(Sammlung Breyer)

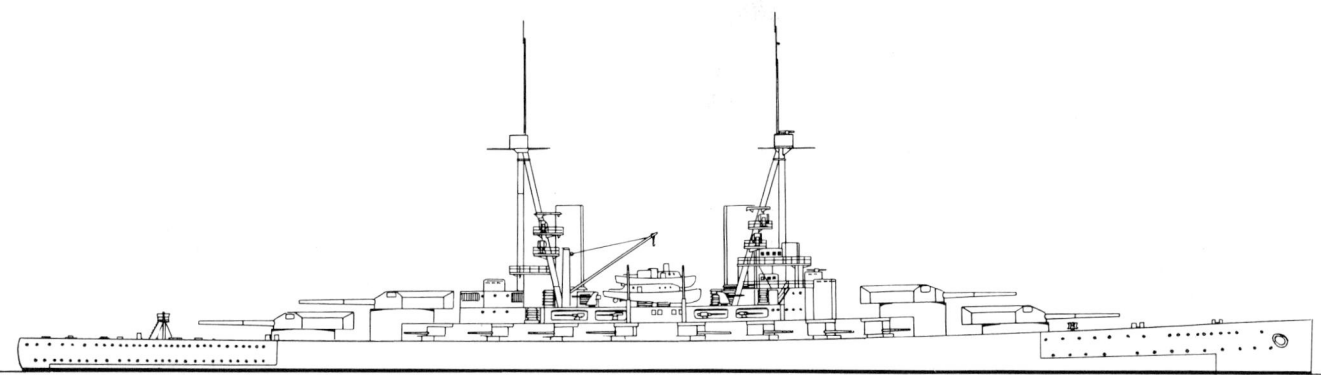

Zweimal in ihrer Geschichte planten die Niederlande die Beschaffung von Großkampfschiffen, und zweimal machte ein kurz darauf ausbrechender Krieg diese Vorhaben zunichte. So geschah es mit den im Rahmen eines 1913 beschlossenen langfristigen Flottenbauplanes eingesetzten Schlachtschiffen, und den 1939 geplanten drei Schlachtkreuzern erging es ebenso. In beiden Fällen waren die Niederlande auf die Unterstützung des Auslandes angewiesen, da die Kapazität ihrer Industrie nicht zur Herstellung schwerer Geschütze und Panzerplatten ausreiche. Stets hofften die Niederländer dabei, diese Hilfe von ihrem deutschen Nachbarn zu erhalten. So hatten 1913/14 zwei deutsche und ein britisches Schiffbau-Unternehmen entsprechende Entwürfe eingereicht; zwar ist eine Entscheidung für einen dieser Entwürfe nicht mehr gefällt worden, aber der von der Germania-Werft in Kiel eingereichte Entwurf scheint damals den Forderungen und Wünschen der niederländischen Marineleitung am ehesten

entsprochen zu haben. Die 1939 geplanten Schlachtkreuzer stellten einen Typ dar, der zumindest äußerlich den um die gleiche Zeit in Deutschland im Entwurfsstadium befindlichen Schlachtkreuzern O, P und Q ähnlich war und im Hinblick auf die Hauptbewaffnung und deren Anordnung genau der deutschen Scharnhorst-Klasse entsprach. Die Ähnlichkeit mit den Schlachtkreuzern O, P und Q war rein zufällig, denn deren Pläne entstanden genau zur gleichen Zeit und wurden – wie überhaupt alle Neubauvorhaben der ehemaligen deutschen Kriegsmarine – geheimgehalten, so daß es für die Niederlande unmöglich gewesen sein dürfte, Einblick in diese zu erlangen und sie ihren eigenen Planungen zugrunde zu legen. Hier eine künstlerische Darstellung eines der damals geplanten Schlachtkreuzer (unten). Oben eine Zeichnung des von der Kieler Germania-Werft für die Niederlande erstellten Schlachtschiff-Entwurfes.

(Skizze: Verfasser; Zeichnung aus „Nautica").

134

Auf den Übergang zum Dreadnought-Bau reagierte Spanien mit einem Anfang 1908 beschlossenen Flottenbaugesetz. Dieses sah den Bau von drei Schlachtschiffen vor. Allerdings mußte dafür britische Hilfe – die Pläne wurden von Armstrongs ausgearbeitet – in Anspruch genommen werden; dies bezog sich auch auf die Lieferung des Materials für diese Schiffe: Der weitaus größte Teil kam aus Großbritannien. Vorerst wurden nur zwei Schiffe in Auftrag gegeben, nämlich *España* und *Alfonso XIII.,* die beide 1908 bzw. 1910 begonnen worden sind. Mit ihnen entstand ein Typ, der insofern bemerkenswert war, als man versucht hatte, mit einer im bisherigen Linienschiffsbau gängigen Größe auszukommen und dabei die Stückzahl der schweren Artillerie zu verdoppeln. Das ist zweifelsfrei gelungen, wenngleich auch zu Lasten der Standfestigkeit: Mit dieser Klasse entstand der kleinste, aber auch der schwächste Großkampfschifftyp der Welt, eine Lösung, die nirgendwo Nachahmung fand. Hier die *Alfonso XIII.,* von achtern gesehen. Ab 1931 führte dieses Schiff den Namen *España,* nachdem die erste *España* verlorengegangen war. (BfZ)

Das Klassenschiff *España* geriet im August 1923 bei Kap Tres Forkas (Marokko) auf Grund und widersetzte sich allen Bergungsversuchen, so daß es aufgegeben werden mußte. Es konnten neben einigem anderen Material nur die schweren Geschütze geborgen werden, die später in Küstenbatterien Verwendung fanden. Hier sieht man die auf Grund geratene *España* zu Beginn der Bergungsversuche. Ihr charakteristischer Schlagschatten ist auf der Wasseroberfläche gut zu erkennen. (Sammlung Breyer)

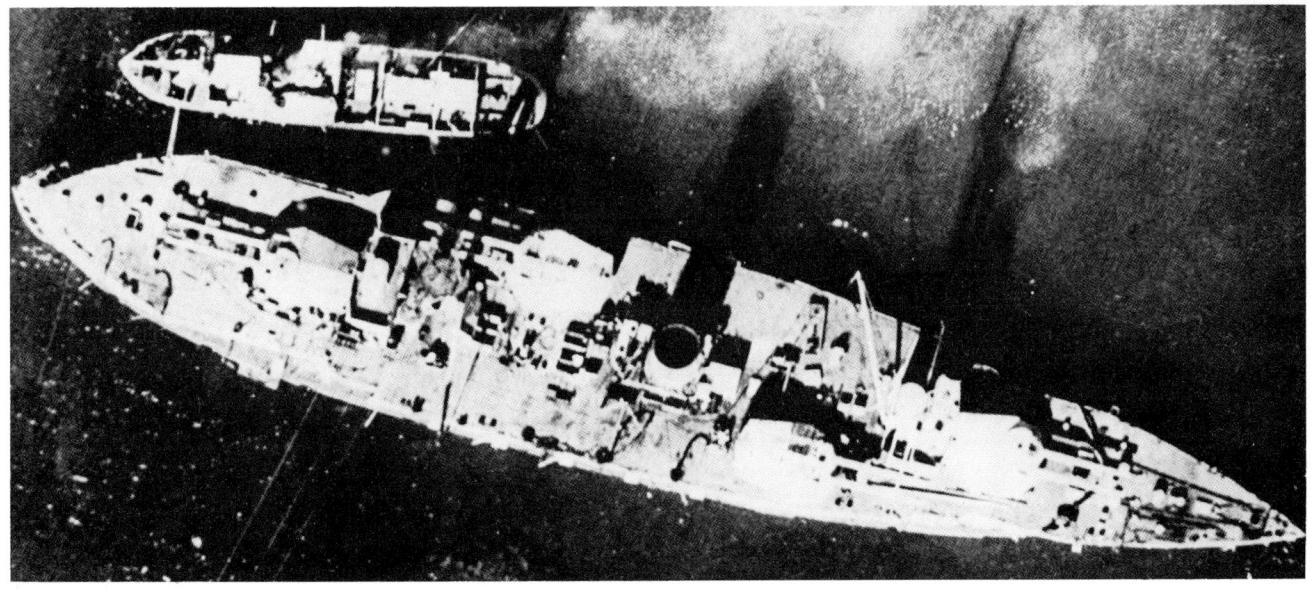

136

Die Bemühungen der Türkei, durch die Beschaffung von Großkampfschiffen zu einer maritimen Überlegenheit im Schwarzen Meer – gerichtet gegen seinen traditionellen Feind Rußland – zu kommen, scheiterten an der Haltung Großbritanniens: Dort wurden bei Ausbruch des Ersten Weltkrieges kurzerhand die beiden vor der Ablieferung an die Türkei stehenden Großkampfschiffe beschlagnahmt und wenig später in die britische Grand Fleet eingereiht. In dieser Situation ging von Deutschland – das in den letzten Jahren immer stärkeren Einfluß auf die Türkei nehmen konnte – der Vorschlag ein, Ersatz dafür zu liefern. Dieser bot sich aus der Anwesenheit des Großen Kreuzers *Goeben* und des Kleinen Kreuzers *Breslau* im Mittelmeer an, die beide nach Kriegsausbruch nur schwerlich die Heimat hätten erreichen können. Deshalb verlegten beide Schiffe in die türkischen Gewässer, wo alsbald ihr Verkauf an die Türkei vorgetäuscht wurde. Faktisch blieben beide Schiffe unter deutschem Befehl und

behielten auch ihre deutschen Besatzungen. Dieser Akt gab dann der Türkei mit den Anstoß, an der Seite der Mittelmächte in den Krieg einzutreten. Vier Jahre später, kurz vor dem Waffenstillstand in Deutschland, ist die *Goeben* dann endgültig der Türkei überlassen worden. In den nächsten Jahrzehnten war dann die nunmehrige *Jawus Sultan Selim* – seit 1936 kurz *Yavuz* genannt – das Kernstück der türkischen Flotte.

Die letzten 22 Jahre verbrachte sie als Stationär in Gölcük. Dort ist sie auf diesem Bild zu sehen, aufgenommen 1952 oder danach, erkennbar daran, daß sie eine PT-Nummer führt, die ihr von der NATO – ihr gehört die Türkei seit 1952 an – zugeteilt worden ist. Ihr Dasein endete erst Mitte der 70er Jahre mit der Verschrottung. Sie war damit das langlebigste Großkampfschiff, das es jemals gegeben hat: Mit über sechzig „Lebensjahren" erreichte sie ein für Kriegsschiffe außerordentlich hohes Alter. (BFZ)

◀ Das dritte der auf Grund des Gesetzes von 1908 bewilligten spanischen Schlachtschiffe sollte ursprünglich in einer modifizierten Version gebaut werden. Die 1909/10 bearbeiteten Pläne sahen eine Steigerung auf 17 000 ts und eine Geschwindigkeit von 21 kn vor; während die Bewaffnung unverändert blieb, sollte der Fahrbereich vergrößert werden. Wegen der angespannten finanziellen Lage mußte jedoch von diesem Vorhaben Abstand genommen werden. So wurde das dritte Schiff – das den Namen *Jaime I.* erhielt – im Jahr 1912 in unveränderter Form auf Kiel gelegt. Die Fertigstellung verzögerte sich erheblich, weil die Materiallieferungen aus Großbritannien wegen der durch den Krieg bewirkten Ver-

hältnisse ausblieben und erst 1919 wieder aufgenommen wurden. Erst ab 1922 stand *Jaime I.* der Flotte zur Verfügung. Während des Bürgerkrieges stand sie auf republikanischer Seite und erlitt bei den Kampfhandlungen so starke Beschädigungen, daß sie 1939 als nicht mehr reparabel abgewrackt werden mußte. Oben eine aus einem Flugzeug geschossene Aufnahme der *Jaime I.* Hier ist besonders die Anordnung ihrer schweren und mittleren Artillerie gut zu erkennen.

Auch die Aufnahme darunter zeigt die *Jaime I.* Hier lassen sich die auf den mittleren Türmen abgestellten Beiboote gut erkennen. (BfZ)

137

Tabellarische Übersichten

Nachstehend sind alle diejenigen Großkampfschiffe aufgelistet, die in diesem dritten Bildband abgehandelt werden oder erwähnt wurden. Sie alle wurden jeweils innerhalb ihrer Klassen aufgeführt, und die ihnen folgenden Kurzangaben sollen über ihren Kampfwert informieren. Diese Angaben entsprechen dem Stand, den die Schiffe zuerst, d. h. bei ihrer Fertigstellung hatten. Umbauten und Umrüstungen blieben – von wenigen Ausnahmen abgesehen – unberücksichtigt. Nicht fertiggestellte Einheiten sind durch ein §, in Verlust geratene durch ein † gekennzeichnet.

Name	Bauzeit	Einsatz Verdrängung ts	Geschwindigkeit kn	Schwere Artillerie	Mittelartillerie	Panzerstärken Seite mm	horizontal mm
Argentinien							
Rivadavia	1910–14	~30000	23,0	12–30,5 cm	12–15,2 cm	279	76
Moreno	1910–15						
Brasilien							
Minas Gerais	1907–10	~21500	21,0	12–30,5 cm	22–12 cm	229	51
São Paulo	1907–10						
Rio de Janeiro	1911–§	30250	22,4	14–30,5 cm	20–15,2 cm	229	38
Riachuelo	–	30500	22,5	8–38,1 cm	14–15,2 cm	343	32
Chile							
Almirante Latorre	1911–15	32120	22,7	10–35,6 cm	16–15,2 cm	229	102
Almirante Cochrane	1913–§						
Frankreich							
Danton †	1908–11	19450	19,2	4–30,5 cm 12–24 cm	16–7,5 cm	270	48
Condorcet †	1909–11						
Diderot	1907–11						
Voltaire	1907–11						
Mirabeau	1908–11						
Vergniaud	1907–11						

Name		Bauzeit	Einsatz Verdrängung ts	Geschwin- digkeit kn	Schwere Artillerie	Mittel- artillerie	Panzer- stärken Seite mm	hori- zontal mm
Courbet	}	1910–13						
Jean Bart		1910–13	∼26 000	20,0	12–30,5 cm	22–13,8 cm	270	40
France †		1911–14						
Paris		1911–14						
Provence †	}	1912–15						
Bretagne †		1912–16	∼28 500	20,0	10–34 cm	22–13,8 cm	270	70
Lorraine		1912–16						
Normandie	}	1913–§						
Languedoc		1913–§						
Flandre		1913–§	∼34 000	23,0	12–34 cm	24–13,8 cm	300	70
Gascogne								
Béarn		1913–§						
		1914–§						
Lyon	}	–						
Lille		–						
Duquesne		–	∼35 500	23,0	16–34 cm	24–13,8 cm	300	70
Tourville		–						
Dunkerque †	}	1932–37	35 500	29,5	8–33 cm	16–13 cm	241	130
Strasbourg †		1934–38						
Richelieu	}	1935–40	∼48 700	30,0	8–38 cm	9–15,2 cm	345	170
Jean Bart		1936–55						
Clemenceau		1939–§	∼48 000	30,0	8–38 cm	12–15,2 cm	345	170
Gascogne		–	∼48 500	30,0	8–38 cm	9–15,2 cm	345	170

Griechenland

Name		Bauzeit	Einsatz Verdrängung ts	Geschwin- digkeit kn	Schwere Artillerie	Mittel- artillerie	Panzer- stärken Seite mm	hori- zontal mm
Salamis		1913–§	∼22 000	23,5	8–35,6 cm	12–15,2 cm	250	75
Vasilefs Konstantinos			∼28 500	20,0	10–34 cm	22–13,8 cm	–	–

Italien

Name		Bauzeit	Einsatz Verdrängung ts	Geschwin- digkeit kn	Schwere Artillerie	Mittel- artillerie	Panzer- stärken Seite mm	hori- zontal mm
Vittorio Emanuele	}	1901–08	∼		2–30,5 cm			
Regina Elena		1901–07			12–20,3 cm	16 bis		
Napoli		1903–08	14 000	21,0–22,0			250	50
Roma		1903–08				24–7,6 cm		
Dante Alighieri		1909–13	21 800	23,0	12–30,5 cm	20–12 cm	250	30
Conte di Cavour †	}	1910–15	25 086	21,5	13–30,5 cm	18–12 cm	250	40
Giulio Cesare		1910–14						
nach Umbau		1933–37:	29 100	28,0	10–32 cm	12–12 cm	250	100

Name	Bauzeit	Einsatz Verdrängung ts	Geschwindigkeit kn	Schwere Artillerie	Mittelartillerie	Panzerstärken Seite mm	horizontel mm
Leonardo da Vinci †	1910–15	25086	21,5	13–30,5 cm	18–12 cm	250	40
Caio Duilio *Andrea Doria* }	1912–15 1912–16	25200	21,5	13–30,5 cm	16–15,2 cm	250	40
nach Umbau	1937–40:	29400	27,0	10–32 cm	12–13,5 cm	250	80
Francesco Caracciolo *Cristoforo Colombo* *Marcantonio Colonna* *Francesco Morosini* }	1914–§ 1915–§ 1915–§ 1915–§	34000	25,0 bis 28,0	8–38,1 cm	12–15,2 cm	300	35
Vittorio Veneto *Italia* ex *Littorio* *Impero* *Roma* † }	1934–40 1934–40 1938–§ 1938–42	∿46000	30,0	9–38,1 cm	12–15,2 cm	350	162

Niederlande

(Planung 1914)	–	Eine Entscheidung für einen der im Ausland bestellten Entwürfe ist nicht mehr gefallen					
(Planung 1939)	–	31357	34,0	9–28 cm	12–12 cm	225	100

Österreich-Ungarn

Name	Bauzeit	Einsatz Verdrängung ts	Geschwindigkeit kn	Schwere Artillerie	Mittelartillerie	Panzerstärken Seite mm	horizontel mm
Radetzky *Erzherzog* *Franz Ferdinand* *Zrinyi* }	1907–10 1907–10 1908–11	15851	20,5	4–30,5 cm 8–24 cm	20–10 cm	230	50
Viribus Unitis † *Tegetthoff* *Prinz Eugen* *Szent István* † }	1910–12 1910–13 1912–14 1912–15	∿21400	20,0	12–30,5 cm	12–15,2 cm	280	48
Ersatz Monarch *Ersatz Wien* *Ersatz Budapest* *Ersatz Habsburg* }	–	25237	21,0	10–35,5 cm	14–15 cm	310	36

Rußland/Sowjetunion

Name	Bauzeit	Einsatz Verdrängung ts	Geschwindigkeit kn	Schwere Artillerie	Mittelartillerie	Panzerstärken Seite mm	horizontel mm
Andrej Pervozvannyij *Respublika* (ex *Imperator Pavel I.*) }	1903–10 1904–10	18306	18,0	4–30,5 cm 14–20,3 cm	12–12 cm	216	57

Name	Bauzeit	Einsatz Verdrängung ts	Geschwin-digkeit kn	Schwere Artillerie	Mittel-artillerie	Panzer-stärken Seite mm	hori-zontal mm
Oktjabrskaja Revolucija (ex Gangut)	1909–15						
Parižskaja Kommuna (ex Sevastopol)	1909–15						
Marat † (ex Petropavlovsk)	1909–15	25 850	23,0	12–30,5 cm	16–12 cm	225	38
Michail Frunze (ex Poltava)	1909–15						
Imperatrica Marija †	1911–15						
Svobodnaja Rossija † (ex Ekaterina II.)	1911–15				18 bis		
General Alekseev (ex Volja, ex Imperator Aleksandr III.)	1911–17	~24 000	21,0	12–30,5 cm	20–13 cm	263	38
Borodino	1912–§						
Navarin	1912–§	32 500	26,6	12–35,6 cm	24–13 cm	237	75
Kinburn	1912–§						
Izmail	1912–§						
Imperator Nikolaj I.	1914–§	~31 000	23,0 bis 24,0	12–30,5 cm	20–13 cm	270	63
Sovetskij Sojuz	1938–§				12–15,2 cm	425	150
Sovetskaja Ukraina	1938–§	65 150	28,0	9–40,6 cm			
Sovetskaja Belorossia	1940–§						
Sovetskaja Rossija	1940–§						
Kronštadt	1939–§	40 385	32,0	9–30,5 cm	8–15,2 cm	230	90
Sevastopol	1939–§						
Stalingrad	1949–§	43 720	.	9–30,5 cm	8–15,2 cm	.	.
Moskva	1950–§						

Spanien

Name	Bauzeit	Einsatz Verdrängung ts	Geschwin-digkeit kn	Schwere Artillerie	Mittel-artillerie	Panzer-stärken Seite mm	hori-zontal mm
España †	1909–13						
España (ex Alfonso XIII.) †	1910–15	15 840	19,5	8–30,5 cm	20–10,2 cm	230	38
Jaime I.	1912–21						

Türkei

Name	Bauzeit	Einsatz Verdrängung ts	Geschwin-digkeit kn	Schwere Artillerie	Mittel-artillerie	Panzer-stärken Seite mm	hori-zontal mm
Reshadije	1911–§						
Reshad i Hamiss	1911–§	25 250	21,0	10–34,3 cm	16–15,2 cm	305	76
Fatikh							
Sultan Osman I. (ex Rio de Janeiro)	1911–§	30 250	22,4	14–30,5 cm	20–15,2 cm	229	38
Yavuz (ex Goeben)	1909–12	25 200	25,5	10–28 cm	10–15 cm	270	50

Register

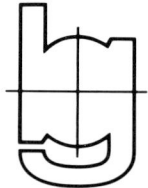

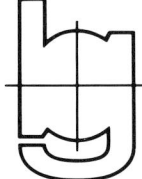

Historische und aktuelle Marineliteratur